高等教育"十三五"规划教材

# 电力电子技术

## （第二版）

主　编　贺虎成

副主编　房绪鹏　张玉峰

U0338231

中国矿业大学出版社

·徐州·

## 内 容 简 介

"电力电子技术"课程的研究内容主要包括电力电子器件、电力电子电路和电力电子装置及其系统。本书内容主要包括：电力电子电路的分析基础、电力电子器件基本特性与使用方法、交流/直流变换技术、直流/交流变换技术、隔离与非隔离的直流/直流变换电路、交流/交流变换技术、软开关变换技术、PWM控制技术和电力电子技术的计算机仿真等。

本书根据学科发展和专业需求对课程内容进行更新和调整，注重学科体系的完整性，加强了工程实践和仿真分析，可作为高等院校自动化专业、电气工程及其自动化专业和其他相关专业的本科教材，也可作为研究生、科研及工程技术人员的参考书。

**图书在版编目(C I P)数据**

电力电子技术/贺虎成主编.—2版.—徐州：
中国矿业大学出版社,2021.2
ISBN 978 - 7 - 5646 - 4704 - 9

Ⅰ．①电… Ⅱ．①贺… Ⅲ．①电力电子技术 Ⅳ．
①TM76

中国版本图书馆 CIP 数据核字(2020)第 206885 号

| | |
|---|---|
| **书　　名** | 电力电子技术 |
| **主　　编** | 贺虎成 |
| **责任编辑** | 仓小金 |
| **出版发行** | 中国矿业大学出版社有限责任公司 |
| | （江苏省徐州市解放南路　邮编 221008） |
| **营销热线** | (0516)83884103　83885105 |
| **出版服务** | (0516)83995789　83884920 |
| **网　　址** | http://www.cumtp.com　**E-mail**:cumtpvip@cumtp.com |
| **印　　刷** | 江苏淮阴新华印务有限公司 |
| **开　　本** | 787 mm×1092 mm　1/16　**印张** 15.5　**字数** 406 千字 |
| **版次印次** | 2021 年 2 月第 2 版　2021 年 2 月第 1 次印刷 |
| **定　　价** | 38.00 元 |

（图书出现印装质量问题,本社负责调换）

# 前　言

　　电力电子技术是使用电力电子器件,应用电路理论和控制理论对电能进行变换和控制的技术。"电力电子技术"课程是自动化专业、电气工程及其自动化专业和其他相关专业的一门重要专业基础课,主要涉及各种电力电子器件的工作原理、基本特性、技术参数和各种电力电子电路的基本原理、工作波形、分析方法、计算方法、设计方法和计算机建模及仿真等内容。

　　电力电子技术的发展与电力系统及其自动化、现代控制理论、电机工程、微电子技术等密切相关,电力电子技术课程的内容也随着相关技术的发展而不断更新,为适应电力电子技术的发展和专业基础课教学需要,本书作者对《电力电子技术》(第一版)进行了修订。

　　第二版教材继续保持了前一版的编写特点,并对前一版内容的某些不足、图文错误进行了修正。教材内容主要包括:电力电子电路的分析基础、电力电子器件基本特性与使用方法、交流/直流变换技术、直流/交流变换技术、隔离与非隔离的直流/直流变换电路、交流/交流变换技术、软开关谐振变换技术、PWM 控制技术和电力电子技术的计算机仿真等。

　　本书由贺虎成担任主编,房绪鹏和张玉峰担任副主编。全书共分 8 章,其中,贺虎成负责拟定全书大纲,并编写了第 2 章和第 5 章,房绪鹏编写了第 6 章,张玉峰编写了第 4 章和第 8 章,童军编写了第 7 章,李国臣编写了第 1 章,王永宾编写了第 3 章,全书由贺虎成负责统稿和定稿。

　　本书在编写过程中参考了许多文献,在此特别要对本书所列主要参考文献的作者表示感谢。此外,本书在编写过程中,得到了编者单位的许多同事和学生的大力支持和帮助,在此一并致以衷心的感谢。

　　由于作者水平有限,书中难免存在疏漏之处,殷切希望广大同行专家和读者批评指正。

编　者

2020 年 10 月

# 目　录

**第 1 章　绪论** ················································· 1

1.1　电力电子技术概述 ······································· 1

1.2　电力电子电路的分析基础 ································· 9

思考题与习题 ················································· 14

**第 2 章　功率二极管、晶闸管及可控整流电路** ·············· 16

2.1　功率二极管 ············································· 16

2.2　晶闸管及其派生器件 ····································· 19

2.3　单相可控整流电路 ······································· 28

2.4　三相可控整流电路 ······································· 39

2.5　交流电源回路的电感效应 ································· 48

2.6　全控整流电路的有源逆变 ································· 51

2.7　晶闸管相控触发电路 ····································· 56

思考题与习题 ················································· 64

**第 3 章　典型全控器件及无源逆变电路** ···················· 67

3.1　功率场效应晶体管 ······································· 67

3.2　绝缘栅双极型晶体管 ····································· 72

3.3　其他全控电力电子器件简介 ······························· 80

3.4　逆变电路概述 ··········································· 83

3.5　电压型逆变电路 ········································· 88

3.6　电流型逆变电路 ········································· 97

3.7　逆变电路的多重化及多电平 ······························ 103

思考题与习题 ················································ 107

**第 4 章　直流直流变换器** ································ 109

4.1　概述 ·················································· 109

4.2　非隔离型直直变换器 ···································· 110

4.3　隔离型直直变换器 ······································ 119

思考题与习题 ················································ 127

**第 5 章　交交变换电路** ·································· 129

5.1　交流调压电路 ·········································· 129

5.2　交交变频电路 ································································ 141

5.3　晶闸管交流调功电路和交流电力电子开关 ······················ 150

思考题与习题 ······································································ 153

**第6章　PWM 控制技术** ················································ 154

6.1　PWM 控制的基本原理 ················································· 154

6.2　逆变电路的 PWM 控制 ················································ 155

6.3　PWM 整流电路 ··························································· 172

思考题与习题 ······································································ 176

**第7章　软开关技术** ···················································· 177

7.1　软开关的基本概念 ······················································ 177

7.2　典型软开关电路分析 ···················································· 180

思考题与习题 ······································································ 194

**第8章　电力电子的计算机仿真** ··································· 195

8.1　概述 ········································································· 195

8.2　典型电力电子器件的仿真分析 ········································ 215

8.3　整流电路的仿真 ·························································· 223

8.4　方波逆变电路的仿真 ···················································· 231

8.5　PWM 逆变电路的仿真 ················································· 235

8.6　DC-DC 电路的仿真 ····················································· 238

思考题与习题 ······································································ 240

**参考文献** ····································································· 241

# 第1章 绪 论

　　"电力电子技术"是自动化专业、电气工程及其自动化专业和其他相关专业的一门必修专业基础课,主要涉及各种电力电子器件的工作原理、基本特性、技术参数和各种电力电子电路的基本原理、工作波形、理论计算方法、分析方法、电路设计方法和计算机建模及仿真等内容。

## 1.1 电力电子技术概述

### 1.1.1 电力电子技术的内涵

　　信息电子技术和电力电子技术作为电子技术的两大分支,二者在电子器件、电路分析等方面的理论基础相近,但应用对象不同。信息电子技术主要用于提取、识别、处理小功率电信号中包含的信息,模拟电子技术、数字电子技术都属于信息电子技术范畴。而电力电子技术是应用于电力领域的电子技术,也就是使用电力电子器件,应用电路理论、控制理论对电能进行变换、控制的技术,包括对电压、电流、频率、相数等的变换和控制。

　　电力电子学(Power Electronics)这一名称是 20 世纪 60 年代被提出的。1974 年,美国学者 W. Newell 用图 1-1 所示的倒三角形对电力电子学进行了描述,认为电力电子学是由电力学、电子学、控制理论三个学科交叉而形成的。这一描述被全世界学者普遍接受。

　　国际电工委员会将电力电子学科命名为"Power Electronics",中文直译为"电力电子学"。电力电子技术与电力电子学并无实质的不同,只不过前者从工程技术角度而后者从学术角度来称呼所研究的学科。一般认为,电力电子技术的诞生是以 1957 年美国通用电气公司研制出的第一个晶闸管为标志的。简单地说,电力电子技术是主要研究电力电子器件、电力电子电路及其控制技术、电力电子装置与应用的技术。

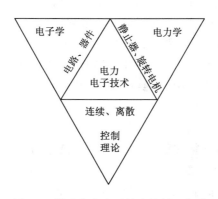

图 1-1　描述电力电子技术的倒三角形

电力技术(电力学)是一门涉及发电、输电、配电及电力应用的科学技术。发电设备将其他形态的能源变为电能,再通过输配电网络将电能送至用电设备,用电设备将电能转变为其他形态的能源。如照明设备将电能转变为光能,电动机将电能转变为机械能用以驱动机械运动,电热设备将电能转变为热能供生活取暖或金属加热冶炼等。电力技术研究的是发电机、变压器、电动机、输配电线路等电力设备,以及利用电力设备来处理电力电路中电能的产生、传输、分配和应用问题。电力电子技术广泛用于电气工程中,这就是电力电子学和电力学的主要关系。各种电力电子装置广泛应用于高压直流输电、静止无功补偿、电力机车牵引、交直流电力传动、电解、励磁、电加热、高性能交直流电源等电力系统和电气工程中,因此,通常把电力电子技术归属于电气工程学科。

电子学又称为电子技术,它是与电子器件、电子电路以及由各种电子电路所组成的电子设备和系统有关的科学技术。最早期的电子器件是1904年出现的电子管,它能控制电路的通断和电路中电流的大小。随后发展到晶体管、晶体管集成电路和微处理器。电子技术是研究电子器件以及利用电子器件来处理电子电路中信号的产生、变换、处理、存储、发送和接收问题的技术。电子学和电力电子技术都可分为器件和电路两大分支。电力电子器件的制造技术和电子器件制造技术的理论基础是一样的,其大多数工艺也是相近的。电力电子电路和电子电路的许多分析方法也是一致的,只是两者应用目的有所不同。但需注意,在信息电子技术中,半导体器件既可处于放大状态,也可处于开关状态;而在电力电子技术中为避免功率损耗过大,电力电子器件一般工作在开关状态。

控制理论以离散和连续两种形式广泛应用于电力电子技术中,它使电力电子装置和系统的性能不断提高。电力电子技术可以看成是弱电控制强电的技术,是弱电和强电之间的接口,而控制理论则是实现这种接口的强有力的纽带。另外,控制理论和自动化技术密不可分,而电力电子装置则是自动化技术的基础元件和重要支撑技术。

### 1.1.2 电力电子变换

电源可分为直流(DC)和交流(AC)两大类,从蓄电池和干电池得到的电能是直流电,从公用交流电网直接得到的电能是交流电。前者有电压幅值和极性的不同,后者除电压幅值外还有频率和相位两个要素。而用电设备和负载是各式各样的,实际应用中常常需要在两类电能之间或对同类电能的一个或多个参数(如电压、电流、频率和相位等)进行变换。

以电力电子器件为核心,采用不同的电路拓扑结构和控制方式来实现电能的变换和控制的电路称为电力电子电路,即通常所说的变流电路。电力电子电路主要完成各种电能形式的变换,以电能输入和输出变换的形式来分,主要包括以下四种基本变换:交流/直流变换(简称 AC/DC 变换)、直流/交流变换(简称 DC/AC 变换)、直流/直流变换(简称 DC/DC 变换)和交流/交流变换(简称 AC/AC 变换)。研究实现这些变换的电路结构及其工作原理是电力电子技术的重要内容。

(1) AC/DC 变换

AC/DC 变换把交流电变换成稳定或可调的直流电,这种变换一般也称为整流,包括不可控整流和可控整流,对应的变换装置称为整流器。AC/DC 变换应用于充电、电镀、电解和直流电动机的速度调节等方面。传统的可控整流利用晶闸管的相控技术来实现,其控制简单、运行可靠、可应用于超大功率的场合,但可控整流容易产生低次谐波,造成电网严重污染,同时对电网呈感性负载,功率因数较低。20 世纪 80 年代后期,将脉冲宽度调制(PWM)技术引入整流器的控制中,使整流器网侧电流正弦化,且可运行于单位功率因数。

（2）DC/AC 变换

DC/AC 变换把直流电变换成频率和电压均可调的交流电,这种变换与整流相反,也称为逆变,对应的变换装置称为逆变器。当逆变器的交流输出接电网时,称为有源逆变;当逆变器的交流输出连接负载时,称为无源逆变。逆变器的输出可以是恒频,如恒压恒频电源或不间断供电电源;逆变器的输出也可以是变频,如各种变频电源、中频感应加热电源和交流电动机的变频调速等。

（3）AC/AC 变换

AC/AC 变换把一种形式的交流电变换成另一种频率、电压固定或可调的交流电,主要有交流调压和交/交变频两种基本形式。交流调压只改变交流电压而频率不变,常应用于调温、调光、交流电动机的调压调速等场合;交/交变频则将交流电直接转变成其他频率的交流电,电压和频率均可调节,完成交/交变频的电力电子装置称为周波变换器,主要用于大功率交流变频调速装置。

（4）DC/DC 变换

DC/DC 变换将一种幅值固定或变化的直流电压变换成幅值可调或恒定的另一个直流电压,也称为直流斩波,对应的变换装置称为斩波器。DC/DC 变换常用于开关电源、仪表电源、电池管理、光伏发电、直流电机调速等。

### 1.1.3 电力电子电路控制

依据电力电子器件特性及器件开通与关断控制方案的不同,电力电子电路的控制技术可分为相位控制、频率控制和 PWM 控制。

（1）相位控制

相位控制通过控制电力电子器件在一个开关周期中开通的时刻来调节输出电能,主要用于采用电网换流的晶闸管电路。晶闸管整流和交流调压电路均为这种控制方式。

（2）频率控制

频率控制利用控制信号的幅值变化来改变器件开关信号的频率,以实现器件开关频率的控制,这种控制方式多用于 DC/AC 变换电路中。

（3）PWM 控制

PWM 控制通过直接控制在一个开关周期中电力电子器件开通与关断的时间比例来调节输出电能,主要用于采用全控器件的电力电子电路。PWM 技术可用于逆变、斩波、整流、交流电力控制,已成为主流控制方法,使电力电子电路的控制性能大为改善,对电力电子技术的发展产生了深远的影响。

### 1.1.4 电力电子器件

电力电子器件又称功率半导体器件,是用于电能变换和电能控制电路中的大功率(通常指电流数十至数千安,电压数百伏以上)电子器件,主要包括电力二极管、晶闸管及其派生器件、大功率晶体管(GTR)、功率场效应晶体管(P-MOSFET)和绝缘栅双极型晶体管(IGBT)等。相对信息电子器件,电力电子器件要承受较高的电压和较大的电流。

#### 1.1.4.1 电力电子器件的发展

1956 年美国贝尔(BELL)电话公司发明了可触发晶体管,1957 年美国通用电气公司

(GE)对其进行了商业化开发,并命名为晶体闸流管,简称为晶闸管(thyristor)或可控硅(silicon controlled rectifier,SCR)。经过 20 世纪 60 年代的完善和发展,晶闸管已经形成了从低压小电流到高压大电流的系列产品。

20 世纪 70 年代后期开始,以门极可关断晶闸管(GTO)、大功率双极型晶体管(GTR)和功率场效应管(P-MOSFET)为代表的全控型器件得到迅速发展。可关断晶闸管(GTO)具有普通晶闸管的全部优点,如耐压高、电流大等;同时它又是全控型器件,即在门极正脉冲电流触发下导通,在负脉冲电流触发下关断。70 年代大功率晶体管(GTR)已进入工业应用阶段,80 年代晶体管的性能变得更好,使用也更方便,被广泛应用于数百千瓦以下的功率电路中,功率晶体管工作频率比晶闸管大为提高,达林顿功率晶体管可在 10 kHz 以下工作,非达林顿功率晶体管可达 20 kHz,但其缺点在于存在二次击穿和不易并联以及开关频率仍然偏低等问题,使其应用受到了限制。70 年代后期,功率场效应管开始进入实用阶段,标志着电力电子器件进入高频化阶段。80 年代研制的垂直双扩散金属-氧化物半导体场效应晶体管(VDMOS)具有工作频率高、开关损耗小、安全工作区宽、几乎不存在二次击穿、输入阻抗高、电压型驱动、易并联的特点,是高频化的主要器件,但 VDMOS 的导通电阻大这一缺点限制了它在高频大、中功率领域的应用。

20 世纪 80 年代后期,以绝缘栅双极型晶体管(IGBT)为代表的复合型器件快速发展。IGBT 是 MOSFET 和 GTR 的复合,它把 MOSFET 的驱动功率小、开关速度快的优点和GTR 通态压降小、载流能力大的优点集于一身,性能十分优越,使之成为现代电力电子技术的主导器件。集成门极换流晶闸管(IGCT)于 20 世纪 90 年代后期出现,结合了 IGBT 与GTO 的优点,容量与 GTO 相当,开关速度快 10 倍,且可省去 GTO 庞大而复杂的缓冲电路,只不过所需的驱动功率仍很大。

20 世纪 80 年代中后期,另一重要的发展是功率集成电路(PIC)的研制成功,PIC 在制造过程中,把驱动、控制、保护电路和功率器件集成在一起,使电力电子装置的结构紧凑、体积减小,常常把若干个电力电子器件及必要的辅助元件做成模块的形式,这给应用带来了很大的方便。

### 1.1.4.2　电力电子器件的特点

电力电子器件可直接用于处理电能,实现电能的变换与控制,同处理信息的电子器件相比,具有以下特点。

① 电力电子器件一般都工作在开关状态。导通时(通态)阻抗很小,接近于短路,管压降接近于零,而电流由外电路决定;阻断时(断态)阻抗很大,接近于断路,电流几乎为零,而管子两端电压由外电路决定。电力电子器件工作时不断在导通和关断状态之间切换,其动态特性(也就是开关特性)和参数,也是电力电子器件特性很重要的方面。电路分析时,一般用理想开关来代替,忽略切换过程。

② 电力电子器件具有较大的功率损耗。电力电子器件尽管工作在开关状态,但其处理的电功率较大,具有较大的导通电流和阻断电压。导通时器件上有一定的通态压降,形成通态损耗;阻断时器件上有微小的断态漏电流流过,形成断态损耗。器件开通或关断的转换过程中产生开通损耗和关断损耗,总称为开关损耗;这些电力电子器件自身的功率损耗通常远大于只用于处理信息的电子器件,为了避免因损耗散发的热量导致温度过高而损坏电力电子器件,不仅在器件封装上要考虑散热设计,而且在其工作时一般都

还需要设计安装散热器。

③ 需要专门的驱动电路实现控制。电力电子器件在装置中通常连接于主电路,而主电路中的电压和电流一般都较大,而控制电路的元器件只能承受较小的电压和电流,因此在主电路和控制电路之间,需要一定的中间电路对控制电路的信号进行放大后传递到主电路,这就是电力电子器件的驱动电路。

④ 电力电子器件需要缓冲电路和保护电路。电力电子器件主要工作在高速切换状态,切换过程中往往有电压和电流的过冲,而电力电子器件承受过电压和过电流的能力却要差一些,因此,在主电路和控制电路中需附加一些缓冲电路和保护电路,以保证电力电子器件和整个电力电子装置正常可靠运行。

### 1.1.4.3 电力电子器件的分类

电力电子器件一般有三个端子(也称极或管脚),其中两个连接在主电路,而第三端被称为控制端(或控制极)。器件通断是通过在其控制端和一个主电路端子之间加一定的信号来控制的,这个主电路端子是驱动电路和主电路的公共端,一般是主电路电流流出器件的端子。

(1) 按控制程度分

根据能被驱动(触发)电路输出控制信号所控制的程度,可将电力电子器件分为不可控器件、半控型器件和全控型器件。

① 不可控器件是不能用控制信号来控制其开通和关断的电力电子器件,如电力二极管。此类器件的开通和关断完全由其在主电路中承受的电压、电流决定。对电力二极管来说,加正向阳极电压,二极管导通;加反向阳极电压,则二极管关断。

② 半控型器件是能利用控制信号控制器件导通,但不能控制器件关断的电力电子器件。晶闸管及其大多数派生器件都为半控型器件,它们的开通由触发电路的触发脉冲来控制,而关断则只能由其在主电路中承受的电压、电流或其他辅助换流电路来完成。

③ 全控型器件是能利用控制信号控制器件导通,也能控制器件关断的电力电子器件,通常也称为自关断器件。大功率晶体管(giant transistor,GTR)、门极可关断晶闸管(gate-turn-off thyristor,GTO)、功率场效应晶体管(power MOSFET,P-MOSFET)、绝缘栅双极型晶体管(insulated-gate bipolar transistor,IGBT)等都是全控型器件。

(2) 按驱动电路加在器件控制端和公共端之间信号的性质不同分

按驱动电路加在器件控制端和公共端之间信号的性质不同,电力电子器件可分为电流驱动型和电压驱动型。

① 电流驱动型器件通过从控制端注入或者抽出电流来实现器件的导通或者关断,如SCR、大功率晶体管(GTR)、门极可关断晶闸管(GTO)。

② 电压驱动型器件仅通过在控制端和公共端之间施加一定的电压信号就可实现器件的导通或者关断,如功率场效应晶体管(P-MOSFET)、绝缘栅双极型晶体管(IGBT)。电压驱动型器件实际上是通过加在控制端上的电压在器件的两个主电路端子之间产生可控的电场来改变流过器件的电流大小和通断状态,所以又称为场控器件,或场效应器件。

(3) 按载流子类型分

根据参与导电的载流子类型不同,电力电子器件可分为单极型、双极型和复合型器件三类。

通过半导体器件的电流由器件内部的电子或空穴作为载体,只有电子或只有空穴参与导电的器件称为单极型器件,如功率 MOSFET。同时有电子、空穴参与导电的器件称为双极型器件,如 GTR。由单极型器件与双极型器件复合而成的器件称为复合型器件,如 IG-BT。单极型器件只有多数载流子导电,没有少数载流子的存储效应,因而开通、关断时间短。同时,单极型器件的输入阻抗很高,二次击穿的可能性极小。然而,单极型器件的不足之处是通态压降高,电压和电流额定值比双极型器件小。单极型器件适用于功率较小、工作频率高的电力电子设备。双极型器件的特点是,通态压降较低、阻断电压高、电压和电流额定值较高,因此适用于大中容量的变流设备。

(4) 按驱动信号的波形分

按照驱动信号的波形(电力二极管除外)电力电子器件可分为脉冲触发型和电平控制型两类。

脉冲触发型器件通过在控制端施加一个电压或电流的脉冲信号来实现器件的开通或者关断控制,如 SCR 和 GTO。电平控制型器件必须通过持续在控制端和公共端之间施加一定电平的电压或电流信号来使器件开通并维持在导通状态或者关断并维持在阻断状态,如 IGBT、P-MOSFET、GTR。

## 1.1.5 电力电子技术的应用

随着新理论、新器件、新技术的不断涌现,特别是与微电子技术的日益融合,电力电子技术的应用领域不断地得以拓展。目前,电力电子技术已广泛应用于电机控制系统、电解电镀、感应加热、电力系统、新能源发电、灯光照明、家用电器、办公自动化和航空航天航海等领域。

### 1.1.5.1 在电机控制系统中的应用

电机控制技术的发展与电力电子技术和计算机控制技术的进步紧密联系,电力电子器件和计算机构成了电机控制系统的物质基础。电力电子器件的作用更为关键,可以说新一代的器件带来了新一代的变换器,又推动了新一代电机控制系统的形成和发展。

(1) 变流器耦合供电的直流电动机调速系统

由于直流电动机中产生转矩的电枢电流和励磁磁通两个要素相互没有耦合,可通过相应电流分别控制,因此直流电动机调速易获得良好的控制性能及快速的动态响应,过去在变速传动领域中一直占据主导地位。

晶闸管构成的静止直流电源装置,其结构简单、技术成熟、动静态特性好、效率高,便于实现四象限运行和自动控制,已广泛应用于直流电动机调速系统,应用实例有矿井提升机、轧钢机、回转窑和龙门刨等电气设备的电控系统。

(2) 绕线式异步电动机串级调速系统

绕线式异步电动机转子也可以进行功率传递,构成转差功率控制的调速系统。在串级调速系统中,电机转子侧接入一个三相不可控整流器,将交流滑差功率转换为直流形式,由电源侧的三相全控桥工作在有源逆变状态,吸收滑差功率返回电网。由于电机转子侧采用了不可控整流器,决定了滑差功率流动方向只能是从电机转子到电网,使电机转速从同步转速向下调节。串级调速系统结构简单、调速性能好、节能效果显著。

(3) 笼型异步电动机的变频调速

笼型异步电动机,由于结构简单、制造方便、造价低廉、坚固耐用、无须维护、运行可靠,更可用于恶劣的环境之中,因此在工农业生产中得到了极为广泛的应用。

异步电动机变频调速不但能实现无级变速,而且可根据负载特性的不同,通过适当调节电压与频率之间的关系,使电机始终运行在高效率区,并保证良好的运行特性。异步电动机采用变频启动更能显著改善启动性能,大幅降低电机的启动电流,增加启动转矩。目前,变频调速已成为交流电机调速传动中的主流技术。

(4)笼型异步电动机的软启动

对于小容量异步电动机,只要供电电网和变压器的容量足够,供电线路不太长,便可以采取全压直接启动,其启动电流为额定电流的 4~7 倍。但对于中、大容量电机,直接启动的大电流会使电网电压降落过大,影响其他并网用电设备的正常运行;此外远距离馈电线连接时,还会因大启动电流造成线路压降过大、机端得不到所需电压而启动不起来。因此中、大容量电机的启动是个大问题,常采用降压启动方法。常规降压启动方法有 Y-△ 启动、串电抗器启动、自耦变压器启动等,它们都是一次降压,启动过程经历二次电流冲击。采用电流闭环控制的晶闸管交流调压电路可以构成异步电动机的恒流软启动器,它通过对启动电流的恒流控制来连续调节电机电压,使启动电流限制在设定的电流范围内,获得最佳的启动效果。同时,软启动器还可用于制动,实现软停车。

(5)同步电动机变频调速

同步电动机变频调速系统可分为它控式变频器供电和自控式变频器供电两种不同方式。它控式变频器供电的变频调速系统和异步电机变频调速控制方式相似,其运行频率由外界独立调节,利用同步电机转速与气隙旋转磁场严格同步关系,通过改变变频器的输出频率实现对同步电机调速,但受负载影响容易产生失步现象。

自控式变频器供电的变频调速系统其输出频率不由外界调节,而是直接受同步电动机自身转速的控制。每当电机转过一对磁极,控制变频器的输出电流正好变化一周期,电流周期与转子速度始终保持同步,不会出现失步现象。由于这种自控式同步电机变频调速系统是通过调节电机输入电压进行调速的,其特性类似于直流电动机,但无电刷及换向器,所以习惯上被称为无换向器电动机。

### 1.1.5.2 在电力系统中的应用

现代电力系统通常以固定的频率和电压向用户提供交流电能,但用户所需电能的形式则往往千差万别,既可能是直流电,也可能是不同频率的交流电,并且所需电压也往往因负荷不同而异。由常规电力系统的元件,如发电机、变压器等来满足所有这些要求不经济,往往也不可能。电力电子装置则可以作为上述交流电力系统和用户之间的接口,通过受控开关对电能进行变换来满足用户的不同需求。随着高电压、大功率电力电子器件的发展,变换器模块化、单元化和智能化水平的提升,控制策略和调制策略性能的提高,电力电子装置在电力系统中得到了广泛的应用。

(1)在发电环节中的应用

电力系统的发电环节涉及发电机组的多种设备,电力电子技术的应用以改善这些设备的运行特性为主要目的。

① 大型发电机的静止励磁控制

静止励磁采用晶闸管整流自并励方式,具有结构简单、可靠性高及造价低等优点,被世界各大电力系统广泛采用。由于省去了励磁机这个中间惯性环节,因而具有其特有的快速性调节特性,给先进的控制规律提供了充分发挥作用并产生良好控制效果的有利条件。

② 风力发电机的变速恒频励磁

长期以来,风力发电以采用定桨距风力机为主,在发电机极数一定的条件下,若要输出电能与电网同频,发电机必须恒速运行。而风能是一种变化剧烈的随机能源,一种风速下风力机只有一种可以获取最大风能的转速,这样恒速恒频运行只能在一种风速下捕获最大风能,绝大多数风速下风能的采集、利用、转化效率都很低。特别是随着风电机组单机容量的增大,运行成本已提到重要地位,追踪最大风能以增加发电量的控制方式才是风力发电的最佳运行方式。

目前,变速恒频发电方式已成为风电技术的主流,变速恒频能在各种风速下最大限度地捕获风能,很适合风力发电技术发展的方向。目前变速恒频双馈式风力发电机组逐步成为风力发电机组的主流机型。变速恒频风力发电技术通常基于双 PWM 变换结构,通过调节励磁电流的频率可实现不同转速下的恒频发电,发电机的有功功率和无功功率可独立调节,发电机和电力系统构成了柔性连接。不仅具有良好的输出性能,更大大改善了输入性能,可获得任意功率因数的正弦输入电流,且具有能量双向流动的能力。

③ 太阳能发电控制系统

开发利用无穷尽的洁净新能源——太阳能,是调整未来能源结构的一项重要战略措施。大功率太阳能发电,无论是独立系统还是并网系统,通常需要将太阳能电池阵列发出的直流电转换为交流电,所以具有最大功率跟踪功能的逆变器成为系统的核心。

(2) 在输电环节中的应用

① 直流输电和轻型直流输电技术

直流输电具有输电容量大、稳定性好、控制调节灵活等优点,对于远距离输电、海底电缆输电及不同频率系统的联网,高压直流输电拥有独特的优势。1970 年世界上第一台晶闸管换流阀试验工程在瑞典建成,取代了原有的汞弧阀换流器,标志着电力电子技术正式应用于直流输电。从此以后,世界上新建的直流输电工程均采用晶闸管换流阀。近年来,直流输电技术又有新的发展,轻型直流输电采用 IGBT 等可关断电力电子器件组成的换流器,应用脉宽调制技术进行无源逆变,解决了用直流输电向无交流电源的负荷点送电的问题。同时大幅度简化了设备,降低了造价。

② 柔性交流输电(FACTS)技术

FACTS 技术是一项基于电力电子技术与现代控制技术对交流输电系统的阻抗、电压及相位实施灵活快速调节的输电技术,可实现对交流输电功率潮流的灵活控制,大幅度提高电力系统的稳定水平。

(3) 在配电环节中的应用

配电系统迫切需要解决的问题是如何加强供电可靠性和提高电能质量。电能质量控制既要满足对电压、频率、谐波和不对称度的要求,还要抑制各种瞬态的波动和干扰。电力电子技术和现代控制技术在配电系统中的应用,即用户电力技术或称 DFACTS 技术,是在FACTS 各项成熟技术的基础上发展起来的电能质量控制新技术。可以将 DFACTS 设备理解为 FACTS 设备的缩小版,其原理、结构均相同,功能也相似。

#### 1.1.5.3 在各种电源中的应用

电源的种类繁多,如电化学处理、电解、电镀所使用的大容量直流电源和脉冲电源,冶金工业用的感应电源,不间断电源,各种车辆中使用的辅助电源,各种家电和办公设备的辅助电源等。这些电源都是电力电子技术的重要应用场合。

电热和电化学用直流电源主要用于化工电解、有色金属电解和矿冶加热,其特点是电流容量大、效率高。

感应加热电源是利用电磁感应原理把电能转化为热能的设备。它与传统加热设备相比,具有效率高、加热速度快、温度容易控制、作业环境好、污染小等优点。感应加热技术已广泛应用于金属熔炼、热处理和焊接等过程。

不间断电源是一种由整流器、逆变器和蓄电池构成的组合式电力电子装置,广泛应用于大型电子计算机、计算机网络、通信系统、机场、医院、核电站等严格要求连续供电场合的高可靠、高性能的电源。

开关电源是 20 世纪 80 年代初才发展起来的新的应用领域。开关电源利用电力电子器件的开关特性,控制开关管开通和关断的时间比率,维持输出电压稳定。开关电源在办公自动化设备、计算机设备、电子产品、工业测控、电子仪器和仪表中被广泛采用。

总之,电力电子技术的应用范围十分广泛。电力电子装置提供给负载的是各种不同的交、直流电源,因此也可以说,电力电子技术研究的也就是电源技术。电力电子技术对节能有重要意义,特别是在大型风机、水泵的变频调速和使用量十分庞大的照明电源领域,电力电子技术的节能效果十分显著,因此电力电子技术也被称为是节能技术。

## 1.2 电力电子电路的分析基础

电力电子装置多由交流电网供电,交流电网可视为只含有基波分量的电压源。由于电力电子装置的工作特点,使电源中通过的电流为非正弦周期电流,这是电力电子装置的重要特征。

### 1.2.1 非正弦周期量的表示方法

电力电子电路利用电力电子器件对电能进行变换和控制,其有关的电流、电压往往是非正弦周期量,这些非正弦周期量可以用周期函数来表示为:

$$f(\omega t) = f(kT_\theta + \omega t) \tag{1-1}$$

式中,$\omega$ 为角频率,rad/s;$t$ 为时间,s;$T_\theta$ 为周期,rad;$k$ 为周期个数,可取自然数。

分段函数表示法和傅立叶级数表示法是两种分析和研究非正弦周期量常用的数学方法。

#### 1.2.1.1 分段函数表示法

非正弦周期量每一周期重复一次,一个周期内的波形往往是由一段或几段曲线组成的。若其每段曲线都有一定的变化规律和表示方式时,则可以将一个周期内的波形分段表示,并注明区间和重复周期。

[**例 1-1**] 图 1-2 所示波形均为非正弦周期电流和电压,分别用分段函数表示法表示。

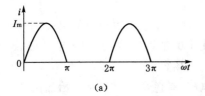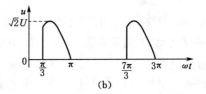

图 1-2　非正弦周期电流和电压示例

**解:**图 1-2 所示的非正弦周期电流和电压,可用分段函数表示法分别表示为:

$$i(\omega t) = \begin{cases} I_m \sin \omega t & 0 \leqslant \omega t \leqslant \pi \\ 0 & \pi < \omega t \leqslant 2\pi \end{cases} \qquad T_\theta = 2\pi$$

$$u(\omega t) = \begin{cases} 0 & 0 \leqslant \omega t \leqslant \dfrac{\pi}{3} \\ \sqrt{2} U \sin(\omega t) & \dfrac{\pi}{3} < \omega t \leqslant \pi \\ 0 & \pi < \omega t \leqslant 2\pi \end{cases} \qquad T_\theta = 2\pi$$

由上例可以看出,分段函数表示法是一种直观的表示方法,可以逐段表示非正弦周期量的实际波形和变化规律。在电力电子技术研究中,分段函数表示法是一种具有实用价值的表示法。但是,分段函数表示法不能写成一个闭合的函数表达形式。

#### 1.2.1.2　傅立叶级数表示法

线性电路中可以运用叠加原理进行电路分析,电力电子技术中可用傅立叶级数表示法将非正弦周期量表示为一系列不同频率的正弦量之和。对电力电子技术中遇到的非正弦周期量而言,通常都能满足展开为傅立叶级数的狄里赫利条件。

设 $f(\omega t)$ 为周期为 $2\pi$ 的非正弦周期函数,则其展开的傅立叶级数为:

$$f(\omega t) = A_0 + \sum_{k=1}^{\infty} (A_{km} \cos k\omega t + B_{km} \sin k\omega t) \tag{1-2}$$

式中各谐波分量的系数可用下列各式求得:

$$A_0 = \frac{1}{2\pi} \int_0^{2\pi} f(\omega t) \mathrm{d}(\omega t) = \frac{1}{2\pi} \int_{-\pi}^{\pi} f(\omega t) \mathrm{d}(\omega t) \tag{1-3}$$

$$A_{km} = \frac{1}{\pi} \int_0^{2\pi} f(\omega t) \cos k\omega t \mathrm{d}(\omega t) = \frac{1}{\pi} \int_{-\pi}^{\pi} f(\omega t) \cos k\omega t \mathrm{d}(\omega t) \tag{1-4}$$

$$B_{km} = \frac{1}{\pi} \int_0^{2\pi} f(\omega t) \sin k\omega t \mathrm{d}(\omega t) = \frac{1}{\pi} \int_{-\pi}^{\pi} f(\omega t) \sin k\omega t \mathrm{d}(\omega t) \tag{1-5}$$

如果将同次谐波的正弦、余弦项合并,则可得傅立叶级数的第二种形式,即:

$$f(\omega t) = A_0 + \sum_{k=1}^{\infty} C_{km} \sin (k\omega t + \varphi_k) \tag{1-6}$$

式中,$C_{km}$、$\varphi_k$ 与 $A_{km}$、$B_{km}$ 之间的关系为:

$$C_{km} = \sqrt{A_{km}^2 + B_{km}^2} \tag{1-7}$$

$$\tan \varphi_k = \frac{A_{km}}{B_{km}} \tag{1-8}$$

$$A_{km} = C_{km} \sin \varphi_k \tag{1-9}$$

$$B_{km} = C_{km} \cos \varphi_k \tag{1-10}$$

傅立叶级数中，$A_0$ 为非正弦周期函数的直流分量，频率与工频相同的分量称为基波，频率为基波频率整数倍的分量称为谐波，谐波次数为谐波频率和基波频率的整数比。

对于奇函数，因为 $f(\omega t)=-f(-\omega t)$，可以得到 $A_0=0$、$A_{km}=0$、$\varphi_k=0$，展开的傅立叶级数中，只含各次谐波的正弦量；对于偶函数，由于 $f(\omega t)=f(-\omega t)$，可以得到 $B_{km}=0$、$\varphi_k=\dfrac{\pi}{2}$，展开的傅立叶级数中，只含有直流分量和各次谐波的余弦量。对于 $f(\omega t)=-f(\omega t+\pi)$ 的非正弦周期函数，可以证明 $A_0$ 及偶次项系数为零，展开的傅立叶级数中，不含直流分量和各项偶次谐波。

[例 1-2]　将图 1-3 所示周期为 $2\pi$ 的矩形电流波形用傅立叶级数表示。

图 1-3　周期为 $2\pi$ 的矩形电流波

解：图 1-3 所示周期为 $2\pi$ 的矩形电流波，分段函数表示为：

$$i(\omega t)=\begin{cases} I_m & 0 \leqslant \omega t \leqslant \pi \\ 0 & \pi < \omega t \leqslant 2\pi \end{cases} \qquad T_\theta=2\pi$$

利用式(1-3)、式(1-4)和式(1-5)可分别求得各个分量的系数为：

$$A_0=\frac{I_m}{2}$$

$$A_{km}=0$$

$$B_{km}=\frac{I_m}{k\pi}(1-\cos k\pi)$$

则周期为 $2\pi$ 的矩形电流波形的傅立叶级数展开式为：

$$i(\omega t)=A_0+\sum_{k=1}^{\infty}B_{km}\sin k\omega t$$
$$=\frac{I_m}{2}+\frac{2I_m}{\pi}\left(\sin \omega t+\frac{1}{3}\sin 3\omega t+\frac{1}{5}\sin 5\omega t+\cdots\right)$$

由傅立叶级数展开式可知，周期为 $2\pi$ 的矩形电流含有直流分量、基波和各次谐波的正弦量，且各次谐波的幅值随着谐波次数的增加而降低。

**1.2.2　非正弦周期电量的计算**

1.2.2.1　非正弦周期电量的平均值

非正弦周期电量在一个周期内的平均值称为直流分量，非正弦周期电压与电流的平均值表达式分别为：

$$U_d=\frac{1}{T}\int_0^T u(t)\mathrm{d}t=\frac{1}{T_\theta}\int_0^{T_\theta} u(\omega t)\mathrm{d}(\omega t) \tag{1-11}$$

$$I_d=\frac{1}{T}\int_0^T i(t)\mathrm{d}t=\frac{1}{T_\theta}\int_0^{T_\theta} i(\omega t)\mathrm{d}(\omega t) \tag{1-12}$$

式中，$T$ 为以时间为变量表示的电压或电流周期；$T_\theta$ 为以电角度为变量表示的电压或电流周期,两者间关系为 $T_\theta = \omega T$。积分表达式的上下限可据实际波形而定,但上下限之差应为一个电量周期。

**[例 1-3]** 计算图 1-4 所示电压的平均值。

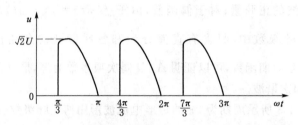

图 1-4　非正弦周期电压

**解:**图 1-4 所示周期为 π 的电压可用分段函数表示为:

$$u(\omega t) = \begin{cases} 0 & 0 \leqslant \omega t \leqslant \dfrac{\pi}{3} \\ \sqrt{2}U\sin(\omega t) & \dfrac{\pi}{3} < \omega t \leqslant \pi \end{cases} \qquad T_\theta = \pi$$

利用式(1-11)可得:

$$U_d = \frac{1}{\pi}\int_0^\pi u(\omega t)\mathrm{d}(\omega t) = \frac{1}{\pi}\int_{\frac{\pi}{3}}^\pi \sqrt{2}U\sin(\omega t)\mathrm{d}(\omega t)$$

$$= \frac{\sqrt{2}U}{\pi}\left(1 + \cos\frac{\pi}{3}\right) = 0.9U\frac{1 + \cos\dfrac{\pi}{3}}{2} = 0.675U$$

#### 1.2.2.2　非正弦周期电量的有效值

周期电量在一个周期内的瞬时值的平方平均值再取平方根,称为有效值,又称为均方根值。非正弦周期电量的有效值等于在一个周期内与它平均热效应相等的直流电量。非正弦周期电流与电压的有效值可分别表示为:

$$I = \sqrt{\frac{1}{T}\int_0^T i^2(t)\mathrm{d}t} = \sqrt{\frac{1}{T_\theta}\int_0^{T_\theta} i^2(\omega t)\mathrm{d}(\omega t)} \qquad (1-13)$$

$$U = \sqrt{\frac{1}{T}\int_0^T u^2(t)\mathrm{d}t} = \sqrt{\frac{1}{T_\theta}\int_0^{T_\theta} u^2(\omega t)\mathrm{d}(\omega t)} \qquad (1-14)$$

**[例 1-4]** 计算图 1-5 所示电流的有效值。

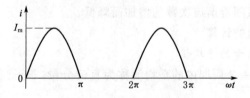

图 1-5　非正弦周期电流

**解:**图 1-5 所示电流的周期为 2π,利用式(1-13)可得:

$$I = \sqrt{\frac{1}{2\pi}\int_0^{2\pi} i^2(\omega t)\mathrm{d}(\omega t)}$$

$$= \sqrt{\frac{1}{2\pi}\int_0^\pi I_m^2 \sin^2(\omega t)\mathrm{d}(\omega t)} = \frac{I_m}{2}$$

#### 1.2.2.3 非正弦周期电量的平均功率

线性电路中通过非正弦周期电流时,平均功率可定义为在一个周期内其瞬时功率的平均值,即

$$P = \frac{1}{T}\int_0^T p\mathrm{d}t = \frac{1}{T}\int_0^T u(t)i(t)\mathrm{d}t = \frac{1}{T_\theta}\int_0^{T_\theta} u(\omega t)i(\omega t)\mathrm{d}(\omega t) \tag{1-15}$$

式中,$u(\omega t)$ 和 $i(\omega t)$ 均可用非正弦周期量表示为:

$$u(\omega t) = U_d + \sum_{k=1}^\infty U_{km}\sin(k\omega t + \varphi_{ku})$$

$$i(\omega t) = I_d + \sum_{k=1}^\infty I_{km}\sin(k\omega t + \varphi_{ki})$$

将上列两式代入式(1-15),展开后利用正交定理求解,可得平均功率为:

$$P = U_d I_d + \sum_{k=1}^\infty U_{km} I_{km} \frac{1}{2}\cos(\varphi_{ku} - \varphi_{ki})$$

$$= U_d I_d + \sum_{k=1}^\infty U_k I_k \cos(\varphi_k)$$

$$= U_d I_d + \sum_{k=1}^\infty P_k \tag{1-16}$$

式中,$U_{km}$、$I_{km}$ 分别为 $k$ 次谐波电压与电流的幅值;$U_k$、$I_k$ 分别为 $k$ 次谐波电压与电流的有效值;$\varphi_k = \varphi_{ku} - \varphi_{ki}$ 为 $k$ 次谐波电压与电流之间的相位差。

由式(1-16)可见,只有同次谐波电压与电流才产生平均功率,不同次谐波电压与电流只产生瞬时功率而不产生平均功率。

[**例 1-5**] 某单相整流电路为电阻性负载,其电源电压 $u(\omega t) = \sqrt{2}U\sin\omega t$,电流 $i(\omega t)$ 的波形如图 1-6 所示。求电路的平均功率。

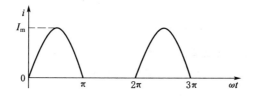

图 1-6 某整流电路负载电流波形

**解**:由于供电电压只含有基波成分,因此只有基波电流产生平均功率,采用傅立叶级数可计算得到电流基波幅值为 $\frac{I_m}{2}$、有效值为 $\frac{\sqrt{2}I_m}{4}$,基波电压与电流之间的相位差 $\varphi_1 = 0$。由式(1-16)可得电路的平均功率为:

$$P = P_1 = U_1 I_1 \cos\varphi_1 = \frac{\sqrt{2}}{4}UI_m$$

#### 1.2.2.4 正弦电压输入、非正弦周期电流电路的功率因数

交流电网功率因数 $\lambda$ 定义为有效功率 $P$ 与视在功率 $S$ 的比值,即

$$\lambda = \frac{P}{S} \tag{1-17}$$

若电力电子装置的电源电压为 $u(\omega t) = \sqrt{2}U\sin \omega t$，通过的非正弦周期电流有效值为 $I$，基波电流有效值为 $I_1$，电源电压与基波电流之间的相位差为 $\varphi_1$，则：

$$\lambda = \frac{P}{S} = \frac{UI_1\cos \varphi_1}{UI} = \frac{I_1}{I}\cos \varphi_1$$

电力电子装置多为交流电网供电，交流电网可视为只含有基波分量的电压源。由于电力电子装置的工作特点，使电源中通过的电流为非正弦周期电流，致使交流电网功率因数 $\lambda$ 除受电流滞后角影响外，还受到电流波形的影响。

## 思考题与习题

1. 电力电子技术是怎样的一门技术？

2. 电力技术、电子技术和电力电子技术研究的对象有何不同？控制理论在电力电子技术中有什么作用？

3. 举例说明电力电子技术的主要应用领域。

4. 电力电子器件有何特点？如何分类？

5. 电力电子变换有哪几种基本类型？各自的功能是什么？

6. 电力电子电路控制方式有哪几种？并加以说明。

7. 已知电流周期函数表达式为

$$(1)\ i(\omega t) = \begin{cases} I_m & \dfrac{\pi}{2} \leqslant \omega t \leqslant \pi \\ 0 & \pi < \omega t \leqslant 2\pi + \dfrac{\pi}{2} \end{cases} \qquad T_\theta = 2\pi$$

$$(2)\ i(\omega t) = \begin{cases} I_m\sin \omega t & \dfrac{\pi}{3} \leqslant \omega t \leqslant \pi \\ 0 & \pi < \omega t \leqslant 2\pi + \dfrac{\pi}{3} \end{cases} \qquad T_\theta = 2\pi$$

求电流平均值、有效值，并计算该电流流过电阻 $R$ 时的功率。

8. 已知电源装置输出电压的周期函数表达式为

$$(1)\ u(\omega t) = \begin{cases} U_m & 0 \leqslant \omega t \leqslant \dfrac{\pi}{2} \\ 0 & \dfrac{\pi}{2} < \omega t \leqslant 2\pi \end{cases} \qquad T_\theta = 2\pi$$

$$(2)\ u(\omega t) = U_m\sin \omega t \qquad 0 \leqslant \omega t \leqslant \pi \quad T_\theta = \pi$$

求电压平均值、有效值，并计算通过直流电流 $I_d$ 时电源的功率。

9. 已知电压周期函数表达式为

$$u(\omega t) = \begin{cases} U_m & 0 \leqslant \omega t \leqslant \pi \\ -U_m & \pi < \omega t \leqslant 2\pi \end{cases} \qquad T_\theta = 2\pi$$

求其傅立叶级数展开式。

10. 电源电压为 $u(\omega t) = U_m\sin \omega t$，通过的电流为非正弦周期函数，表达式为

$$i(\omega t) = \begin{cases} I_{\mathrm{m}} & \dfrac{\pi}{3} \leqslant \omega t \leqslant \pi + \dfrac{\pi}{3} \\ -I_{\mathrm{m}} & \pi + \dfrac{\pi}{3} < \omega t \leqslant 2\pi + \dfrac{\pi}{3} \end{cases} \qquad T_{\theta} = 2\pi$$

求电源输出功率和功率因数。

# 第2章　功率二极管、晶闸管及可控整流电路

## 2.1　功率二极管

功率二极管属于不可控电力电子器件,是20世纪最早获得应用的电力电子器件,它在整流、逆变等领域都发挥了重要作用。

### 2.1.1　功率二极管的结构和工作原理

功率二极管是以PN结为基础的,实际上就是由一个面积较大的PN结和两端引线封装组成的,其外形主要有螺栓型和平板型两种。功率二极管的外形、结构和电气图形符号如图2-1所示。功率二极管有两个电极,分别是阳极A和阴极K。

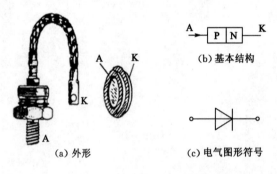

图 2-1　功率二极管的外形、结构和电气图形符号

功率二极管和信息电子电路中二极管的工作原理一样,在PN结的P端施加正电压,N端施加负电压,即二极管处于正向电压作用时,P型半导体中的空穴向阴极K移动,N型半导体中的自由电子向阳极A移动,这样就形成了电流,PN结导通,正向管压降很小;反之,在P端加负电压,在N端加正电压,即二极管处于反向电压作用时,P型半导体中的空穴向加负电压的阳极A移动,N型半导体中的自由电子向加正电压的阴极K移动,这样在半导体中间部分形成耗尽层。该耗尽层阻止P型半导体中的空穴和N型半导体中的自由电子向对方区域移动,因而二极管处于反向电压时,PN结截止,仅有极小的可忽略的漏电流流过二极管。

### 2.1.2　功率二极管的基本特性

功率二极管的基本特性有静态特性和动态特性。

#### 2.1.2.1　静态特性

功率二极管的静态特性主要是指其伏安特性,如图2-2所示。当功率二极管承受的正向电压达到一定值时,正向电流才开始明显增加,二极管处于稳定导通状态。这个临界电压被称为门槛电压$U_{TO}$。正向电流$I_F$对应的功率二极管两端的电压$U_F$,即为其正向电压降。

当功率二极管承受反向电压时，只有少数载流子引起的微小而数值稳定的反向漏电流。然而，当反向电压超过某一数值时，反向电流会急剧增加，这种现象被称为击穿现象，这时的反向电压值称为击穿电压 $U_B$。正常使用功率二极管时，反向电压不能超过击穿电压。

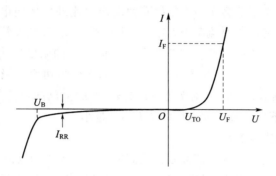

图 2-2  功率二极管的伏安特性曲线

#### 2.1.2.2  动态特性

由半导体知识可知，功率二极管存在结电容 $C_J = C_B + C_D$，其中势垒电容 $C_B$ 的大小与 PN 结截面积成正比，功率二极管的截面积比普通二极管大，所以具有更大的势垒电容；扩散电容 $C_D$ 大小与通过 PN 结的正向电流有关。

因为结电容的存在，功率二极管在零偏置（外加电压为零）、正向偏置和反向偏置三种状态之间转换的时候，必然会经历一个过渡过程。在过渡过程中，PN 结的一些区域需要一定时间来调整其带电状态，电压和电流特性是随时间变化的，这就是功率二极管的动态特性。动态特性反映功率二极管通态和断态之间转换过程的开关特性。

图 2-3（a）给出了功率二极管由零偏置转换为正向偏置时的动态过程。动态过程中，功率二极管的正向压降先出现一个过冲 $U_{FP}$，经过一段时间才趋于接近稳态压降的某个值（如 2 V）。出现电压过冲的原因有：① 电导调制效应起作用所需的大量少子需要一定的时间来储存，在达到稳态导通之前管压降较大；② 正向电流的上升会因器件自身的电感而产生较大压降。电流上升率越大，$U_{FP}$ 越高。这一动态过程时间被称为正向恢复时间 $t_{fr}$。

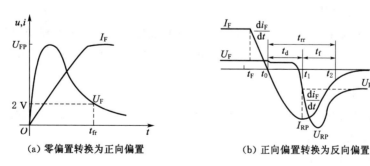

（a）零偏置转换为正向偏置          （b）正向偏置转换为反向偏置

图 2-3  功率二极管的动态特性

当加在功率二极管上的偏置电压的极性由正向变成反向时，二极管不能立即关断，而需经过一个短暂的时间才能重新恢复反向阻断能力而进入关断状态，如图 2-3（b）所示，设 $t_F$ 时刻，外加电压突然由正向变为负向，正向电流在反向电压作用下的下降速率决定于电路中电感和反向电压的大小。$t_0$ 时刻正向电流降低到零,由于 PN 结两侧存有大量的少子,它们在反向电压的作用下被抽出器件形成反向电流,直到 $t_1$ 时刻 PN 结内储存的少子被抽尽时,反向电流达到最大值 $I_{RP}$。之后功率二极管开始恢复对反向电压的阻断能力,反向电流迅速下降,在外电路电感的作用下会在功率二极管两端产生比外加反向电压大得多的反向电压 $U_{RP}$。在电流变化率接近零或电流降至 $25\%I_{RP}$ 的时刻 $t_2$,功率二极管两端承受的反向电压才降至外加电压的大小,功率二极管完全恢复对反向电压的阻断能力。时间 $t_d = t_1 - t_0$ 被称为延迟时间,$t_f = t_2 - t_1$ 为电流下降时间,而 $t_{rr} = t_d + t_f$ 为功率二极管的反向恢复时间。$s_r = t_f / t_d$ 被称为恢复系数,$s_r$ 越大,则恢复特性越软,实际上反向电流的下降时间就越长,因而在同样外电路条件下造成的反向电压峰值 $U_{RP}$ 就越小。

### 2.1.3 功率二极管的主要参数

功率二极管电压、电流的额定值都是比较高的。当二极管加反向电压时,只要反向电压小于击穿电压,反向电流值很小,可以忽略不计。在导通状态时,流过额定电流时的正向电压降一般不超过 2 V。尽管正向导电时压降很小,正向电流产生的功耗及其发热却不容忽略。

(1) 正向平均电流 $I_{F(av)}$

功率二极管长期运行时,在指定的管壳温度 $T_C$ 和散热条件下,所允许流过的最大工频正弦半波电流的平均值,即为正向平均电流。将此电流值取规定系列的电流等级值,即为功率二极管的额定电流,元件标称的额定电流就是这个电流。

正向平均电流是按照电流的发热效应来定义的,因此使用时应按与有效值相等的原则来选取电流定额,并应留有 1.5~2 倍的裕量。值得注意的是,当工作频率较高时,功率二极管的开关损耗一般不能忽略;而采用反向漏电流较大的功率二极管时,其断态损耗也应考虑到。

(2) 正向压降 $U_F$

正向压降 $U_F$ 指功率二极管在指定温度下,流过某一指定的稳态正向电流时对应的正向压降。有时也指在指定温度下流过某一瞬态正向大电流时功率二极管的最大瞬时正向压降。

(3) 反向重复峰值电压 $U_{RRM}$

反向重复峰值电压 $U_{RRM}$ 指功率二极管所能重复施加的反向最高峰值电压,通常是其雪崩击穿电压 $U_B$ 的 2/3。使用时,一般按电路中的功率二极管可以承受的最高峰值电压的两倍选取功率二极管。

(4) 最高工作结温 $T_{JM}$

结温 $T_J$ 是 PN 结的平均温度。最高工作结温 $T_{JM}$ 是指在 PN 结不损坏的前提下所能承受的最高平均温度。$T_{JM}$ 通常在 125~175 ℃范围内。

(5) 反向恢复时间 $t_{rr}$

反向恢复时间 $t_{rr}$ 指功率二极管由导通到关断时,从正向电流过零到反向电流下降到其峰值的 25%时的时间间隔。

(6) 浪涌电流 $I_{FSM}$

浪涌电流 $I_{FSM}$ 指功率二极管所能承受的最大的连续一个或几个工频周期的过电流。一般用额定正向平均电流的倍数和相应的浪涌时间(工频周波数)来规定浪涌电流。

### 2.1.4　功率二极管的主要类型

功率二极管的类型主要有三种：普通二极管、快速恢复二极管和肖特基二极管。

（1）普通二极管

普通二极管又称整流二极管，多用于开关频率不高（1 kHz 以下）的整流电路中。其反向恢复时间较长，一般在 5 $\mu$s 以上。但其额定电流和额定反向电压却可以达到很高，分别可达数千安和数千伏。

（2）快速恢复二极管

这种功率二极管的恢复过程很短，特别是反向恢复过程较短（在 5 $\mu$s 以下）。快速恢复功率二极管从性能上可以分为快速恢复和超快速恢复两个等级。前者反向恢复时间为数百纳秒或更长；后者则在 100 ns 以下，甚至达到 20～30 ns。

（3）肖特基二极管

以金属和半导体接触形成的势垒为基础的二极管称为肖特基势垒二极管，简称肖特基二极管。与以 PN 结为基础的功率二极管相比，肖特基二极管的优点在于：反向恢复时间很短（10～40 ns）；正向恢复过程中不会有明显的电压超调；在反向耐压较低的情况下其正向压降也很小，明显低于快速恢复功率二极管。因此，其开关损耗和正向导通损耗较快速恢复功率二极管还要小。

肖特基二极管的弱点是：反向耐压提高时，其正向压降也会高得无法接受，故多用于 200 V 以下的场合；反向漏电流较大且对温度敏感。

## 2.2　晶闸管及其派生器件

晶闸管（thyristor）是晶体闸流管的简称，又称作可控硅整流器（silicon controlled rectifier，SCR），以前被简称为可控硅。在功率二极管开始得到应用后不久，1956 年美国贝尔实验室（Bell Laboratories）发明了晶闸管，到 1957 年美国通用电气公司（General Electric Company）开发出了世界上第一只晶闸管产品，并于 1958 年使其商业化。由于此晶闸管的开通时刻可以控制，而且各方面性能均明显优于以前的汞弧整流器，因而立即受到普遍欢迎，从此开辟了电力电子技术迅速发展和广泛应用的崭新时代。自 20 世纪 80 年代以来，晶闸管开始被各种性能更好的全控型器件所取代，但是由于其能承受的电压和电流容量仍然是目前电力电子器件中最高的，而且工作可靠，因此在大容量的应用场合仍然具有比较重要的地位。

晶闸管包括普通晶闸管、门极可关断晶闸管、双向晶闸管、逆导晶闸管、光控晶闸管等多种类型的派生器件，但习惯上晶闸管专指普通晶闸管。

### 2.2.1　晶闸管的结构和工作原理

#### 2.2.1.1　晶闸管的结构

晶闸管具有三个 PN 结的四层半导体结构，其外形、结构和图形符号如图 2-4 所示。由最外的 $P_1$ 层和 $N_2$ 层引出两个电极，分别为阳极 A 和阴极 K，由中间 $P_2$ 层引出的电极是门极 G（也称控制极），四个层形成三个 PN 结 $J_1$、$J_2$、$J_3$。

与功率二极管类似，常用的晶闸管有螺栓式和平板式两种外形，如图 2-4(a)所示。两种外形均引出阳极 A、阴极 K 和门极 G 三个连接端。对于螺栓式封装的晶闸管，通常螺栓是

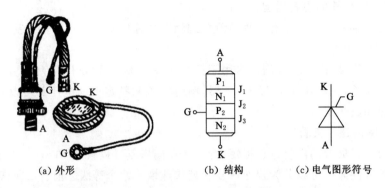

(a) 外形       (b) 结构       (c) 电气图形符号

图 2-4　晶闸管的外形、结构和电气图形符号

其阳极,做成螺栓状是为了能与散热器紧密连接且安装方便,另一侧较粗的端子为阴极,细的端子为门极。平板式封装的晶闸管可由两个散热器将其夹在中间,其两个平面分别是阳极和阴极,引出的细长端子为门极。晶闸管在工作过程中会因损耗而发热,因此必须安装散热器。螺栓型晶闸管是靠阳极(螺栓)拧紧在铝制散热器上,可采用自然冷却或风冷却方式。额定电流大于 200 A 的晶闸管一般采用平板式外形结构,由两个相互绝缘的散热器夹紧晶闸管,可以采用风冷却、通水冷却、通油冷却等多种冷却方式。

#### 2.2.1.2　晶闸管的工作原理

如果正向电压(阳极高于阴极)加到器件上,则 $J_2$ 处于反向偏置状态,器件 A、K 两端之间处于阻断状态,只能流过很小的漏电流。如果反向电压加到器件上,则 $J_1$ 和 $J_3$ 反偏,该器件也处于阻断状态,仅有极小的反向漏电流通过。

晶闸管导通的工作原理可以用双晶体管模型来解释,如图 2-5 所示。如在器件上取一倾斜的截面,则晶闸管可以看作是由 $P_1N_1P_2$ 和 $N_1P_2N_2$ 构成的两个晶体管 $V_1$、$V_2$ 组合而成。

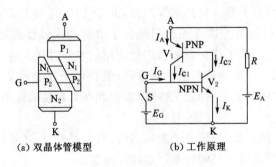

(a) 双晶体管模型       (b) 工作原理

图 2-5　晶闸管的双晶体管模型及其工作原理

按照晶体管工作原理,可列出如下方程:

$$I_{C1} = \alpha_1 I_A + I_{CBO1} \tag{2-1}$$

$$I_{C2} = \alpha_2 I_K + I_{CBO2} \tag{2-2}$$

$$I_K = I_A + I_G \tag{2-3}$$

$$I_A = I_{C1} + I_{C2} \tag{2-4}$$

式中，$\alpha_1$ 和 $\alpha_2$ 分别是晶体管 $V_1$ 和 $V_2$ 的共基极电流增益；$I_{CBO1}$ 和 $I_{CBO2}$ 分别是 $V_1$ 和 $V_2$ 的共基极漏电流。由式(2-1)～式(2-4)可得：

$$I_A = \frac{\alpha_2 I_G + I_{CBO1} + I_{CBO2}}{1 - (\alpha_1 + \alpha_2)} \tag{2-5}$$

晶体管在低发射极电流下 $\alpha$ 是很小的，而当发射极电流建立起来之后，$\alpha$ 迅速增大。当晶闸管承受正向阳极电压，门极未承受电压的情况下，$I_G = 0$，$\alpha_1 + \alpha_2$ 是很小的，由上式可看出，此时流过晶闸管的漏电流只是稍大于两个晶体管漏电流之和，晶闸管处于正向阻断状态。

如果外电路向门极注入电流 $I_G$，也就是注入驱动电流，则 $I_G$ 流入晶体管 $V_2$ 的基极，即产生集电极电流 $I_{C2}$，它构成晶体管 $V_1$ 的基极电流，放大成集电极电流 $I_{C1}$，又进一步增大 $V_2$ 的基极电流，如此形成强烈的正反馈，具体过程如下：

$$I_G \uparrow \longrightarrow I_{B2} \uparrow \longrightarrow I_{C2}(I_{B1}) \uparrow \longrightarrow I_{C1} \uparrow$$

随着 $\alpha_1$ 和 $\alpha_2$ 增大，当达到 $\alpha_1 + \alpha_2 \geqslant 1$ 之后，两个晶体管均饱和导通，因而晶闸管导通。由此可知晶闸管导通的必要条件是 $\alpha_1 + \alpha_2 \geqslant 1$。晶闸管导通后，这时流过晶闸管的电流完全由主电路的电源电压和回路电阻决定。

当晶闸管导通后，如果撤掉外电路注入门极的电流 $I_G$，即 $I_G = 0$，因 $I_{C1}$ 直接流入 $V_2$ 的基极，晶闸管仍继续保持导通状态，此时，门极便失去控制作用。如果不断减小电源电压或在晶闸管阳极和阴极加上反向电压，使 $I_{C1}$ 的电流减小到晶体管接近截止状态，晶闸管恢复阻断状态。

当晶闸管承受反向电压时，不论是否加上门极正向电压，晶闸管总是处于阻断状态。

由上述讨论可得如下结论：

① 欲使晶闸管导通需具备两个条件：a. 应在晶闸管的阳极与阴极之间加上正向电压；b. 应在晶闸管的门极与阴极之间加上正向电压和电流。

② 晶闸管一旦导通，门极即失去控制作用，故晶闸管为半控型器件。

③ 欲使晶闸管关断，必须使其阳极电流减小到一定数值以下，这只有用使阳极电压减小到零或反向的方法来实现。

晶闸管在以下几种情况下也可能被触发导通：因阳极电压升高至一定数值造成雪崩效应；阳极电压上升率 $\mathrm{d}u/\mathrm{d}t$ 过高；结温较高；光直接照射硅片，即发生光触发。这些情况除了光触发可以保证控制电路与主电路之间的良好绝缘而应用于高压电力设备中之外，其他都因不易控制而难以应用于实践。只有门极触发是最精确、迅速而可靠的控制手段。

### 2.2.2 晶闸管的基本特性

#### 2.2.2.1 晶闸管的静态特性

晶闸管阳极与阴极间的电压 $U_A$ 和阳极电流 $I_A$ 的关系称为晶闸管的伏安特性，如图 2-6 所示。晶闸管的伏安特性包括正向特性(第 1 象限)和反向特性(第 3 象限)两部分。

晶闸管的正向特性又有阻断状态和导通状态之分。当 $I_G = 0$ 时，如果在器件两端施加正向电压，则晶闸管处于正向阻断状态，只有很小的正向漏电流流过。随着阳极电压的增加，当达到正向转折电压 $U_{Bo}$ 时，漏电流突然剧增，晶闸管由正向阻断状态突变为正向导通状态。这种在 $I_G = 0$ 时，依靠增大阳极电压而强迫晶闸管导通的方式称为"硬开通"。"硬开通"使电路工作于非控制状态，并可能导致晶闸管损坏，因此通常需要避免。

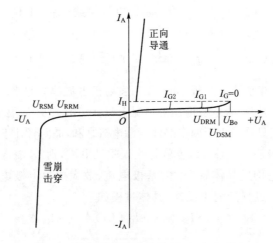

图 2-6    晶闸管的伏安特性($I_{G2} > I_{G1} > I_G$)

随着门极电流幅值的增大,正向转折电压降低。当 $I_G$ 足够大时,晶闸管的正向转折电压很小,可以看成与普通二极管一样,只要加上正向阳极电压,晶闸管就导通了。导通后的晶闸管特性和二极管的正向特性相仿。即使通过较大的阳极电流,晶闸管本身的压降也很小,在 1 V 左右。导通期间,如果门极电流为零,并且阳极电流降至接近于零的某一数值 $I_H$ 以下,则晶闸管又回到正向阻断状态。$I_H$ 称为维持电流。

当在晶闸管上施加反向电压时,其伏安特性类似二极管的反向特性。晶闸管处于反向阻断状态时,只有极小的反向漏电流通过。当反向电压超过一定限度,到反向击穿电压后,外电路如无限制措施,则反向漏电流急剧增大,导致晶闸管发热损坏。

#### 2.2.2.2    晶闸管的动态特性

晶闸管开通与关断过程中的伏安特性变化关系称为晶闸管的动态特性。晶闸管开通与关断过程的电流、电压波形如图 2-7 所示,开通过程描述的是使门极在坐标原点时刻开始受到理想阶跃电流触发的情况;而关断过程描述的是对已导通的晶闸管,外电路所加电压在某一时刻突然由正向变为反向(如图中点画线波形)的情况。晶闸管的开通和关断的动态过程的物理机理是很复杂的,这里只能对其过程作一简单介绍。

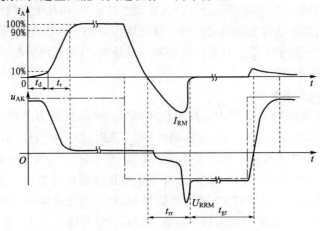

图 2-7    晶闸管的开通和关断过程电流、电压波形

由于晶闸管内部的正反馈过程需要时间,再加上外电路电感的限制,晶闸管受到触发后,其阳极电流的增长不可能是瞬时的。从门极电流阶跃时刻开始,到阳极电流上升到稳态值的 10%,这段时间称为延迟时间 $t_d$,与此同时,晶闸管的正向压降也在减小。阳极电流从 10% 上升到稳态值的 90% 所需的时间称为上升时间 $t_r$,开通时间 $t_{gt}$ 即定义为两者之和,即

$$t_{gt} = t_d + t_r \tag{2-6}$$

普通晶闸管延迟时间为 $0.5 \sim 1.5\ \mu s$,上升时间为 $0.5 \sim 3\ \mu s$。其延迟时间随门极电流的增大而减小。上升时间除反映晶闸管本身特性外,还受到外电路电感的严重影响。延迟时间和上升时间还与阳极电压的大小有关。

处于导通状态的晶闸管当外加电压突然由正向变为反向时,由于外电路电感的存在,其阳极电流在衰减时必然也是有过渡过程的。阳极电流将逐步衰减到零,然后同电力二极管的关断动态过程类似,在反方向会流过反向恢复电流,经过最大值 $I_{RM}$ 后,再反方向衰减。同样,在恢复电流快速衰减时,由于外电路电感的作用,会在晶闸管两端引起反向的尖峰电压 $U_{RRM}$。最终反向恢复电流衰减至接近于零,晶闸管恢复其对反向电压的阻断能力。从正向电流降为零,到反向恢复电流衰减至接近于零的时间,就是晶闸管的反向阻断恢复时间 $t_{rr}$。反向恢复过程结束后,由于载流子复合过程比较慢,晶闸管要恢复其对正向电压的阻断能力还需要一段时间,这叫作正向阻断恢复时间 $t_{gr}$。

晶闸管的关断时间 $t_q$ 定义为 $t_{rr}$ 与 $t_{gr}$ 之和,即

$$t_q = t_{rr} + t_{gr} \tag{2-7}$$

普通晶闸管的关断时间约几百微秒,这是施加反向电压时间设计的依据。

### 2.2.3　晶闸管的主要参数

为了正确选择和使用晶闸管,需要了解和掌握晶闸管的一些主要参数及其参数的实测值,各项主要参数的给出往往是与晶闸管的结温相联系的,在实际应用时应注意器件参数和特性曲线的具体规定。

#### 2.2.3.1　晶闸管的电压参数

（1）断态不重复峰值电压 $U_{DSM}$

晶闸管在门极开路时,施加于晶闸管的阳极电压上升到正向伏安特性曲线急剧弯曲处所对应的电压值即为断态不重复峰值电压 $U_{DSM}$。它是一个不能重复且每次持续时间不大于 10 ms 的断态最大脉冲电压。断态不重复峰值电压应低于正向转折电压 $U_{bo}$,所留裕量大小由生产厂家自行规定。

（2）断态重复峰值电压 $U_{DRM}$

断态重复峰值电压是在门极断路而结温为额定值时允许重复加在器件上的正向峰值电压。国标规定重复频率为 50 Hz,每次持续时间不超过 10 ms,且规定断态重复峰值电压 $U_{DRM}$ 为断态不重复峰值电压 $U_{DSM}$ 的 90%。

（3）反向不重复峰值电压 $U_{RSM}$

反向不重复峰值电压指晶闸管门极开路,晶闸管承受反向电压时,对应于 10 ms 时的反向最大脉冲电压。反向不重复峰值电压应低于反向击穿电压,所留裕量大小由生产厂家自行规定。

（4）反向重复峰值电压 $U_{RRM}$

反向重复峰值电压是在门极断路而结温为额定值时，允许重复加在器件上的反向峰值电压。规定反向重复峰值电压 $U_{RRM}$ 为反向不重复峰值电压 $U_{RSM}$ 的 90％。

（5）通态电压 $U_{T(AV)}$

通态电压 $U_{T(AV)}$ 是晶闸管通以某一规定倍数的额定通态平均电流时的瞬态峰值电压。

（6）额定电压

将断态重复值电压 $U_{DRM}$ 和反向重复峰值电压 $U_{RRM}$ 中较小的值取整后作为晶闸管的额定电压值。在使用时，考虑瞬间过电压等因素，选择晶闸管的额定电压值要留有安全裕量。一般取额定电压正常工作时晶闸管所承受峰值电压的 2～3 倍。

#### 2.2.3.2　晶闸管的电流参数

（1）通态平均电流 $I_{T(AV)}$

通态平均电流 $I_{T(AV)}$ 为晶闸管在环境温度为 40 ℃ 和规定的冷却状态下，稳定结温不超过额定结温时所允许流过的最大工频正弦半波电流的平均值。将该电流按晶闸管标准电流系列取整数值，称为该晶闸管的通态平均电流，定义为该元件的额定电流。

同功率二极管一样，这个参数是按照正向电流造成的器件本身的通态损耗的发热效应来定义的。因此在使用时同样应按照实际波形的电流与通态平均电流所造成的发热效应相等，即有效值相等的原则来选取晶闸管的额定电流，并应留一定的裕量。一般取其通态平均电流为按此原则所得计算结果的 1.5～2 倍。

（2）维持电流 $I_H$

维持电流 $I_H$ 是指使晶闸管维持导通所必需的最小电流，一般为几十到几百毫安。$I_H$ 与结温有关，结温越高，则 $I_H$ 越小。

（3）擎住电流 $I_L$

擎住电流 $I_L$ 是晶闸管刚从断态转入通态并移除触发信号后，能维持晶闸管导通所需的最小电流。对同一晶闸管来说，$I_L$ 通常约为 $I_H$ 的 2～4 倍。

（4）浪涌电流 $I_{TSM}$

浪涌电流 $I_{TSM}$ 是指由于电路异常情况引起的使结温超过额定结温的不重复最大正向过载电流。

#### 2.2.3.3　晶闸管的动态参数

动态参数除开通时间 $t_{gt}$ 和关断时间 $t_q$ 外，还有断态电压临界上升率和通态电流临界上升率。

（1）断态电压临界上升率 $du/dt$

在额定结温和门极开路条件下，使晶闸管保持断态所能承受的最大电压上升率称为断态电压临界上升率 $du/dt$。在晶闸管断态时，如果施加于晶闸管两端的电压上升率超过规定值，即使此时阳极电压幅值并未超过断态正向转折电压，也会由于 $du/dt$ 过大而导致晶闸管的误导通。这是因为晶闸管在正向阻断状态下，如果在阻断的晶闸管两端所施加的电压具有正向的上升率，则在阻断状态下相当于一个电容的 $J_2$ 结会有充电电流流过，被称为位移电流。此电流流经 $J_3$ 结时，起到类似门极触发电流的作用。如果电压上升率过大，使充电电流足够大，就会使晶闸管误导通。使用中电压上升率必须低于此临界值。在实际电路中常采取在晶闸管两端并联 $RC$ 阻容吸收回路的方法，利用电容器两端电压不能突变的特性来限制电压上升率。

（2）通态电流临界上升率 $\mathrm{d}i/\mathrm{d}t$

这是指在规定条件下,晶闸管用门极触发信号开通时,晶闸管能够承受而不会导致损坏的通态电流最大上升率。门极流入触发电流后,晶闸管开始只在靠近门极附近的小区域内导通,随着时间的推移,导通区才逐渐扩大到 PN 结的全部面积。如果阳极电流上升得太快,则会导致门极附近的 PN 结因电流密度过大而烧毁,使晶闸管损坏。在使用中,应使实际电路中出现的电流上升率 $\mathrm{d}i/\mathrm{d}t$ 小于晶闸管允许的电流上升率。

### 2.2.4 晶闸管的派生器件

#### 2.2.4.1 快速晶闸管

快速晶闸管包括所有专为快速应用而设计的晶闸管,有常规的快速晶闸管和工作在更高频率的高频晶闸管,可分别应用于 400 Hz 和 10 kHz 以上的斩波或逆变电路中。由于对普通晶闸管的管芯结构和制造工艺进行了改进,快速晶闸管的开关时间以及 $\mathrm{d}u/\mathrm{d}t$ 和 $\mathrm{d}i/\mathrm{d}t$ 的耐量都有了明显改善。从关断时间来看,普通晶闸管一般为数百微秒,快速晶闸管为数十微秒,而高频晶闸管则为 10 $\mu$s 左右。与普通晶闸管相比,高频晶闸管的不足在于其电压和电流定额都不易做高。由于工作频率较高,选择快速晶闸管和高频晶闸管的通态平均电流时不能忽略其开关损耗的发热效应。

#### 2.2.4.2 双向晶闸管

双向晶闸管可以认为是一对反并联的普通晶闸管的集成,其电气图形符号和伏安特性如图 2-8 所示。它有两个主电极 $T_1$ 和 $T_2$,一个门极 G。门极使器件在主电极的正反两方向均可触发导通,所以双向晶闸管在第 1 和第 3 象限有对称的伏安特性。双向晶闸管与一对反并联晶闸管相比是经济的,而且控制电路比较简单,所以在交流调压电路、固态继电器和交流电动机调速等领域应用较多。由于双向晶闸管通常用在交流电路中,因此不用平均值而用有效值来表示其额定电流值。

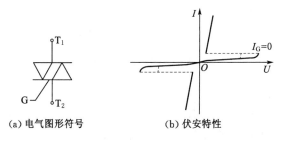

(a) 电气图形符号      (b) 伏安特性

图 2-8 双向晶闸管的电气图形符号和伏安特性

#### 2.2.4.3 逆导晶闸管

逆导晶闸管是将晶闸管反并联一个二极管并制作在同一管芯上的功率集成器件,这种器件不具有承受反向电压的能力,一旦承受反向电压即开通。其电气图形符号和伏安特性如图 2-9 所示。与普通晶闸管相比,逆导晶闸管具有正向压降小、关断时间短、高温特性好、额定结温高等优点,可用于不需要阻断反向电压的电路中。逆导晶闸管的额定电流有两个:一个是晶闸管电流,一个是与之反并联的二极管的电流。

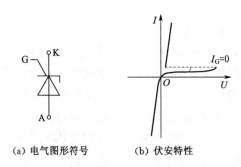

(a) 电气图形符号　　　　(b) 伏安特性

图 2-9　逆导晶闸管的电气图形符号和伏安特性

#### 2.2.4.4　光控晶闸管

光控晶闸管又称光触发晶闸管,是利用一定波长的光照信号触发导通的晶闸管,其电气图形符号和伏安特性如图 2-10 所示。小功率光控晶闸管只有阳极和阴极两个端子,大功率光控晶闸管则还带有光缆,光缆上装有作为触发光源的发光二极管或半导体激光器。由于采用光触发保证了主电路与控制电路之间的绝缘,而且可以避免电磁干扰的影响,因此光控晶闸管目前在高压大功率的场合(如高压直流输电和高压核聚变装置中)占据重要的地位。

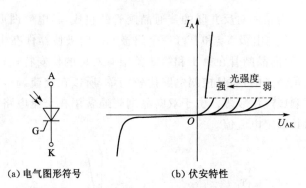

(a) 电气图形符号　　　　(b) 伏安特性

图 2-10　光控晶闸管的电气图形符号和伏安特性

#### 2.2.4.5　门极可关断晶闸管

门极可关断晶闸管(gate-turn-off thyristor,GTO)也是晶闸管的一种派生器件,但可以通过在门极施加负的脉冲电流使其关断,因而属于全控型器件。GTO 的许多性能虽然与绝缘栅双极晶体管、电力场效应晶体管相比要差,但其电压、电流容量较大,与普通晶闸管接近,因而在兆瓦级以上的大功率场合仍有较多的应用。

(1) GTO 的结构和工作原理

GTO 与普通晶闸管结构上的最本质区别在于普通晶闸管是单元器件,即一个器件只含有一个晶闸管;而 GTO 则是集成器件,即一个器件是由许多 GTO 元集成在一片硅晶片上构成的。GTO 和普通晶闸管一样,是 PNPN 四层半导体结构,外部也是引出阳极、阴极和门极。图 2-11(a) 和 (b) 分别给出了典型的 GTO 并联单元结构的断面示意图和 GTO 的电气图形符号。

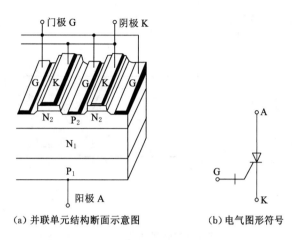

图 2-11　GTO 的内部结构和电气图形符号

与普通晶闸管一样,GTO 的工作原理仍然可以用如图 2-5 所示的双晶体管模型来分析。GTO 与普通晶闸管不同的是:

① 在设计器件时使得 $\alpha_2$ 较大,这样晶体管 $V_2$ 控制灵敏,使得 GTO 易于关断。

② 使得导通时的 $\alpha_1 + \alpha_2$ 更接近于 1。普通晶闸管设计为 $\alpha_1 + \alpha_2 \geqslant 1.15$,而 GTO 设计为 $\alpha_1 + \alpha_2 \approx 1.05$。这样使 GTO 导通时饱和程度不深,更接近于临界饱和,从而为门极控制关断提供了有利条件。当然,负面的影响是,导通时管压降增大了。

③ 多元集成结构使每个 GTO 元阴极面积很小,门极和阴极间的距离大为缩短,使得 $P_2$ 基区所谓的横向电阻很小,从而使从门极抽出较大的电流成为可能。

(2) GTO 的工作原理

GTO 的导通过程与普通晶闸管是一样的,有同样的正反馈过程,只不过导通时饱和程度较浅。而关断时,给门极加负脉冲,即从门极抽出电流,则晶体管 $V_2$ 的基极电流 $I_{B2}$ 减小,使 $I_K$ 和 $I_{C2}$ 减小,$I_{C2}$ 的减小又使 $I_A$ 和 $I_{C1}$ 减小,又进一步减小 $V_2$ 的基极电流,如此也形成强烈的正反馈。当两个晶体管发射极电流 $I_A$ 和 $I_K$ 的减小使 $\alpha_1 + \alpha_2 < 1$ 时,器件退出饱和状态而关断。

GTO 的多元集成结构除了对关断有利外,也使得其比普通晶闸管开通过程更快,承受 $\mathrm{d}i/\mathrm{d}t$ 的能力增强。

(3) GTO 的动态特性

GTO 开通和关断过程中门极电流 $i_G$ 和阳极电流 $i_A$ 的波形如图 2-12 所示,开通过程与普通晶闸管类似。关断过程则有所不同,首先需要经历抽取饱和导通时储存的大量载流子的时间——储存时间 $t_s$,从而使等效晶体管退出饱和状态;然后则是等效晶体管从饱和区退至放大区,阳极电流逐渐减小的时间——下降时间 $t_f$;最后还有残存载流子复合所需时间——尾部时间 $t_t$。

通常 $t_f$ 比 $t_s$ 小很多,而 $t_t$ 比 $t_s$ 要长。门极负脉冲电流幅值越大,前沿越陡,抽走储存载流子的速度越快,$t_s$ 就越短。若使门极负脉冲的后沿缓慢衰减,在 $t_t$ 阶段仍能保持适当的负电压,则可以缩短尾部时间。

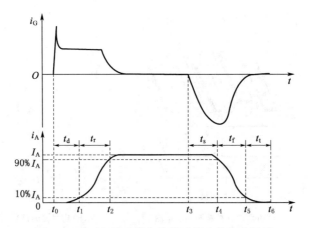

图 2-12　GTO 的开通和关断过程中的电流波形

（4）GTO 的主要参数

GTO 的许多参数都和普通晶闸管相应的参数意义相同。这里只简单介绍一些不同的参数。

① 最大可关断阳极电流 $I_{ATO}$

最大可关断阳极电流 $I_{ATO}$ 是用来标称 GTO 额定电流的参数。这一点与普通晶闸管用通态平均电流作为额定电流是不同的。

② 电流关断增益 $\beta_{off}$

最大可关断阳极电流与门极负脉冲电流最大值 $I_{GM}$ 之比称为电流关断增益，即

$$\beta_{off} = \frac{I_{ATO}}{I_{GM}} \tag{2-8}$$

$\beta_{off}$ 一般很小，只有 5 左右，这是 GTO 的一个主要缺点。

# 2.3　单相可控整流电路

整流电路的形式多种多样，不同形式的电路具有不同的电路结构和性能指标。根据电路组成的器件，可分为不可控整流、半控整流和全控整流；根据交流电源的相数，可分为单相整流、三相整流和多相整流。

单相可控整流电路主要分为单相半波可控整流电路、单相桥式全控整流电路、单相全波可控整流电路、单相桥式半控整流电路等几种形式。这些电路的交流侧都接单相交流电源。本节介绍几种典型的单相可控整流电路，包括其工作原理、分析方法、定量计算等，并重点讲述不同负载对电路工作的影响。

## 2.3.1　单相半波可控整流电路

### 2.3.1.1　单相半波可控整流电路带电阻性负载

（1）工作原理

图 2-13 所示为单相半波可控整流器原理图及带电阻性负载时的工作波形。电阻性负载的特点是电压与电流成正比，波形相同并且同相位，电流可以突变。假设：① 开关元件是理想的，即晶闸管导通时通态压降为零，关断时电阻为无穷大；② 变压器是理想的，即变压

器的漏抗为零,绕组的电阻为零,励磁电流为零。

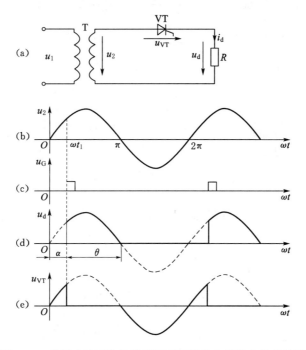

图 2-13　单相半波可控整流器原理图及带电阻性负载的波形

图 2-13(a)是单相半波可控整流器的拓扑结构,变压器 T 起变换电压和隔离的作用,其一次侧和二次侧电压瞬时值分别用 $u_1$ 和 $u_2$ 表示。图 2-13(b)是交流电源 $u_2$ 的波形,图 2-13(c)是晶闸管 VT 的触发脉冲波形,图 2-13(d)和图 2-13(e)是直流输出电压 $u_d$ 和晶闸管两端电压 $u_{VT}$ 的波形。

在电源电压正半波,晶闸管承受正向电压,脉冲 $u_G$ 在 $\omega t = \alpha$ 处触发晶闸管,晶闸管开始导通,形成负载电流 $i_d$,负载上的输出电压等于变压器输出电压 $u_2$。在 $\omega t = \pi$ 时刻,$u_2 = 0$,电源电压自然过零,晶闸管电流小于维持电流而关断,负载电流为零。在电源电压负半波,晶闸管承受反向电压而处于关断状态,负载电流为零,负载上没有输出电压,直到电源电压 $u_2$ 的下一周期的正半波,脉冲 $u_G$ 在 $\omega t = 2\pi + \alpha$ 处触发晶闸管,晶闸管再次被触发导通,输出电压和电流又加在负载上,如此不断重复。

通过改变触发角 $\alpha$ 的大小,直流输出电压 $u_d$ 的波形发生变化,负载上的输出电压平均值 $U_d$ 发生变化,显然当 $\alpha = \pi$ 时,$U_d = 0$。由于晶闸管只在电源电压正半波导通,输出电压 $u_d$ 为极性不变但瞬时值变化的脉动直流,故称"半波"整流。

晶闸管从承受正向电压开始到施加触发脉冲为止之间的电角度称为触发延迟角,也称触发角或控制角,用 $\alpha$ 表示。晶闸管在一个周期内处于通态的电角度称为导通角,用 $\theta$ 表示。单相半波可控整流器在带电阻性负载情况下,控制角 $\alpha$ 与导通角 $\theta$ 的关系是 $\alpha + \theta = \pi$。

触发脉冲 $u_G$ 的移动范围称为移相范围,它决定了输出电压的变化范围。单相半波可控整流器电阻性负载时的移相范围是 $0 \sim \pi$。

（2）基本数量关系

由图 2-13 可见,直流输出电压平均值 $U_d$ 为:

$$U_d = \frac{1}{2\pi}\int_\alpha^\pi \sqrt{2}U_2 \sin \omega t \mathrm{d}(\omega t) = \frac{\sqrt{2}U_2}{\pi}\frac{1+\cos \alpha}{2} = 0.45U_2\frac{1+\cos \alpha}{2} \tag{2-9}$$

输出电流平均值 $I_d$ 为:

$$I_d = \frac{U_d}{R} = 0.45\frac{U_2}{R}\frac{1+\cos \alpha}{2} \tag{2-10}$$

输出电压有效值 $U$ 为:

$$U = \sqrt{\frac{1}{2\pi}\int_\alpha^\pi (\sqrt{2}u_2 \sin \omega t)^2 \mathrm{d}(\omega t)} = U_2\sqrt{\frac{1}{4\pi}\sin 2\alpha + \frac{\pi - \alpha}{2\pi}} \tag{2-11}$$

输出电流有效值 $I$ 为:

$$I = \frac{U}{R} = \frac{U_2}{R}\sqrt{\frac{1}{4\pi}\sin 2\alpha + \frac{\pi - \alpha}{2\pi}} \tag{2-12}$$

在单相半波可控整流器中,负载、晶闸管和变压器二次侧流过相同的电流,故其有效值相等,即

$$I = I_{VT} = I_2 = \frac{U_2}{R}\sqrt{\frac{1}{4\pi}\sin 2\alpha + \frac{\pi - \alpha}{2\pi}} \tag{2-13}$$

整流器功率因数是变压器二次侧有功功率与视在功率的比值,即

$$\lambda = \cos \varphi = \frac{P}{S} = \frac{UI_2}{U_2 I_2} = \sqrt{\frac{1}{4\pi}\sin 2\alpha + \frac{\pi - \alpha}{2\pi}} \tag{2-14}$$

式中　　$P$——变压器二次侧有功功率,$P = UI = I^2 R$;

　　　　$S$——变压器二次侧视在功率,$S = U_2 I_2$。

由图 2-13(e)可以看出,晶闸管承受的最大正反向电压 $U_m$ 是相电压的峰值,即

$$U_m = \sqrt{2}U_2 \tag{2-15}$$

**[例 2-1]**　如图 2-13 所示单相半波可控整流器,带电阻性负载,电源电压 $U_2$ 为 220 V,要求的直流输出电压为 50 V,直流输出平均电流为 20 A,试计算:

(1) 晶闸管的控制角;

(2) 输出电流的有效值;

(3) 电路的功率因数;

(4) 晶闸管的额定电压和额定电流。

**解:**

(1) 由式(2-9),计算输出电压为 50 V 时的晶闸管控制角 $\alpha$ 为:

$$\cos \alpha = \frac{2U_d}{0.45U_2} - 1 = \frac{2\times 50}{0.45\times 220} - 1 \approx 0$$

则 $\alpha = 90°$。

(2)　　　　　　　　　　$R = \frac{U_d}{I_d} = \frac{50}{20} = 2.5\ (\Omega)$

当 $\alpha = 90°$时,输出电流有效值:

$$I = \frac{U}{R} = \frac{U_2}{R}\sqrt{\frac{1}{4\pi}\sin 2\alpha + \frac{\pi - \alpha}{2\pi}} = 44.4\ (A)$$

(3)　　　　　　　$\cos \varphi = \frac{P}{S} = \frac{UI_2}{U_2 I_2} = \frac{U}{U_2} = \frac{44.4\times 2.5}{220} = 0.505$

（4）晶闸管电流有效值 $I_{VT}$ 与输出电流有效值相等，即 $I_{VT}=I$，则：

$$I_{T(AV)}=(1.5\sim2)\frac{I_{VT}}{1.57}$$

取两倍安全裕量，则晶闸管的额定电流为：

$$I_{T(AV)}=56.6\ \text{A}$$

考虑 2～3 倍安全裕量，晶闸管的额定电压为：

$$U_N=(2\sim3)U_m=(2\sim3)\times311=(622\sim933)\ (\text{V})$$

式中，$U_m=\sqrt{2}U_2=\sqrt{2}\times220=311\ (\text{V})$。

根据计算结果可以选择满足要求的晶闸管。

#### 2.3.1.2　单相半波可控整流电路加续流二极管带感性负载

与电阻性负载相比，电感负载的存在使得晶闸管的导通角增大，电源电压由正到负过零点也不会关断，输出电压出现了负波形，输出电压和电流的平均值减小；当为大电感负载时，输出电压正负面积趋于相等，输出电压平均值趋于零，则 $i_d$ 也很小，这样的电路无实际用途。所以，在实际的大电感电路中，常常在负载两端并联一个续流二极管。

（1）工作原理

为了解决电感性负载输出电压下降的问题，必须在负载两端并联续流二极管，把输出电压的负波形去掉。电感性负载加续流二极管的电路和相关波形如图 2-14 所示。

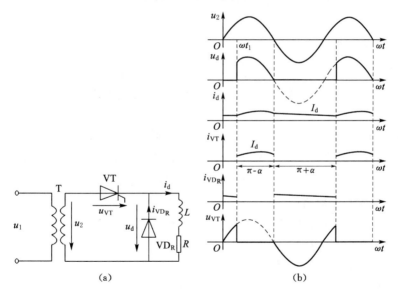

图 2-14　单相半波可控整流电路电感性负载带续流二极管的电路和波形

在电源电压正半波，晶闸管承受正向电压，在 $\omega t=\alpha$ 处触发晶闸管，元件导通，形成负载电流 $i_d$，负载上有输出电压和电流，在此期间，续流二极管 $VD_R$ 承受反向电压而处于断态。

在电源电压负半波，电源电压 $u_2$ 通过续流二极管 $VD_R$，使晶闸管承受反向电压而关断。电感的感应电压使续流二极管 $VD_R$ 承受正向电压导通续流，负载两端的输出电压仅为续流二极管的管压降，如果电感足够大，续流二极管一直导通到下一周期晶闸管导通，使 $i_d$ 连续。

由以上分析可以看出,电感性负载加续流二极管后,输出电压波形与电阻性负载波形相同,续流二极管可以起到提高输出电压的作用。在大电感负载时,负载电流波形连续且近似一条直线,而流过晶闸管的电流波形和流过续流二极管的电流波形是矩形波。可以看出,对于电感性负载加续流二极管的单相半波可控整流器,移相范围与单相半波可控整流器电阻性负载相同,都为 $0\sim\pi$,且有 $\alpha+\theta=\pi$。

(2)基本数量关系

输出电压平均值 $U_d$ 为:

$$U_d = \frac{1}{2\pi}\int_\alpha^\pi \sqrt{2}U_2 \sin \omega t \, d(\omega t) = \frac{\sqrt{2}U_2}{\pi}\frac{1+\cos \alpha}{2} = 0.45U_2\frac{1+\cos \alpha}{2} \tag{2-16}$$

输出电流平均值 $I_d$ 为:

$$I_d = \frac{U_d}{R} = 0.45\frac{U_2}{R}\frac{1+\cos \alpha}{2} \tag{2-17}$$

晶闸管的电流平均值 $I_{dVT}$ 与晶闸管的电流有效值 $I_{VT}$:

$$I_{dVT} = \frac{\pi-\alpha}{2\pi}I_d \tag{2-18}$$

$$I_{VT} = \sqrt{\frac{1}{2\pi}\int_\alpha^\pi I_d^2 \, d(\omega t)} = \sqrt{\frac{\pi-\alpha}{2\pi}}I_d \tag{2-19}$$

续流二极管的电流平均值 $I_{dVD_R}$ 与续流二极管的电流有效值 $I_{VD_R}$:

$$I_{dVD_R} = \frac{\pi+\alpha}{2\pi}I_d \tag{2-20}$$

$$I_{VD_R} = \sqrt{\frac{1}{2\pi}\int_\pi^{2\pi+\alpha} I_d^2 \, d(\omega t)} = \sqrt{\frac{\pi+\alpha}{2\pi}}I_d \tag{2-21}$$

晶闸管和续流二极管承受的最大正反向电压均为电源电压的峰值,即

$$U_m = \sqrt{2}U_2$$

单相半波可控整流器的优点是电路简单、调整方便、容易实现。但整流电压脉动大,每周期脉动一次。变压器二次侧流过单方向的电流,存在直流磁化、利用率低的问题,为使变压器不饱和,必须增大铁芯截面,这样就导致设备容量增大。

### 2.3.2 单相桥式全控整流电路

单相桥式全控整流器与单相半波可控整流器相比,整流电压脉动减小,每周期脉动两次。变压器二次侧流过正反两个方向的电流,不存在直流磁化,利用率高。

#### 2.3.2.1 单相桥式全控整流电路带电阻性负载

(1)工作原理

电路和相关波形如图 2-15 所示,晶闸管 $VT_1$、$VT_2$、$VT_3$、$VT_4$ 组成桥路电路,其中 $VT_1$、$VT_3$ 为共阴极接法,$VT_2$、$VT_4$ 为共阳极接法。

在电源电压 $u_2$ 正半波,晶闸管 $VT_1$、$VT_4$ 承受正向电压。假设 4 个晶闸管的漏电阻相等,则在 $0\sim\alpha$ 区间内,由于 4 个晶闸管都不导通,4 个晶闸管承受的电压均为 $u_2$ 的一半。在 $\omega t=\alpha$ 处,触发晶闸管 $VT_1$、$VT_4$,元件导通,电流沿 a→$VT_1$→$R$→$VT_4$→b 流通,此时负载上有输出电压($u_d=u_2$)和电流,且波形相位相同。此时电源电压反向施加到晶闸管 $VT_2$、$VT_3$ 上,使其承受反向阳极电压而处于关断状态。晶闸管 $VT_1$、$VT_4$ 一直要导通到 $\omega t=\pi$ 为止,此时因电源电压过零,晶闸管阳极电流也下降为零而关断。

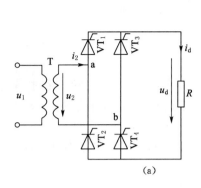 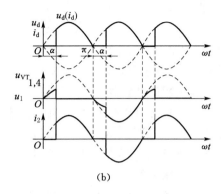

图 2-15　单相桥式全控整流电路带电阻性负载的电路和波形

在电源电压负半波，晶闸管 $VT_2$、$VT_3$ 承受正向电压，在 $\pi \sim \pi + \alpha$ 区间，4 个晶闸管承受的电压均为 $u_2$ 的一半。在 $\omega t = \pi + \alpha$ 处，触发晶闸管 $VT_2$、$VT_3$，元件导通，电流沿 $b \to VT_3 \to R \to VT_2 \to a$ 流通，负载上有输出电压（$u_d = -u_2$）和电流，且波形相位相同。此时电源电压反向施加到晶闸管 $VT_1$、$VT_4$ 上，使其承受反向阳极电压而处于关断状态。晶闸管 $VT_2$、$VT_3$ 一直要导通到 $\omega t = 2\pi$ 为止，此时电源电压再次过零，晶闸管阳极电流也下降为零而关断。晶闸管 $VT_1$、$VT_4$ 和 $VT_2$、$VT_3$ 在对应时刻不断周期性交替导通、关断。

当 $\alpha = 0°$ 时，输出电压最高；$\alpha = 180°$ 时，即 $\theta = 0°$ 时，输出电压最小，因此单相桥式全控整流器电阻性负载时的移相范围是 $0 \sim \pi$。从图 2-15 可以看出，晶闸管承受最大反向电压 $U_m$ 是相电压峰值，晶闸管承受最大正向电压是 $U_2 / \sqrt{2}$。

（2）基本数量关系

输出平均电压 $U_d$ 为：

$$U_d = \frac{1}{\pi} \int_\alpha^\pi \sqrt{2} U_2 \sin \omega t \, \mathrm{d}(\omega t) = \frac{2\sqrt{2} U_2}{\pi} \frac{1 + \cos \alpha}{2} = 0.9 U_2 \frac{1 + \cos \alpha}{2} \tag{2-22}$$

输出平均电流 $I_d$ 为：

$$I_d = \frac{U_d}{R} = 0.9 \frac{U_2}{R} \frac{1 + \cos \alpha}{2} \tag{2-23}$$

输出电压有效值 $U$ 为：

$$U = \sqrt{\frac{1}{\pi} \int_\alpha^\pi (\sqrt{2} U_2 \sin \omega t)^2 \mathrm{d}(\omega t)} = U_2 \sqrt{\frac{1}{2\pi} \sin 2\alpha + \frac{\pi - \alpha}{\pi}} \tag{2-24}$$

输出电流有效值 $I$ 与变压器二次侧电流 $I_2$ 相同，即

$$I = I_2 = \frac{U}{R} = \frac{U_2}{R} \sqrt{\frac{1}{2\pi} \sin 2\alpha + \frac{\pi - \alpha}{\pi}} \tag{2-25}$$

晶闸管的电流平均值 $I_{dVT}$ 与晶闸管电流有效值 $I_{VT}$ 分别为：

$$I_{dVT} = \frac{1}{2} I_d \tag{2-26}$$

$$I_{VT} = \frac{U_2}{R} \sqrt{\frac{1}{4\pi} \sin 2\alpha + \frac{\pi - \alpha}{2\pi}} = \frac{1}{\sqrt{2}} I_2 \tag{2-27}$$

功率因数为

$$\cos \varphi = \frac{P}{S} = \frac{UI}{U_2 I} = \sqrt{\frac{1}{2\pi} \sin 2\alpha + \frac{\pi - \alpha}{\pi}} \qquad (2-28)$$

显然,功率因数与 $\alpha$ 相关, $\alpha = 0°$ 时, $\cos \varphi = 1$。

#### 2.3.2.2 单相桥式全控整流电路带电感性负载

当负载为阻感性负载时,由于电感有阻止电流变化的作用,电流变化时,电感两端产生的感应电势与电源电压叠加,使得在交流输入电压过零后,晶闸管仍然在一段时间内承受正压而导通,这会造成负载电压出现负值。

为便于分析,假设负载电感很大,即 $\omega L \gg R$,并且电路已处于稳态,则负载电流连续,且波形近似为一水平线。

带阻感性负载的单相桥式全控整流电路和波形如图 2-16 所示。

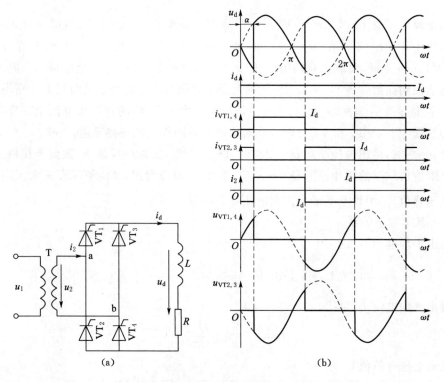

图 2-16 单相桥式全控整流电路带电感性负载的电路和波形

**(1) 工作原理**

在电源电压正半波,假设电路已经工作在稳定状态,则在 $0 \sim \alpha$ 区间,由于电感释放能量,晶闸管 $VT_2$、$VT_3$ 维持导通,在 $\omega t = \alpha$ 处触发晶闸管 $VT_1$、$VT_4$,晶闸管 $VT_1$、$VT_4$ 承受正向电压,元件导通,电流方向:$a \rightarrow VT_1 \rightarrow L \rightarrow R \rightarrow VT_4 \rightarrow b$,此时负载上有输出电压($u_d = u_2$)和电流。此时电源电压反向施加到晶闸管 $VT_2$、$VT_3$ 上,使其承受反向阳极电压而处于关断状态。当 $\omega t = \pi$ 时,电源电压自然过零,感应电势使晶闸管继续导通。

在电源电压负半波,晶闸管 $VT_2$、$VT_3$ 承受正向电压,在 $\omega t = \pi + \alpha$ 处,触发晶闸管 $VT_2$、$VT_3$,元件导通,电流方向:$b \rightarrow VT_3 \rightarrow L \rightarrow R \rightarrow VT_2 \rightarrow a$,负载上有输出电压($u_d = -u_2$)和电流。此时电源电压反向施加到晶闸管 $VT_1$、$VT_4$ 上,使其承受反向阳极电压而由导通

状态变为关断状态。晶闸管 $VT_2$、$VT_3$ 一直导通直到下一周期 $\omega t = 2\pi + \alpha$ 处,再次触发晶闸管 $VT_1$、$VT_4$ 为止。

从波形可以看出,$\alpha = \dfrac{\pi}{2}$ 时,输出电压波形正负面积相同,平均值为零,所以移相范围是 $0 \sim \dfrac{\pi}{2}$。控制角 $\alpha$ 在 $0 \sim \dfrac{\pi}{2}$ 之间变化时,晶闸管导通角 $\theta = \pi$,导通角 $\theta$ 与控制角 $\alpha$ 无关。晶闸管承受的最大正反向电压 $U_m = \sqrt{2} U_2$。

(2)基本数量关系

输出平均电压 $U_d$ 为:

$$U_d = \frac{1}{\pi} \int_{\alpha}^{\pi+\alpha} \sqrt{2} U_2 \sin \omega t \, d(\omega t) = \frac{2\sqrt{2} U_2}{\pi} \cos \alpha = 0.9 U_2 \cos \alpha \tag{2-29}$$

输出电流波形是一条水平线,而变压器绕组的电流波形是对称的正负矩形波,其有效值相等,即

$$I_d = \frac{U_d}{R} = I_2 \tag{2-30}$$

由于晶闸管轮流导电,所以流过每个晶闸管的平均电流 $I_{dVT}$ 只有负载上平均电流的一半,即

$$I_{dVT} = \frac{1}{2} I_d \tag{2-31}$$

晶闸管的电流有效值 $I_{VT}$ 与通态平均电流 $I_{T(AV)}$ 为:

$$I_{VT} = \frac{1}{\sqrt{2}} I_d, \quad I_{T(AV)} = (1.5 \sim 2) \frac{I_{VT}}{1.57} \tag{2-32}$$

### 2.3.2.3 单相桥式全控整流电路带反电动势负载

在生产实践中,晶闸管整流电路除了电阻、电感性负载之外,还有一类具有反电动势性质的负载。比如:给蓄电池充电,带动直流电动机运转。这一类负载的共同特点是工作时会产生一个极性与电流方向相反的电动势,把这一类负载叫作反电动势负载。反电动势负载对整流电路的工作会产生影响。

反电动势负载可看成是一个电势源与电阻的串联,电阻是电流回路的等效电阻(包括反电势和导线等的电阻),见图 2-17。

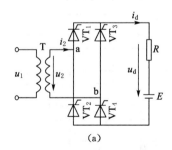
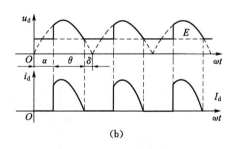

图 2-17 单相桥式全控整流电路带反电动势负载的电路和波形

分析电路时,忽略主电路各部分的电感,在一个交流电源周期,认为电势源的大小 $E$ 是稳定不变的。根据晶闸管的导通条件,只有整流电压的瞬时值 $u_d$ 大于反电势 $E$ 时,晶闸管才能

承受正向电压而导通,这使得晶闸管导通角减小。晶闸管导通时,$u_d = u_2$,$i_d = \dfrac{u_d - E}{R}$,晶闸管关断时,$u_d = E$。与电阻负载相比,晶闸管提前了电角度 $\delta$ 停止导电,在 $\alpha$ 相同情况下,$i_d$ 波形在一周期内为 0 的时间较电阻负载时长,$\delta$ 称为停止导电角。停止导电角用公式表示为:

$$\delta = \arcsin \frac{E}{\sqrt{2}\,U_2} \tag{2-33}$$

若 $\alpha < \delta$ 时,触发脉冲到来时,晶闸管承受负电压,不可能导通。为了使晶闸管可靠导通,要求触发脉冲有足够的宽度,保证当晶闸管开始承受正电压时,触发脉冲仍然存在。这样,相当于触发角被推迟,即 $\alpha = \delta$。

如果反电动势负载是直流电动机,由图 2-17(b) 可以看出,要增大负载电流,必须增加电流波形的峰值,这要求大大降低电动机的反电势 $E$,从而电动机的转速也要大大降低,这就使得电动机的机械特性很软,相当于整流电源的内阻增大。此外,较大的电流峰值还会使电动机换向容易产生火花,甚至造成环火短路。

为了克服以上缺点,一般在反电动势负载的直流回路中串联一个平波电抗器(电感),用来抑制电流的脉动和延长晶闸管导通的时间。有了平波电抗器,当 $u_2$ 小于 $E$ 时,晶闸管仍可导通。只要电感量足够大甚至能使电流连续,达到 $\theta = \pi$。这时整流电压 $u_d$ 的波形和负载电流 $i_d$ 的波形与电感负载电流连续时的波形相同,$U_d$ 的计算公式也一样。

### 2.3.3 单相桥式半控整流电路

在晶闸管单相桥式全控整流电路中,每个导电回路中有 2 只晶闸管同时导通,实际上为了对每个导电回路进行控制,只需 1 只晶闸管就可以了,另 1 只晶闸管可以用二极管代替,从而简化触发控制电路。这样的电路称为单相桥式半控整流电路,如图 2-18(a) 所示,与单相桥式全控整流电路相比,因为减少了晶闸管,使控制更为简单。

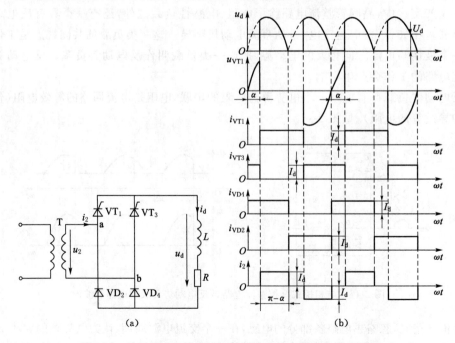

图 2-18  单相桥式半控整流电路带大电感负载的电路和波形

阻性负载时单相桥式半控整流电路的工作情况与单相桥式全控整流电路的工作情况几乎完全相同，其 $u_d$、$i_d$ 波形及 $U_d$、$I_d$、$I_{VT}$ 等电量的计算均与单相桥式全控整流电路相同。唯一不同之处是晶闸管两端电压 $u_{VT}$ 的波形，由于二极管不能承受正向电压，所以在一个周期内 $(0\sim\alpha)$、$(\pi\sim\pi+\alpha)$ 期间，晶闸管未导通处于正向阻断状态时，其上承受的正向电压是 $u_2$，而不是单相全控桥式整流电路中的 $u_2/2$。

下面仅讨论单相桥式半控整流电路带阻感性负载时的工作情况。

图 2-18(a) 所示的半控整流电路中两个二极管为共阳极接法，阴极电位低的管子导通，电路的工作特点是晶闸管触发导通，整流二极管自然导通。图中设定负载电感足够大，从而使负载电流连续且为一水平线。

电源电压 $u_2$ 的正半周，$\omega t=\alpha$ 时刻触发晶闸管 $VT_1$，$VT_1$、$VD_4$ 导通，电流从电源出来经 $VT_1$、负载、$VD_4$ 流回电源，负载电压 $u_d=u_2$；当 $\omega t=\pi$ 时，电源电压 $u_2$ 经零变负，由于电感的存在，$VT_1$ 将继续导通，此时 a 点电位较 b 点电位低，二极管自然换流，从 $VD_4$ 换至 $VD_2$，这样电流不再经过变压器绕组由 $VT_1$、$VD_2$ 续流，忽略器件导通压降，$u_d=0$，不会出现负电压。

电源电压 $u_2$ 的负半周，$\omega t=\pi+\alpha$ 时刻触发晶闸管 $VT_3$，$VT_3$、$VD_2$ 导通，使 $VT_1$ 承受反向电压关断，电源通过 $VT_3$ 和 $VD_2$ 又向负载供电，$u_d=-u_2$。$u_2$ 从负半周过零变正时，电流从 $VD_2$ 换流至 $VD_4$，电感通过 $VT_3$、$VD_4$ 续流，$u_d$ 又为零。以后，$VT_1$ 再次触发导通，重复以上过程。

由以上分析可知，感性负载与阻性负载时输出电压 $u_d$ 波形完全相同。而晶闸管的电流在一周内各占一半，其换流时刻由门极触发脉冲决定；而二极管 $VD_2$、$VD_4$ 仅在电源电压过零点时刻换流，这种现象被称为自然续流。

晶闸管单相桥式半控整流电路带大电感负载时，虽然本身具有自然续流能力，但在实际运行时，当 $\alpha$ 角突然增大至 $\pi$ 或触发脉冲丢失时，会发生一只晶闸管持续导通，而两只二极管轮流导通的情况，即半周期 $u_d$ 为正弦波形，另外半周期 $u_d$ 为零，其平均值保持恒定，$\alpha$ 失去控制作用，称之为失控。为了避免失控，带电感性负载的单相桥式半控整流电路需另加续流二极管，如图 2-19 所示。

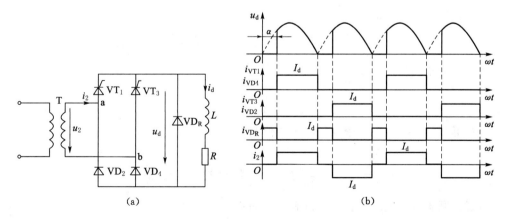

图 2-19　单相桥式半控整流电路带大电感负载并联续流二极管的电路和波形

有了续流二极管 $VD_R$，当电源电压 $u_2$ 过零时，负载电流 $i_d$ 直接经 $VD_R$ 完成续流，使桥路直流输出端只有 1 V 左右的压降,迫使晶闸管与二极管串联电路中的电流减小到维持电流以下,使晶闸管关断,避免了晶闸管因续流而持续导通的失控现象。

由于实际中使用的电路均是带续流二极管的电路,下面讨论这种电路带大电感负载时的基本数量关系。

直流输出电压平均值 $U_d$ 为:

$$U_d = \frac{1}{\pi} \int_{\alpha}^{\pi} \sqrt{2} \sin \omega t \, d(\omega t) = 0.9 U_2 \left( \frac{1 + \cos \alpha}{2} \right) \tag{2-34}$$

输出电流平均值 $I_d$ 为:

$$I_d = \frac{U_d}{R} = 0.9 \frac{U_2}{R} \left( \frac{1 + \cos \alpha}{2} \right) \tag{2-35}$$

晶闸管和整流二极管的电流平均值与晶闸管和整流二极管的电流有效值为:

$$I_{dVT} = I_{dVD} = \frac{\pi - \alpha}{2\pi} I_d \tag{2-36}$$

$$I_{VT} = I_{VD} = \sqrt{\frac{\pi - \alpha}{2\pi}} I_d \tag{2-37}$$

续流二极管的电流平均值 $I_{dVD_R}$ 与续流二极管的电流有效值 $I_{VD_R}$ 为:

$$I_{dVD_R} = \frac{\alpha}{\pi} I_d \tag{2-38}$$

$$I_{VD_R} = \sqrt{\frac{\alpha}{\pi}} I_d \tag{2-39}$$

变压器二次绕组中电流有效值 $I_2$ 为:

$$I_2 = \sqrt{\frac{\pi - \alpha}{\pi}} I_d = \sqrt{2} I_{VT} \tag{2-40}$$

[**例 2-2**]  有一大电感负载采用单相桥式半控有续流二极管的整流电路,负载电阻 $R = 4 \ \Omega$,电源电压 $U_2 = 220 \ V$,晶闸管触发角 $\alpha = 60°$,求流过晶闸管、整流二极管、续流二极管的电流平均值及有效值。

**解:**

整流输出电压平均值为:

$$U_d = 0.9 U_2 \left( \frac{1 + \cos \alpha}{2} \right) = 0.9 \times 220 \times \left( \frac{1 + \cos 60°}{2} \right) = 148.5 \ (V)$$

负载电流平均值为:

$$I_d = \frac{U_d}{R} = \frac{148.5}{4} = 37.13 \ (A)$$

流过晶闸管和整流二极管的电流平均值为:

$$I_{dVT} = I_{dVD} = \frac{\pi - \alpha}{2\pi} I_d = \frac{\pi - \frac{\pi}{3}}{2\pi} \times 37.13 = 12.38 \ (A)$$

流过晶闸管和整流二极管的电流有效值为:

$$I_{VT} = I_{VD} = \sqrt{\frac{\pi - \alpha}{2\pi}} I_d = \sqrt{\frac{\pi - \frac{\pi}{3}}{2\pi}} \times 37.13 = 21.44 \ (A)$$

流过续流二极管的电流平均值为：

$$I_{\mathrm{dVD_R}} = \frac{\alpha}{\pi} I_{\mathrm{d}} = \frac{\frac{\pi}{3}}{\pi} \times 37.13 = 12.38 \text{（A）}$$

流过续流二极管的电流有效值为：

$$I_{\mathrm{VD_R}} = \sqrt{\frac{\alpha}{\pi}} I_{\mathrm{d}} = \sqrt{\frac{\frac{\pi}{3}}{\pi}} \times 37.13 = 21.44 \text{（A）}$$

单相桥式半控整流电路(有续流二极管)除了以上的接法外,还有另一种接法,这种接法相当于把图 2-19(a)中的一个晶闸管和二极管互换,形成两个二极管和两个晶闸管都是串联连接的结构,如图 2-20 所示。这种结构在带大电感负载时,两个串联的二极管可起到续流二极管的作用,它们既参与整流又参与续流,省去了一个续流二极管。

图 2-19(a)所示的单相桥式半控整流电路(有续流二极管)中,两只晶闸管为共阴极连接,门极触发信号可以有共同的参考点;而图 2-20 所示的单相桥式半控整流电路中,两只晶闸管阴极电位不同,给它们提供门极触发信号的触发电路需要进行隔离。

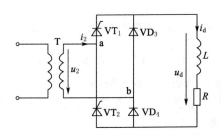

图 2-20　单相桥式半控整流另一种接法的电路

单相可控整流电路还有一些其他的电路形式,比如单相全波(双半波),这些电路虽然形式不同,但是分析的方法基本是相同的。

单相可控整流电路线路简单、调整方便、成本较低,但其输出电压脉动较大、脉动频率较低(低次谐波分量较大)。特别是单相运行,易造成三相电网负载不平衡,故一般适用于小功率的负载且对电压脉动情况要求不高的场合。当整流负载容量较大,或要求直流电压脉动较小时,应采用三相整流电路。

# 2.4　三相可控整流电路

三相可控整流电路有三相半波可控整流电路、三相桥式可控整流电路等多种形式。其中三相半波可控整流电路是多相整流电路的基础,而三相桥式可控整流电路可以看作三相半波可控整流电路不同形式的组合。根据晶闸管接法的不同,三相半波可控整流电路又可分为三相半波共阴极组电路和三相半波共阳极组电路。

### 2.4.1　三相半波可控整流电路

2.4.1.1　三相半波共阴极组可控整流电路带电阻性负载

（1）工作原理

三相半波共阴极组可控整流电路如图 2-21 所示。为了得到零线,整流变压器二次绕组接成星形。为了给 3 次谐波电流提供通路,减少高次谐波对电网的影响,变压器一次绕组接成三角形。

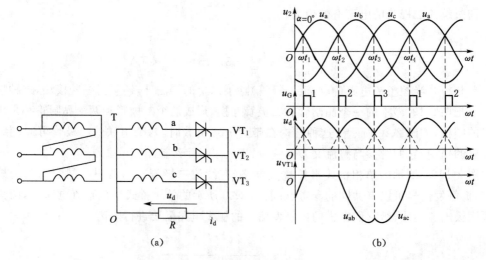

图 2-21　三相半波共阴极可控整流电路带电阻性负载、$\alpha=0°$ 时的工作波形

若将图 2-21(a)电路中的晶闸管 $VT_1 \sim VT_3$ 换成二极管,该电路即成为三相半波不可控整流电路。三个二极管接成共阴极组连接时,则相电压最大的一相所对应的二极管导通,并使另两相的二极管承受反压而关断,输出整流电压即为该相的相电压。在一个周期中,3个二极管轮流导通,每个二极管各导通 120°。波形为三相电压正半波的包络线。

在相电压的交点 $\omega t_1$、$\omega t_2$、$\omega t_3$ 处,电流从一个二极管转移到另一个二极管。因此将二极管的换相时刻定义为三相可控整流电路的自然换相点。对三相半波可控整流电路而言,自然换相点是各相晶闸管能触发导通的最早时刻,也就是二极管的自然换相点,将其作为计算各晶闸管触发角 $\alpha$ 的起始点,即 $\alpha=0°$。这与单相整流电路自然换相点的定义不同,单相相控整流电路的自然换相点是变压器二次电压的过零点,而三相相控整流电路的自然换相点是三个相电压的交点。

三相半波共阴极可控整流电路自然换相点是三相电源相电压正半周波形的交叉点,在各相相电压的 30° 处,即 $\omega t_1$,$\omega t_2$,$\omega t_3$ 点,自然换相点之间互差 120°,三相脉冲也互差 120°。

假设电路已经正常工作,电阻性负载 $\alpha=0°$ 时的输出电压波形如图 2-21(b)所示。在 $\omega t_1$ 时刻触发 $VT_1$,在 $\omega t_1 \sim \omega t_2$ 区间有 $u_a > u_b$、$u_a > u_c$,a 相电压最高,$VT_1$ 承受正向电压而导通,导通角 $\theta=120°$,输出电压 $u_d=u_a$。其他晶闸管承受反向电压而不能导通。$VT_1$ 通过的电流 $i_{VT1}$ 与变压器二次侧 a 相电流波形相同,大小相等。

在 $\omega t_2$ 时刻触发 $VT_2$,在 $\omega t_2 \sim \omega t_3$ 区间,b 相电压最高,$VT_2$ 承受正向电压而导通,$u_d=u_b$。$VT_1$ 两端电压 $u_{VT1}=u_a-u_b=u_{ab}<0$,晶闸管 $VT_1$ 承受反向电压关断。在 $\omega t_2$ 时刻,发生的一相晶闸管导通变换为另一相晶闸管导通的过程称为换相。

在 $\omega t_3$ 时刻触发 $VT_3$,在 $\omega t_3 \sim \omega t_4$ 区间,c 相电压最高,$VT_3$ 承受正向电压而导通,$u_d=u_c$。$VT_2$ 两端电压 $u_{VT2}=u_b-u_c=u_{bc}<0$,晶闸管 $VT_2$ 承受反向电压关断。在 $VT_3$ 导通期间,$VT_1$ 两端电压 $u_{VT1}=u_a-u_c=u_{ac}<0$。

可以看出,任一时刻只有承受高电压的晶闸管元件才能被触发导通,输出电压 $u_d$ 波形是相电压的一部分,每周期脉动 3 次,是三相电源相电压正半波完整的包络线,输出电流 $i_d$ 与输出电压 $u_d$ 波形相同、相位相同($i_d = u_d/R$)。

从图 2-21 中可以看出,电阻性负载 $\alpha = 0°$ 时,$VT_1$ 在 $VT_2$、$VT_3$ 导通时仅承受反压,随着 $\alpha$ 的增加,晶闸管承受正向电压增加(见图 2-22、图 2-23),其他两个晶闸管承受的电压波形相同,仅相位依次相差 120°。增大 $\alpha$,即触发脉冲从自然换相点往后移,则整流电压相应减小。

图 2-22 所示是 $\alpha = 30°$ 时的波形,从输出电压、电流的波形可以看出,$\alpha = 30°$ 是输出电压、电流连续和断续的临界点。当 $\alpha < 30°$ 时,输出电压、电流连续,后一相的晶闸管导通使前一相的晶闸管关断。当 $\alpha > 30°$ 时,输出电压、电流断续,前一相的晶闸管由于交流电压过零变负而关断,后一相的晶闸管未到触发时刻,此时 3 个晶闸管都不导通,输出电压 $u_d = 0$,直到后一相的晶闸管被触发导通,输出电压为后一相电压。图 2-23 所示为 $\alpha = 60°$ 时的波形。

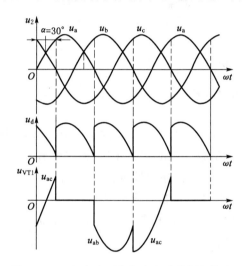

图 2-22　三相半波可控整流电路共阴极接法,
电阻负载,$\alpha = 30°$ 时的波形

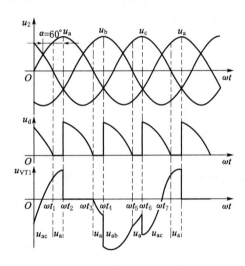

图 2-23　三相半波可控整流电路共阴极接法,
电阻负载,$\alpha = 60°$ 时的波形

显然,$\alpha = 150°$ 时,输出电压为零,所以三相半波可控整流电路电阻性负载移相范围是 0°～150°。

从上述波形分析可以看出,晶闸管承受最大正向电压是变压器二次相电压的峰值,即 $U_{FM} = \sqrt{2}U_2$,晶闸管承受最大反向电压是变压器二次线电压的峰值,即 $U_{RM} = \sqrt{6}U_2$。

(2)数量关系

$\alpha = 30°$ 是 $u_d$ 波形连续和断续的分界点。$\alpha \leqslant 30°$,输出电压 $u_d$ 波形连续,$\alpha > 30°$,$u_d$ 波形断续,因此,计算输出电压平均值 $U_d$ 时应分两种情况进行。

① 当 $\alpha \leqslant 30°$ 时

$$U_d = \frac{1}{2\pi/3} \int_{\frac{\pi}{6}+\alpha}^{\frac{5\pi}{6}+\alpha} \sqrt{2}U_2 \sin \omega t \, \mathrm{d}(\omega t) = 1.17U_2 \cos \alpha \tag{2-41}$$

当 $\alpha = 0°$ 时,$U_d = U_{d0} = 1.17U_2$。

② 当 $\alpha > 30°$ 时

$$U_{d} = \frac{1}{2\pi/3} \int_{\frac{\pi}{6}+\alpha}^{\pi} \sqrt{2}U_{2}\sin\omega t\,\mathrm{d}(\omega t) = 0.675U_{2}[1+\cos(\pi/6+\alpha)] \qquad (2\text{-}42)$$

当 $\alpha = 150°$ 时，$U_{d} = 0$。

输出电流平均值：

$$I_{d} = \frac{U_{d}}{R} \qquad (2\text{-}43)$$

晶闸管电流平均值：

$$I_{dVT} = \frac{1}{3}I_{d} \qquad (2\text{-}44)$$

晶闸管电流有效值也分两种情况。

① 当 $\alpha \leqslant 30°$ 时

$$I_{VT} = \sqrt{\frac{1}{2\pi}\int_{\frac{\pi}{6}+\alpha}^{\frac{5\pi}{6}+\alpha}\left(\frac{\sqrt{2}U_{2}\sin\omega t}{R}\right)^{2}\mathrm{d}(\omega t)} = \frac{U_{2}}{R}\sqrt{\frac{1}{2\pi}\left(\frac{2\pi}{3}+\frac{\sqrt{3}}{2}\cos 2\alpha\right)} \qquad (2\text{-}45)$$

② 当 $\alpha > 30°$ 时

$$I_{VT} = \frac{U_{2}}{R}\sqrt{\frac{1}{2\pi}\left(\frac{5\pi}{6}-\alpha+\frac{\sqrt{3}}{4}\cos 2\alpha+\frac{1}{4}\sin 2\alpha\right)} \qquad (2\text{-}46)$$

**2.4.1.2 三相半波共阴极组可控整流电路带电感性负载**

**(1) 工作原理**

三相半波共阴极、电感性负载电路如图 2-24(a)所示。当 $\alpha \leqslant 30°$ 时的工作情况与电阻性负载相同，输出电压 $u_{d}$ 波形、$u_{VT}$ 波形也相同。由于负载电感的储能作用，输出电流 $i_{d}$ 是近似平直的直流波形，晶闸管中分别流过幅度 $I_{d}$、宽度 $2\pi/3$ 的矩形波电流，导通角 $\theta = 120°$。

当 $\alpha > 30°$ 时，假设 $\alpha = 60°$，$VT_{1}$ 已经导通，在 a 相交流电压过零变负后，由于 $VT_{2}$ 未到触发时刻没有导通，$VT_{1}$ 在负载电感产生的感应电势作用下维持导通，输出电压 $u_{d} < 0$，直到 $VT_{2}$ 被触发导通，$VT_{1}$ 承受反向电压关断，输出电压 $u_{d} = u_{b}$，然后重复 a 相的过程[图 2-24(b)]。

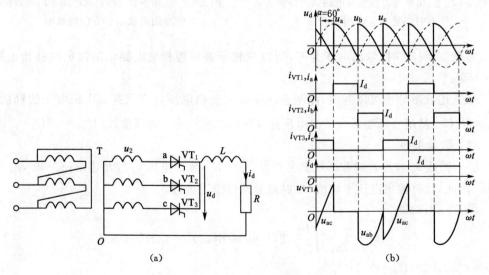

图 2-24 三相半波可控整流电路带电感性负载时的电路及 $\alpha = 60°$ 时的波形

显然，$\alpha=90°$ 时输出电压为零，所以三相半波整流电路电感性负载（电流连续）的移相范围是 $0°\sim90°$。

晶闸管承受的最大正反向电压是变压器二次侧线电压的峰值，即

$$U_{FM}=U_{RM}=\sqrt{2}\times\sqrt{3}U_2=\sqrt{6}U_2$$

（2）数量关系

由于 $u_d$ 波形是连续的，所以计算输出电压 $U_d$ 时只需一个计算公式，即

$$U_d=\frac{1}{2\pi/3}\int_{\frac{\pi}{6}+\alpha}^{\frac{5\pi}{6}+\alpha}\sqrt{2}U_2\sin\omega t\,\mathrm{d}(\omega t)=1.17U_2\cos\alpha \tag{2-47}$$

当 $\alpha=0°$ 时，$U_d=1.17U_2$。

输出电流平均值为：

$$I_d=\frac{1.17U_2\cos\alpha}{R} \tag{2-48}$$

晶闸管电流平均值为：

$$I_{dVT}=\frac{1}{3}I_d \tag{2-49}$$

晶闸管电流有效值为：

$$I_{VT}=I_2=\frac{1}{\sqrt{3}}I_d=0.577I_d \tag{2-50}$$

晶闸管通态平均电流为：

$$I_{T(AV)}=(1.5\sim2)\frac{I_{VT}}{1.57} \tag{2-51}$$

### 2.4.2　三相桥式全控整流电路

三相桥式全控整流电路是由三相半波可控整流电路演变而来的，它可看作是三相半波共阴极接法（$VT_1$、$VT_3$、$VT_5$）和三相半波共阳极接法（$VT_4$、$VT_6$、$VT_2$）的串联组合，如图 2-25 所示。

#### 2.4.2.1　三相桥式全控整流电路带电阻性负载

（1）工作原理

接电阻性负载的三相桥式全控整流电路如图 2-25 所示。三相桥式全控整流电路中共阴极接法（$VT_1$、$VT_3$、$VT_5$）和共阳极接法（$VT_4$、$VT_6$、$VT_2$）的控制角 $\alpha$ 分别与三相半波可控整流电路共阴极接法和共阳极接法相同。在一个周期内，晶闸管的导通顺序为 $VT_1\rightarrow VT_2\rightarrow VT_3\rightarrow VT_4\rightarrow VT_5\rightarrow VT_6$。下面首先分析 $\alpha=0°$ 时电路的工作情况。如图 2-26 所示，将一周期相电压分为以下 6 个区间。

第 Ⅰ 段区间：a 相电压最高，$VT_1$ 被触发导通，b 相电压最低，$VT_6$ 被触发导通，加在负载上的输出电压 $u_d=u_a-u_b=u_{ab}$。

第 Ⅱ 段区间：a 相电压最高，$VT_1$ 被触发导通，c 相电压最低，$VT_2$ 被触发导通，加在负载上的输出电压 $u_d=u_a-u_c=u_{ac}$。

第 Ⅲ 段区间：b 相电压最高，$VT_3$ 被触发导通，c 相电压最低，$VT_2$ 被触发导通，加在负

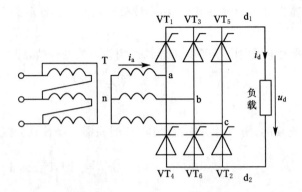

图 2-25　三相桥式全控整流电路

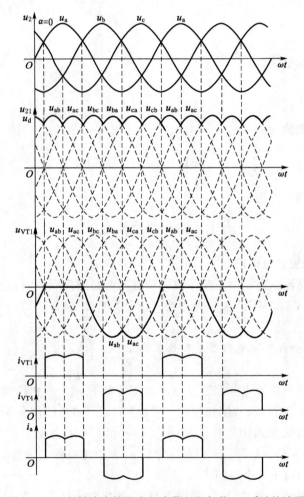

图 2-26　三相桥式全控整流电路带电阻负载 $\alpha=0°$ 时的波形

载上的输出电压 $u_d=u_b-u_c=u_{bc}$。

依次类推，可得到如表 2-1 所示的情况。

表 2-1　三相桥式全控整流电路晶闸管导通状态表

| 时段区间 | I | II | III | IV | V | VI |
|---|---|---|---|---|---|---|
| 输出电压 | $u_{ab}$ | $u_{ac}$ | $u_{bc}$ | $u_{ba}$ | $u_{ca}$ | $u_{cb}$ |
| 导通晶闸管 | VT$_6$,VT$_1$ | VT$_1$,VT$_2$ | VT$_2$,VT$_3$ | VT$_3$,VT$_4$ | VT$_4$,VT$_5$ | VT$_5$,VT$_6$ |

当 $\alpha>0°$ 时,晶闸管不在自然换相点换相,而是从自然换相点后移 $\alpha$ 角度开始换相,工作过程与 $\alpha=0°$ 基本相同。电阻性负载 $\alpha\leqslant60°$ 时的 $u_d$ 波形连续,$\alpha>60°$ 时 $u_d$ 波形断续。$\alpha=60°$ 和 $\alpha=90°$ 时的波形如图 2-27 和图 2-28 所示,可以看出,当 $\alpha=120°$ 时,输出电压 $U_d=0$,因此三相桥式全控整流电路电阻性负载移相范围为 $0°\sim120°$。晶闸管元件两端承受的最大正反向电压是变压器二次线电压的峰值,即 $U_{FM}=U_{RM}=\sqrt{2}\times\sqrt{3}U_2=\sqrt{6}U_2=2.45U_2$。

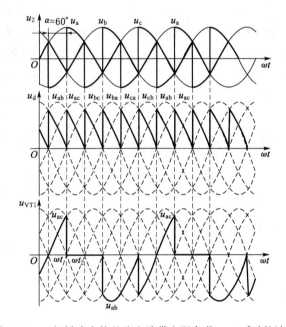

图 2-27　三相桥式全控整流电路带电阻负载 $\alpha=60°$ 时的波形

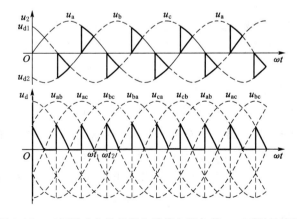

图 2-28　三相桥式全控整流电路带电阻负载 $\alpha=90°$ 时的波形

从上述分析可以总结出三相桥式全控整流电路的工作特点：

① 任何时候共阴、共阳极组各有一个元件同时导通才能形成电流通路，晶闸管导通角为 120°。

② 共阴极组晶闸管 $VT_1$、$VT_3$、$VT_5$，按相序依次触发导通，相位相差 120°；共阳极组晶闸管 $VT_2$、$VT_4$、$VT_6$，相位相差 120°，同一相的晶闸管相位相差 180°。

③ 输出电压 $u_d$ 由 6 段线电压组成，每周期脉动 6 次，每周期脉动频率为 300 Hz。

④ 晶闸管承受的电压波形与三相半波时相同，它只与晶闸管导通情况有关，其波形由 3 段组成：一段为零（忽略导通时的压降），两段为线电压。晶闸管承受最大正、反向电压的关系也相同。

⑤ 变压器二次绕组流过正负两个方向的电流，消除了变压器的直流磁化，提高了变压器的利用率。

⑥ 对触发脉冲宽度的要求：要使电路正常工作，需保证应同时导通的两个晶闸管均有脉冲，常用的方法有两种：一种是宽脉冲触发，它要求触发脉冲的宽度大于 60°（一般为 80°～100°）；另一种是双窄脉冲触发，即触发一个晶闸管时，向前一个晶闸管补发脉冲。宽脉冲触发要求触发功率大，易使脉冲变压器饱和，所以多采用双窄脉冲触发。

（2）基本数量关系

由于 $\alpha = 60°$ 是输出电压 $U_d$ 波形连续和断续的分界点，输出平均电压分两种情况计算。

① 当 $\alpha \leqslant 60°$ 时

$$U_d = \frac{1}{\pi/3} \int_{\frac{\pi}{3}+\alpha}^{\frac{2\pi}{3}+\alpha} \sqrt{3} \times \sqrt{2} U_2 \sin \omega t \, \mathrm{d}(\omega t) = 2.34 U_2 \cos \alpha \qquad (2\text{-}52)$$

当 $\alpha = 0°$ 时，$U_d = U_{d0} = 2.34 U_2$。

② 当 $\alpha > 60°$ 时

$$U_d = \frac{1}{\pi/3} \int_{\frac{\pi}{3}+\alpha}^{\pi} \sqrt{3} \times \sqrt{2} U_2 \sin \omega t \, \mathrm{d}(\omega t) = 2.34 U_2 [1 + \cos(\pi/3 + \alpha)] \qquad (2\text{-}53)$$

当 $\alpha = 120°$ 时，$U_d = 0$。

### 2.4.2.2 三相桥式全控整流电路带电感性负载

（1）工作原理

当 $\alpha \leqslant 60°$ 时，电感性负载的工作情况与电阻负载时十分相似，各晶闸管的通断情况、输出整流电压 $u_d$ 波形、晶闸管承受的电压波形等都一样。区别在于：由于电感负载的存在，得到的负载电流 $i_d$ 波形不同。由于电感的作用，负载电流波形变得平直，当电感足够大的时候，负载电流的波形可近似为一条水平线。

当 $\alpha > 60°$ 时，电感性负载时的工作情况与电阻负载时不同。电阻负载时，$u_d$ 波形不会出现负的部分，波形断续；而电感性负载时，由于负载电感感应电势的作用，$u_d$ 波形会出现负的部分。如图 2-29 所示为带电感性负载 $\alpha = 90°$ 时的波形。可以看出，当 $\alpha = 90°$ 时，$u_d$ 波形上下对称，平均值为零，因此，带电感性负载三相桥式全控整流电路的 $\alpha$ 角移相范围为 0°～90°。

（2）基本数量关系

由于 $u_d$ 波形是连续的，所以输出电压平均值的表达式为：

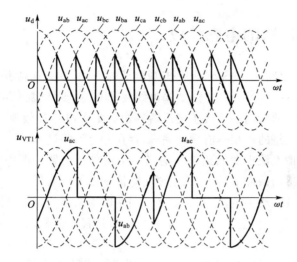

图 2-29 三相桥式全控整流电路带电感性负载 $\alpha=90°$ 时的波形

$$U_d = \frac{1}{\pi/3}\int_{\frac{\pi}{3}+\alpha}^{\frac{2\pi}{3}+\alpha} \sqrt{6}U_2\sin\omega t\,\mathrm{d}(\omega t) = 2.34U_2\cos\alpha \tag{2-54}$$

当 $\alpha=0°$ 时,$U_{d0}=2.34U_2$。

输出电流平均值为:

$$I_d = \frac{2.34U_2\cos\alpha}{R} \tag{2-55}$$

晶闸管电流平均值为:

$$I_{dVT} = \frac{1}{3}I_d \tag{2-56}$$

晶闸管电流有效值为:

$$I_{VT} = \frac{1}{\sqrt{3}}I_d = 0.577I_d \tag{2-57}$$

变压器二次侧电流有效值为:

$$I_2 = \sqrt{2}\,I_{VT} = \sqrt{\frac{2}{3}}\,I_d = 0.816I_d \tag{2-58}$$

晶闸管额定电流

$$I_{T(AV)} = (1.5\sim 2)\frac{I_{VT}}{1.57} \tag{2-59}$$

三相桥式全控整流电路接反电势电感性负载时,在负载电感足够大足以使负载电流连续的情况下,电路工作情况与电感性负载时相似,电路中各处电压、电流波形均相同,仅在计算 $I_d$ 时有所不同,接反电动势电感性负载时有

$$I_d = \frac{U_d - E}{R} \tag{2-60}$$

式中,$R$ 和 $E$ 分别为负载中的电阻值和反电势的值。

## 2.5 交流电源回路的电感效应

在前面分析整流电路时,均未考虑交流侧电感的影响,认为换流是瞬间完成的。但是,实际交流回路中总要存在一定的电感,如输电线路的自感、变压器的漏感、专门附加的电感等。在分析其影响时,通常用一个接于变压器副边的集中电感等效表示。由于交流电源回路电感的作用,整流电路的换相不能瞬间完成,存在一个换相过程。

图 2-30(a)为考虑交流电源回路电感的三相半波整流电路。图中 $L_B$ 为交流电源回路总电感,在无附加电感的条件下,该电感主要是整流变压器的漏感。为了简化换相过程的分析,假定换相过程负载电流为定值,并忽略电源回路电阻的影响。该电路在电源电压一个周期内共换流三次。因为三相电路完全对称,每次换流过程完全相似,所以这里只分析由 a 相元件 $\mathrm{VT_1}$ 换流到 b 相元件 $\mathrm{VT_2}$ 的过程。在从 a 相换流到 b 相之前,$\mathrm{VT_1}$ 导通,换流时触发 $\mathrm{VT_2}$。在从 $\mathrm{VT_1}$ 换流至 $\mathrm{VT_2}$ 的过程中,因 a、b 两相均有漏感,故 $i_a$、$i_b$ 均不能突变,$\mathrm{VT_1}$ 不能立即关断,$\mathrm{VT_2}$ 也不能立即完全导通,$\mathrm{VT_1}$ 和 $\mathrm{VT_2}$ 同时处于导通状态,相当于将 a、b 两相短路,两相之间的电压瞬时值是 $u_b-u_a$,此电压在两相回路中产生一个假想的短路环流电流 $i_k$,如图 2-30(a)中虚线所示(实际上每相晶闸管都是单向导电的,相当于在原有的电流上叠加一个 $i_k$,$i_k$ 与换相前每只晶闸管初始电流之和是换相过程中流过晶闸管的实际电流)。由于两相都有电感 $L_B$,所以 b 相电流 $i_b$ 是从零逐渐增大的,而 a 相电流 $i_a$ 是从负载电流 $I_d$ 逐渐减小的。当 $i_b$ 增大到等于 $I_d$ 时,$i_a=0$,$\mathrm{VT_1}$ 关断,换相过程结束。换相过程持续的时间用 $\gamma$ 表示,称为换相重叠角。

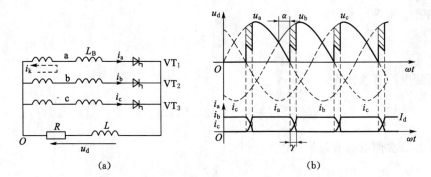

图 2-30　考虑电源回路电感的三相半波可控整流电路和换相波形

设换相过程中整流输出电压为 $u_d$,电路方程为:

$$u_a = L_B \frac{\mathrm{d}i_a}{\mathrm{d}t} + u_d \tag{2-61}$$

$$u_b = L_B \frac{\mathrm{d}i_b}{\mathrm{d}t} + u_d \tag{2-62}$$

因为假定负载电流 $i_d=I_d$ 为常量,所以换相期间两相电流存在下列关系:

$$i_a + i_b = I_d \tag{2-63}$$

由式(2-63)可得:

$$\frac{\mathrm{d}i_{\mathrm{b}}}{\mathrm{d}t} = -\frac{\mathrm{d}i_{\mathrm{a}}}{\mathrm{d}t} \tag{2-64}$$

由式(2-61)、式(2-62)、式(2-64)可得：

$$u_{\mathrm{b}} - u_{\mathrm{a}} = u_{\mathrm{ba}} = 2L_{\mathrm{B}}\frac{\mathrm{d}i_{\mathrm{b}}}{\mathrm{d}t} = \sqrt{6}U_2\sin\left(\omega t - \frac{5\pi}{6}\right) \tag{2-65}$$

可求得：

$$\frac{\mathrm{d}i_{\mathrm{b}}}{\mathrm{d}t} = \frac{\sqrt{6}U_2\sin\left(\omega t - \dfrac{5\pi}{6}\right)}{2L_{\mathrm{B}}} \tag{2-66}$$

两端同除以 $\omega$ 可得：

$$\frac{\mathrm{d}i_{\mathrm{b}}}{\mathrm{d}\omega t} = \frac{\sqrt{6}U_2\sin\left(\omega t - \dfrac{5\pi}{6}\right)}{2\omega L_{\mathrm{B}}} = \frac{\sqrt{6}U_2\sin\left(\omega t - \dfrac{5\pi}{6}\right)}{2X_{\mathrm{B}}} \tag{2-67}$$

解微分可得：

$$i_{\mathrm{b}} = \int_{\alpha+\frac{5\pi}{6}}^{\omega t}\frac{\sqrt{6}U_2}{2X_B}\sin\left(\omega t - \frac{5\pi}{6}\right)\mathrm{d}(\omega t) = \frac{\sqrt{6}U_2}{2X_B}\left[\cos\alpha - \cos\left(\omega t - \frac{5\pi}{6}\right)\right] \tag{2-68}$$

当 $\omega t = \alpha + \gamma + \dfrac{5\pi}{6}$ 时，$i_{\mathrm{b}} = I_{\mathrm{d}}$，a 相元件关断，换相过程结束。代入式(2-68)得：

$$I_{\mathrm{d}} = \frac{\sqrt{6}U_2}{2X_B}\left[\cos\alpha - \cos(\alpha+\gamma)\right] \tag{2-69}$$

故换相重叠角 $\gamma$ 为：

$$\gamma = \arccos\left(\cos\alpha - \frac{I_{\mathrm{d}}}{\sqrt{2}\,I}\right) - \alpha \tag{2-70}$$

式中，$I = \dfrac{\sqrt{3}U_2}{2\omega L_{\mathrm{B}}} = \dfrac{\sqrt{3}U_2}{2X_{\mathrm{B}}}$。由式(2-70)可知，换相重叠角 $\gamma$ 受负载电流 $I_{\mathrm{d}}$、交流回路电感 $L_{\mathrm{B}}$ 和控制角 $\alpha$ 的影响。$I_{\mathrm{d}}$ 增大，$\gamma$ 增大；$L_{\mathrm{B}}$ 增大，$\gamma$ 也增大。

换相过程的存在，将使输出整流电压 $u_{\mathrm{d}}$ 受到影响。由式(2-61)、式(2-62)可以求得换相期间输出整流电压 $u_{\mathrm{d}}$ 为：

$$u_{\mathrm{d}} = \frac{u_{\mathrm{b}} + u_{\mathrm{a}}}{2} \tag{2-71}$$

由图 2-30(b)可知，换相期间相当于电源的两相经交流回路的电感及晶闸管短路，电压降落于两相电感上。输出电压 $u_{\mathrm{d}}$ 为两相电压的平均值，$u_{\mathrm{d}}$ 波形中出现一个缺口，从而造成输出平均电压降低 $\Delta U_{\mathrm{d}}$。对三相半波可控整流电路而言，平均电压降 $\Delta U_{\mathrm{d}}$ 为：

$$\begin{aligned}
\Delta U_{\mathrm{d}} &= \frac{1}{2\pi/3}\int_{\alpha+\frac{5\pi}{6}}^{\alpha+\gamma+\frac{5\pi}{6}}(u_{\mathrm{b}} - u_{\mathrm{d}})\mathrm{d}(\omega t) \\
&= \frac{3}{2\pi}\int_{\alpha+\frac{5\pi}{6}}^{\alpha+\gamma+\frac{5\pi}{6}}\left[u_{\mathrm{b}} - \left(u_{\mathrm{b}} - L_{\mathrm{B}}\frac{\mathrm{d}i_{\mathrm{k}}}{\mathrm{d}t}\right)\right]\mathrm{d}(\omega t) \\
&= \frac{3}{2\pi}\int_{\alpha+\frac{5\pi}{6}}^{\alpha+\gamma+\frac{5\pi}{6}}L_{\mathrm{B}}\frac{\mathrm{d}i_{\mathrm{b}}}{\mathrm{d}t}\mathrm{d}(\omega t) \\
&= \frac{3}{2\pi}\int_0^{I_{\mathrm{d}}}\omega L_{\mathrm{B}}\mathrm{d}i_{\mathrm{b}}
\end{aligned}$$

$$= \frac{3}{2\pi} X_B I_d$$

$$= R_X I_d \qquad (2\text{-}72)$$

式中，$R_X = \dfrac{3X_B}{2\pi}$ 为三相半波可控整流电路的等效内阻。

从换相过程分析可知，电源电感 $L_B$ 中的储能，总是从原导通一相转移到新导通一相，不产生电能损耗。故等效电阻 $R_X$ 只产生换相压降，不产生电能损耗。

对于其他整流电路，可用同样的方法进行分析，本书中不再一一叙述，表 2-2 列出了几种常见的可控整流电路换相压降和换相重叠角的计算公式。表中所列 $m$ 脉波整流电路的公式为通用公式，可适用于各种整流电路，对于表中未列出的电路，可用该公式导出。

表 2-2　各种整流电路换相压降和换相重叠角的计算

| 电路形式 | 单相全波 | 单相全控桥 | 三相半波 | 三相全控桥 | $m$ 脉波整流电路 |
|---|---|---|---|---|---|
| $\Delta U_d$ | $\dfrac{X_B}{\pi} I_d$ | $\dfrac{2X_B}{\pi} I_d$ | $\dfrac{3X_B}{2\pi} I_d$ | $\dfrac{3X_B}{\pi} I_d$ | $\dfrac{mX_B}{2\pi} I_d$ ① |
| $\cos\alpha - \cos(\alpha+\gamma)$ | $\dfrac{I_d X_B}{\sqrt{2} U_2}$ | $\dfrac{2I_d X_B}{\sqrt{2} U_2}$ | $\dfrac{2X_B I_d}{\sqrt{6} U_2}$ | $\dfrac{2X_B I_d}{\sqrt{6} U_2}$ | $\dfrac{I_d X_B}{\sqrt{2} U_2 \sin\frac{\pi}{m}}$ ② |

注：① 单相全控桥电路的换相过程中，环流 $i_k$ 是从 $-I_d$ 变为 $+I_d$，本表所列通用公式不适用；

② 三相桥等效为相电压有效值等于 $\sqrt{3} U_2$ 的 6 脉波整流电路，故其 $m=6$，相电压有效值按 $\sqrt{3} U_2$ 代入。

根据以上分析及结果，可得出以下变压器漏感对整流电路影响的一些结论。

① 出现换相重叠角 $\gamma$，整流输出电压平均值 $U_d$ 降低。

② 整流电路的工作状态增多，例如三相桥的工作状态由 6 种增加至 12 种：$(VT_1$、$VT_2)$ $\to (VT_1$、$VT_2$、$VT_3) \to (VT_2$、$VT_3) \to (VT_2$、$VT_3$、$VT_4) \to (VT_3$、$VT_4) \to (VT_3$、$VT_4$、$VT_5)$ $\to (VT_4$、$VT_5) \to (VT_4$、$VT_5$、$VT_6) \to (VT_5$、$VT_6) \to (VT_5$、$VT_6$、$VT_1) \to (VT_6$、$VT_1) \to$ $(VT_6$、$VT_1$、$VT_2) \to \cdots$。

③ 晶闸管的 $di/dt$ 减小，有利于晶闸管的安全开通。有时人为串入进线电抗器以抑制晶闸管的 $di/dt$。

④ 换相时晶闸管电压出现缺口，产生正的 $du/dt$，可能使晶闸管误导通，为此必须加吸收电路。

⑤ 换相过程中，在电源回路电感上形成了电压降，从而引起电源系统各点电压波形产生畸变，尤其是整流变压器出线端的电压波形出现了明显的缺口。在不参与换相时，出线端电压等于电源系统电压。在两相元件换相期间，相当于变压器次级出线端两相短路，两相出线端电压为两相相电压平均值，致使出线端电压波形产生畸变。

[例 2-3] $RLE$ 负载由三相半波可控整流电路供电。已知负载电动势 $E=50$ V、$R=1\ \Omega$、$\omega L \gg R$；整流变压器为 D，Y 接法，次级电压 $U_2=100$ V、电源回路总电感 $L_B=1$ mH。当控制角 $\alpha=30°$ 时，求负载电压、电流的平均值及换相重叠角 $\gamma$。

**解：**

考虑电源回路电感效应时，电源电抗及等效电阻分别为：

$$X_B = \omega L_B = 0.314\ (\Omega)$$

$$R_X = \frac{3X_B}{2\pi} = 0.15 \ (\Omega)$$

考虑电源回路电感效应时负载电压和电流平均值分别为：

$$U_d = 1.17U_2\cos\alpha - R_X I_d$$

$$I_d = \frac{U_d - E}{R}$$

综合上面两式可得：

$$I_d = 44.63 \ A$$

$$U_d = 94.63 \ V$$

换相过程等效电路电流有效值及换相重叠角分别为：

$$I = \frac{\sqrt{3}U_2}{2\omega L_B} = \frac{\sqrt{3}U_2}{2X_B} = 275.8 \ (A)$$

$$\gamma = \arccos\left(\cos\alpha - \frac{I_d}{\sqrt{2}I}\right) - \alpha = 11.27 \ (°)$$

## 2.6　全控整流电路的有源逆变

全控整流电路在一定工作条件下，可以把直流侧电能变换为交流电能，并返送到电网中去。这种对应于整流的电能逆向变换过程称为有源逆变。在许多场合，同一晶闸管电路既可作为可控整流电路，又可作为有源逆变电路，这种可进行逆向变换的变流电路称为变流器。全控整流电路对直流侧施加的正、反向电动势均有阻断作用，可以构成变流器，用于整流与逆变两种工作状态，实现交流电能和直流电能的相互转化。

### 2.6.1　有源逆变产生的条件

图 2-31 为三相半波可控整流电路给直流电机供电的原理图。其中整流电压正方向如图所示，规定直流电机工作于电动状态时的反电动势 $E_M$ 的极性为上正下负。直流电机 M 发电回馈制动时，由于晶闸管的单向导电性，$i_d$ 方向不变，欲改变电能的输送方向，只能改变 $E_M$ 的极性，变成下正上负，如图 2-31(a)所示。

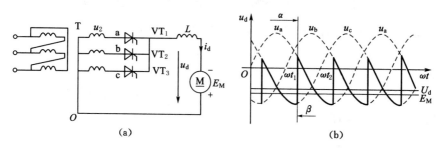

图 2-31　三相半波有源逆变电路及输出电压波形

为分析和计算方便，通常把 $\alpha > \frac{\pi}{2}$ 时的控制角用 $\beta = \pi - \alpha$ 表示，称为逆变角。控制角 $\alpha$ 是以自然换相点作为计量起始点的，由此向右方计量，而逆变角 $\beta$ 和控制角 $\alpha$ 的计量方向相反，其大小自 $\beta = 0$ 的起始点向左方计量。

为了防止两个电压顺向串联，$U_d$ 的极性也必须反过来，即 $U_d$ 应为负值，且 $|E_M| > |U_d|$ 才能将电能从直流侧传送到交流侧，实现逆变。此时电能的传送方向与整流时相反，直流电机 M 输出电功率，电网通过变流器吸收电功率。$U_d$ 的大小可通过改变触发角 $\alpha$ 来进行调节，逆变状态时 $U_d$ 为负值，$\alpha > \dfrac{\pi}{2}$。

从上述分析中，可归纳出实现有源逆变必须同时具备的两个条件：

① 要有直流电动势，其极性须和晶闸管的导通方向一致，其值应大于变流电路直流侧的平均电压。

② 用变流器实现电能逆向转换时，由于晶闸管的单向导电性，变流器的电流方向不能改变，能流方向的变化只有靠变流器输出电压极性的变化来实现。要求晶闸管的控制角 $\alpha > \dfrac{\pi}{2}$，使 $U_d$ 为负值。

全控变流器在 $0 < \alpha < \dfrac{\pi}{2}$ 时，为整流工作状态，输出整流电压平均值为正，$U_d > 0$，将交流电能变换为直流电能供给负载；在 $\alpha = \dfrac{\pi}{2}$ 时，为中间状态，输出整流电压平均值 $U_d = 0$；在 $\dfrac{\pi}{2} < \alpha < \pi$ 时，若负载侧具备逆变产生的能量条件，为逆变工作状态，输出整流电压平均值为负，$U_d < 0$，将直流电能变换为交流电能并返送电网。

半控整流电路、带续流二极管的整流电路均不可能输出负电压，也不允许在输出端接入与整流状态相反极性的电动势，因此，不可能实现有源逆变。

### 2.6.2 三相桥式有源逆变电路

三相有源逆变电路与整流电路晶闸管的工作情况和波形是一样的，在带反电动势并串接了电感时，输出电压与触发角之间存在着余弦函数关系，即 $U_d = U_{d0} \cos \alpha$。

对于同一个晶闸管变流装置来说，逆变和整流的区别仅仅是触发角 $\alpha$ 不同，在带大电感性负载的情况下，当 $0 < \alpha < \dfrac{\pi}{2}$ 时，电路工作在整流状态；而 $\dfrac{\pi}{2} < \alpha < \pi$ 时，电路工作在逆变状态。为实现逆变，需要有一个反向的直流电动势 $E_M$，而在上式中因 $\alpha > \dfrac{\pi}{2}$，$U_d$ 已经自动变为负值，完全满足逆变的条件，因而可沿用整流的办法来处理逆变时有关波形与参数计算等各项问题。三相桥式全控电路工作于有源逆变状态，不同逆变角时的输出电压波形如图 2-32 所示。

按照整流时规定的参考方向或极性，将逆变状态的各电量的计算归纳如下：

输出直流电压的平均值为：

$$U_d = -2.34 U_2 \cos \beta \tag{2-73}$$

输出直流电流的平均值亦可用整流的公式，即

$$I_d = \frac{U_d - E_M}{R} \tag{2-74}$$

在逆变状态时，$U_d$ 和 $E_M$ 的极性都与整流状态时相反，均为负值。

每个晶闸管导通 $\dfrac{2\pi}{3}$，故流过晶闸管的电流有效值为：

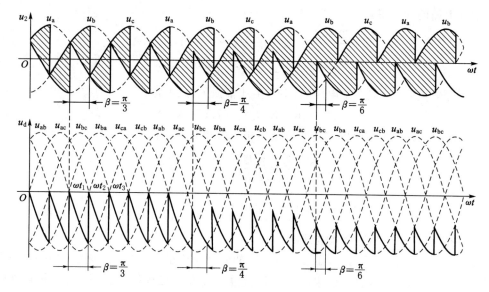

图 2-32　三相桥式全控电路工作于有源逆变状态时的电压波形

$$I_{\mathrm{VT}} = \frac{1}{\sqrt{3}} I_{\mathrm{d}} = 0.577 I_{\mathrm{d}} \tag{2-75}$$

从交流电源送到直流侧负载的有功功率为：

$$P_{\mathrm{d}} = R I_{\mathrm{d}}^2 + E_{\mathrm{M}} I_{\mathrm{d}} \tag{2-76}$$

当逆变工作时，由于 $E_{\mathrm{M}}$ 为负值，故 $P_{\mathrm{d}}$ 为负值，表示功率由直流电源输送回交流电网。

［例 2-4］　三相桥式变流器工作于逆变工作状态，整流变压器次级相电压 $U_2 = 110$ V、电源回路总电感 $L_{\mathrm{B}} = 1$ mH；直流回路中电动势 $E_{\mathrm{M}} = -200$ V、$R = 1$ Ω、$\omega L \gg R$；控制角 $\alpha = 120°$。求不考虑换相过程影响和考虑换相过程影响时，变流电路直流侧平均电压、平均电流和回馈电网的平均功率；并求考虑换相过程影响时电路的换相重叠角。

**解：**

（1）不考虑电源回路电感效应时，负载电压和电流平均值分别为：

$$U_{\mathrm{d}} = 2.34 U_2 \cos \alpha = -128.7 \text{ (V)}$$

$$I_{\mathrm{d}} = \frac{U_{\mathrm{d}} - E_{\mathrm{M}}}{R} = \frac{-128.7 - (-200)}{1} = 71.3 \text{ (A)}$$

$$P = U_{\mathrm{d}} I_{\mathrm{d}} = -9.18 \text{ (kW)}$$

其中，$E_{\mathrm{M}}$ 与整流时方向相反，取负号；$P$ 为负号表示向电网回送电能。

（2）考虑电源回路电感效应时，电源电抗及等效电阻分别为：

$$X_{\mathrm{B}} = \omega L_{\mathrm{B}} = 0.314 \text{ (Ω)}$$

$$R_{\mathrm{X}} = \frac{3 X_{\mathrm{B}}}{\pi} = 0.3 \text{ (Ω)}$$

则考虑电源回路电感效应时负载电压和电流平均值分别为：

$$U_{\mathrm{d}} = 2.34 U_2 \cos \alpha - R_{\mathrm{X}} I_{\mathrm{d}}$$

$$I_{\mathrm{d}} = \frac{U_{\mathrm{d}} - E_{\mathrm{M}}}{R}$$

综合上面两式可得：

$$I_d = \frac{2.34 U_2 \cos \alpha - R_X I_d - E_M}{R + R_X} = 54.85 \text{（A）}$$

$$U_d = -145.16 \text{ V}$$

换相等效电阻 $R_X$ 只产生电压降，不产生功率损失，故得：

$$P = I_d^2 R + E_M I_d = -7.96 \text{（kW）}$$

（3）换相过程等效电路电流有效值及换相重叠角分别为：

$$I = \frac{\sqrt{3} U_2}{2\omega L_B} = \frac{\sqrt{3} U_2}{2 X_B} = 303.4 \text{（A）}$$

$$\gamma = \arccos\left(\cos \alpha - \frac{I_d}{\sqrt{2} I}\right) - \alpha = 8.89 \text{（°）}$$

### 2.6.3 逆变失败与最小逆变角的限制

变流器工作于整流状态时，如果因丢失脉冲或移相角超出范围等原因造成不正常换相，其后果最多是没有输出电压，使电路无电流流通。而在逆变运行状态下，一旦发生换相失败，外接的直流电源就会通过晶闸管电路形成短路，或者使变流器的输出平均电压和直流电动势顺向串联，由于逆变电路内阻很小，将产生很大的短路电流，这种情况称之为逆变失败，或叫逆变颠覆。

#### 2.6.3.1 逆变失败产生的原因

（1）触发电路工作不可靠

触发电路工作不可靠，不能适时、准确地给晶闸管分配脉冲，如脉冲丢失、脉冲延迟等，致使晶闸管不能正常工作，使电源瞬时电压与直流电动势顺向串联，造成短路。

（2）晶闸管发生故障

由于各种原因造成晶闸管故障，从而使晶闸管应该阻断时不能阻断，该导通时不能导通，均会造成逆变失败。

（3）交流电源发生异常

在逆变工作状态时，如果交流电源突然停电、缺相或电源电压降低，由于直流电动势 $E_M$ 的存在，晶闸管仍可导通，此时变流器的交流侧由于失去了同直流电动势极性相反的交流电压，因此直流电动势将通过晶闸管使电路短路。

（4）换相裕量不足

有源逆变电路设计时，如果对晶闸管换相时的换相重叠角考虑不够，就会造成换相的裕量时间小于晶闸管关断的时间，从而导致换相失败。

变压器漏抗引起的换相重叠角的影响，会给逆变工作带来不利的影响，甚至可能会造成换相失败，如图 2-33 所示。由于换相需要一个过程，且换相期间的输出电压是相邻两相电压的平均值，故逆变电压 $U_d$ 要比不考虑变压器漏抗时更低（负的幅值更大）。

以 $VT_3$ 到 $VT_1$ 的换相过程为例，当逆变电路工作在 $\beta > \gamma$ 时，经过换相过程后，a 相电压 $u_a$ 仍高于 c 相电压 $u_c$，所以换相结束时，能使 $VT_3$ 承受反压而关断。如果换相的裕量角不足，即当 $\beta < \gamma$ 时，从图 2-33 的波形中可清楚地看出，换相尚未结束，电路的工作状态到达自然换相点 P 点之后，$u_c$ 将高于 $u_a$，应该导通的晶闸管 $VT_1$ 承受反压而重新关断，使得本应该关断的 $VT_3$ 不能关断而继续导通，且 c 相电压随着时间的推迟愈来愈高，与电动势顺

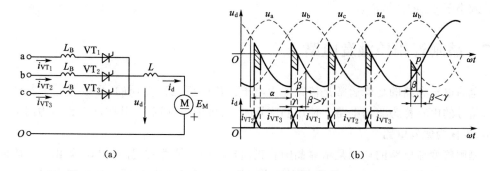

图 2-33 交流侧电抗对有源逆变换相过程的影响

向串联导致逆变颠覆。

为了防止逆变颠覆，不仅逆变角 $\beta$ 不能等于零，而且不能太小，必须限制在某一允许的最小角度内。

#### 2.6.3.2 确定最小逆变角的依据

逆变时允许采用的最小逆变角应为：

$$\beta_{\min}=\delta+\gamma+\theta' \tag{2-77}$$

式中，$\delta$ 为晶闸管的关断时间 $t_q$ 所对应的电角度，$\delta=\omega t_q$，称为恢复阻断角；$\gamma$ 为换相重叠角；$\theta'$ 为换相安全裕量角。

晶闸管的关断时间大约为 $200\sim300~\mu s$，所对应的电角度 $\delta$ 约为 $4°\sim5°$。换相重叠角 $\gamma$ 是随直流平均电流和换相电抗的增加而增大，一般为 $15°\sim20°$。换相重叠角可通过查阅手册知道，也可用下式计算得到：

$$\cos\alpha-\cos(\alpha+\gamma)=\frac{X_B I_d}{\sqrt{2}U_2\sin\dfrac{\pi}{m}} \tag{2-78}$$

根据逆变工作时 $\alpha=\pi-\beta$，并设 $\beta=\gamma$，则有：

$$\cos\gamma=1-\frac{X_B I_d}{\sqrt{2}U_2\sin\dfrac{\pi}{m}} \tag{2-79}$$

由于换相重叠角 $\gamma$ 与 $I_d$ 和 $X_B$ 有关，所以一旦电路参数确定，$\gamma$ 就有定值。逆变时要求 $\beta_{\min}>\gamma$，故存在下列关系：

$$\cos\beta_{\min}<1-\frac{X_B I_d}{\sqrt{2}U_2\sin\dfrac{\pi}{m}} \tag{2-80}$$

式(2-77)中的安全裕量角 $\theta'$ 也是非常重要的。当变流器工作在逆变状态时，由于种种原因，会影响逆变角，如果不考虑一定裕量，势必破坏 $\beta>\beta_{\min}$ 的关系，导致逆变失败。

在三相桥式逆变电路中，触发器输出六个脉冲，它们的相位角间隔不可能完全相等，有的比期望值偏前，有的偏后，这种脉冲的不对称程度一般可达 $5°$ 左右，若不设安全裕量角 $\theta'$，偏后的那些脉冲相当于 $\beta$ 变小，就可能小于 $\beta_{\min}$，导致逆变失败。根据一般中小型可逆直流拖动的运行经验，取安全裕量角 $\theta'=10°$ 比较合适。这样最小逆变角 $\beta_{\min}$ 一般取 $30°\sim35°$。设计逆变电路时，必须保证 $\beta\geqslant\beta_{\min}$，因此常在触发电路中附加一个保护环节，保证触发脉冲

不进入小于 $\beta_{\min}$ 的区域内。

# 2.7 晶闸管相控触发电路

电力电子电路的功能通常是依靠电力电子器件的可控性实现的,为电力电子器件提供驱动信号的电路称为驱动电路。使用晶闸管时,门极为控制端子,其驱动电路称为门极驱动电路,也称为触发电路。

晶闸管变流电路的功能是依靠晶闸管正向导通的可控性实现的。晶闸管由正向阻断状态转为正向导通状态,必须在门极与阴极之间施加足够的正向电压。为了减少门极损耗并提高触发强度,触发电压常采用脉冲信号。

晶闸管变流电路的控制框图如图 2-34 所示。同步电路获得交流电源的同步信号,并确定各元件自然换相点和移相范围。在各种相控变流电路中,晶闸管触发脉冲的前沿对应的控制角 $\alpha$ 是以晶闸管的自然换相点为计量起点的角度。自然换相点则取决于加在晶闸管两端的交流电源电压。因此,为保证正确的相位关系,实现同步触发控制,在触发电路中必须引入与电网电压严格同步的基准信号。控制电路综合系统信息进行处理,产生和负载所需电压相适应的相位控制信号;驱动电路对控制信号进行整形处理,产生所需幅值和宽度的触发脉冲信号。由于主电路电压等级较高,控制电路必须与电力电子器件之间保持绝缘,因此在门极驱动电路中常用脉冲变压器、光电耦合器或光导纤维等传递脉冲信号。

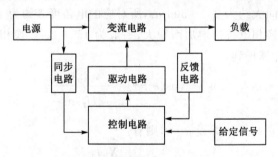

图 2-34 晶闸管变流电路控制框图

### 2.7.1 晶闸管的门极定额和对触发电路的基本要求

#### 2.7.1.1 晶闸管的门极定额

晶闸管的门极定额主要指触发电流和触发电压。

① 门极触发电流 $I_{GT}$:指在规定的环境温度和阳极与阴极间加一定正向电压的条件下,使晶闸管从阻断状态到导通状态所需要的最小门极直流电流,一般为几十到几百毫安。

② 门极触发电压 $U_{GT}$:指与门极触发电流相对应的门极直流电压,一般为 $1 \sim 5$ V。

晶闸管的触发电流和触发电压受温度影响较大,元件标明的数据是在室温下测得的数据。额定结温下的 $I_{GT}$ 仅为室温时的三分之一左右;$-40$ ℃低温下的 $I_{GT}$ 则可达到室温时的 $1.5 \sim 2$ 倍。因此,在设计触发电路时应注意。

#### 2.7.1.2 对相控触发电路的基本要求

为了保证变流电路正常工作,相控触发电路必须满足下列要求:

①　触发电路的触发信号必须在晶闸管门极伏安特性的可靠触发区,以保证变流装置主电路元件的互换性。同时要求脉冲功率不超过允许瞬时最大功率限制线和平均功率限制线,以防止因门极过热而造成元件损坏。

②　触发脉冲应具有一定的宽度,触发脉冲消失前阳极电流应能上升至擎住电流,保证晶闸管可靠开通。通常晶闸管开通时间需要 6 $\mu s$ 以上,为可靠起见,脉冲宽度应有足够的裕量。在实际应用中,电阻性负载脉冲宽度应有 $20\sim50~\mu s$;电感性负载脉冲宽度最好不小于 100 $\mu s$,一般取 1 ms(相当于 50 Hz 正弦波的 18°)。触发脉冲的前沿要尽可能陡,使扩展速度加快,缩短开通时间,防止晶闸管管芯因门极附近局部电流密度过大而损坏。

③　触发脉冲应满足主电路晶闸管的工作要求。对于三相桥式全控变流电路,应采用脉冲宽度大于 60°的宽脉冲或双窄脉冲,也可以用脉冲列组成宽脉冲或双窄脉冲。

④　触发脉冲与主电路电源电压必须同步,并保持与工作状态相适应的相位关系。为了控制变流器的输出电压以及能量的流向和大小,触发电路应能在主电路要求的移相范围内调整控制角 $\alpha$。对于具有整流与逆变两种工作状态的变流器,应有最小逆变角 $\beta_{min}$ 和最小控制角 $\alpha_{min}$ 的限制,以防止因 $\beta$ 过小而出现逆变失败。

⑤　触发电路应保证变流电路各元件触发脉冲的对称性。在稳态时相邻元件触发脉冲应保持相等的时间间隔,以保证输出电压的平稳性和交流侧电流的对称性。

⑥　相控触发电路应采取电磁兼容的技术措施,防止因各方面的电磁干扰而出现失控。

### 2.7.2　典型相控触发电路

晶闸管门极触发电路有移相控制和垂直控制两种方法。移相控制是通过改变控制脉冲产生的时间来改变晶闸管的导通角。垂直控制是将移相信号和控制信号叠加,通过改变控制信号的大小来改变晶闸管导通角。

触发电路中触发脉冲可以用模拟电路或数字电路来产生。采用分立元件构成的模拟式触发电路,存在参数分散性大、脉冲一致性差、移相范围小等缺点,如阻容移相电路、单结晶体管触发电路、正弦波移相电路和锯齿波移相电路;专用集成触发电路是模拟式触发电路的单片集成,具有移相线性度好、性能稳定可靠、体积小和温漂小等优点,目前已经形成了系列化的产品。

#### 2.7.2.1　同步信号为锯齿波的相控触发电路

同步信号为锯齿波的触发电路如图 2-35 所示,电路输出可为单窄脉冲,也可为双窄脉冲,以适用于有两个晶闸管同时导通的电路,例如三相全控桥。电路可分为三个基本环节:脉冲的形成与放大、锯齿波的形成和脉冲移相、同步环节。此外,电路中还有强触发和双窄脉冲形成环节。

(1)脉冲形成与放大环节

如图 2-35 所示,脉冲形成环节由 $V_4$、$V_5$ 构成;放大环节由 $V_7$、$V_8$ 组成。控制电压 $u_{co}$ 加在 $V_4$ 基极上,电路的触发脉冲由脉冲变压器 TP 的二次侧输出,其一次绕组接在 $V_8$ 集电极电路中。

当控制电压 $u_{co}=0$ 时,$V_4$ 截止,+15V 电源通过 $R_{11}$ 提供给 $V_5$ 一个足够大的基极电流,使 $V_5$ 饱和导通。所以 $V_5$ 集电极电压接近于 -15 V,$V_7$、$V_8$ 处于截止状态,无脉冲输出。另外,电源+15 V 经 $R_9$、$V_5$ 的发射极到 -15 V 对电容 $C_3$ 充电,充满后电容两端电压

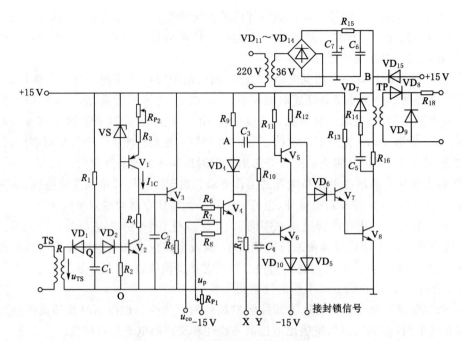

图 2-35　同步信号为锯齿波的触发电路

接近 30 V。

　　当 $u_{co} \geqslant 0.7$ V 时，$V_4$ 导通。A 点电位从 +15 V 突降到 1 V 左右，由于电容 $C_3$ 两端电压不能突变，所以 $V_5$ 基极电位也突降到约 −30 V，$V_5$ 基射极反偏置，$V_5$ 立即截止。它的集电极电压由 −15 V 迅速上升到钳位电压 2.1 V 时（$VD_6$、$V_7$、$V_8$ 三个 PN 结正向导通压降之和），$V_7$、$V_8$ 导通，输出触发脉冲。同时电容 $C_3$ 由 +15 V 经 $R_{11}$、$VD_4$、$V_4$ 放电并反向充电，使 $V_5$ 基极电位逐渐上升，直到 $V_5$ 基极电位 $u_{B5} > -15$ V，$V_5$ 又重新导通。这时 $V_5$ 集电极电压又立即降到 −15 V，使 $V_7$、$V_8$ 截止，输出脉冲终止。可见，脉冲前沿由 $V_4$ 导通时刻确定，$V_5$（或 $V_6$）截止持续时间即为脉冲宽度，脉冲宽度由反向充电时间常数 $R_{11}C_3$ 决定。

　　(2) 锯齿波形成和脉冲移相环节

　　锯齿波电压形成的方案较多，如采用自举式电路、恒流源电路等。图 2-35 中采用恒流源电路方案，由 $V_1$、$V_2$、$V_3$ 和 $C_2$ 等元件组成，其中 $V_1$、稳压管 VS、$R_{P_2}$ 和 $R_3$ 为一恒流源电路。

　　当 $V_2$ 截止时，恒流源电流 $I_{1C}$ 对电容 $C_2$ 充电，所以 $C_2$ 两端的电压 $u_{C_2}$ 为：

$$u_{C_2} = \frac{1}{C_2} \int I_{1C} \mathrm{d}t = \frac{1}{C_2} I_{1C} t \tag{2-81}$$

　　$u_{C_2}$ 按线性增长，即 $u_{B_3}$ 线性增长。调节电位器 $R_{P_2}$，可以改变 $C_2$ 的恒定充电电流 $I_{1C}$，因此，$R_{P_2}$ 是用来调节锯齿波斜率的。

　　当 $V_2$ 导通时，因 $R_4$ 很小，所以 $C_2$ 迅速放电，使得 $u_{E3}$ 电位迅速降到零附近。当 $V_2$ 周期性地导通和关断时，$u_{B3}$ 便形成一锯齿波，同样 $u_{E_3}$ 也是一个锯齿波，如图 2-36 所示。射极跟随器 $V_3$ 的作用是减小控制回路电流对锯齿波电压 $u_{B3}$ 的影响。

　　$V_4$ 基极电位由锯齿波电压、控制电压 $u_{co}$、直流偏移电压 $u_p$ 三者叠加所定，它们分别通过电阻 $R_6$、$R_7$、$R_8$ 与 $V_4$ 基极连接。

根据叠加原理，先设 $u_h$ 为锯齿波电压 $u_{E3}$ 单独作用在基极时的电压，其值为：

$$u_h = u_{E3} \frac{R_7 /\!/ R_8}{R_6 + (R_7 /\!/ R_8)} \tag{2-82}$$

所以 $u_h$ 仍为锯齿波，但斜率比 $u_{E3}$ 低。同理，直流偏移电压 $u_p$ 单独作用在 $V_4$ 基极时的电压 $u_p'$ 为：

$$u_p' = u_p \frac{R_6 /\!/ R_7}{R_8 + (R_6 /\!/ R_7)} \tag{2-83}$$

所以，$u_p'$ 仍为一条与 $u_p$ 平行的直线，但绝对值比 $u_p$ 小。

控制电压 $u_{co}$ 单独作用在 $V_4$ 基极时的电压 $u_{co}'$ 为：

$$u_{co}' = u_{co} \frac{R_6 /\!/ R_8}{R_7 + (R_6 /\!/ R_8)} \tag{2-84}$$

所以 $u_{co}'$ 仍为一条与 $u_{co}$ 平行的直线，但绝对值比 $u_{co}$ 小。

当 $V_4$ 不导通时，$V_4$ 的基极 $u_{B4}$ 的波形由 $u_h + u_p' + u_{co}'$ 确定。当 $V_4$ 的基极电压等于 0.7 V 后，$V_4$ 导通，之后 $u_{B4}$ 一直被钳位在 0.7 V。实际波形如图 2-36 所示。

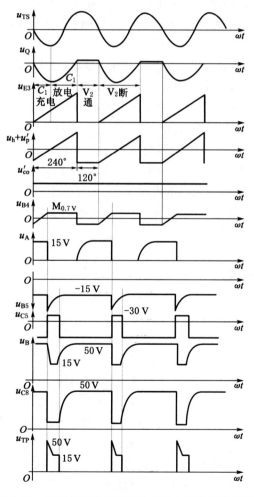

图 2-36　同步信号为锯齿波的触发电路的工作波形

图中，M 点是 $V_4$ 由截止到导通的转折点，也就是脉冲的前沿。由前面分析可知，$V_4$ 经过 M 点时电路输出脉冲，因此当 $u_p$ 为某固定值时，改变 $u_{co}$ 便可以改变 M 点的坐标，即改变了脉冲产生时刻，脉冲被移相。可见，增加 $u_p$ 的目的是为了确定控制电压 $u_{co}=0$ 时脉冲的初始相位。以三相全控桥为例，当接电感性负载电流连续时，脉冲初始相位应定在 $\alpha=90°$；如果是可逆系统，需要在整流和逆变状态下工作，要求脉冲的移相范围理论上为 180°（由于考虑 $\alpha_{min}$ 和 $\beta_{min}$，实际一般为 120°），由于锯齿波波形两端的非线性，因而要求锯齿波的宽度大于 180°，如 240°，此时，当 $u_{co}=0$ 时，调节 $u_p$ 的大小，使产生脉冲的 M 点移至对应于 $\alpha=90°$ 的位置。此时，如 $u_{co}$ 为正值，M 点就向前移，控制角 $\alpha<90°$，晶闸管电路处于整流工作状态；如 $u_{co}$ 为负值，M 点就向后移，控制角 $\alpha>90°$，晶闸管电路处于逆变状态。

（3）同步环节

对于同步信号为锯齿波的触发电路，与主电路同步是指要求锯齿波的频率与主电路电源的频率相同且相位关系确定。从图 2-35 可知，锯齿波是由开关管 $V_2$ 控制的，$V_2$ 由导通变截止期间产生锯齿波，$V_2$ 截止状态维持的时间就是锯齿波的宽度，$V_2$ 开关的频率就是锯齿波的频率。图 2-35 中的同步环节是由同步变压器 TS、$VD_1$、$VD_2$、$C_1$、$R_1$ 和晶体管 $V_2$ 组成。同步变压器和整流变压器接在同一电源上，用同步变压器的二次电压来控制 $V_2$ 的通断作用，这就保证了触发脉冲与主电路电源同步。

同步变压器 TS 的二次侧电压 $u_{TS}$ 经二极管 $VD_1$ 加在 $V_2$ 的基极上。当二次侧电压波形在负半周的下降段时，$VD_1$ 导通，电容 $C_1$ 被迅速充电。因 O 点接地为零电位，R 点为负电位，Q 点电位与 R 点相近，故这一阶段 $V_2$ 基极为反向偏置，$V_2$ 截止。在负半周的上升段，+15 V 电源通过 $R_1$ 给电容 $C_1$ 充电，其上升速度比 $u_{TS}$ 波形慢，故 $VD_1$ 截止，$u_Q$ 为电容反向充电波形，如图 2-36 所示。当 Q 点电位达 1.4 V 时，$V_2$ 导通，Q 点电位被钳位在 1.4 V。直到 TS 二次侧电压的下一个负半周到来，$VD_1$ 重新导通，$C_1$ 放电后又被充电，$V_2$ 截止，如此循环往复。在一个正弦波周期内，包括截止与导通两个状态，对应锯齿波波形恰好是一个周期，与主电路电源频率和相位完全同步，达到同步的目的。可以看出，锯齿波的宽度是由充电时间常数 $R_1C_1$ 决定的。

（4）双窄脉冲形成环节

图 2-35 所示的触发电路在一个周期内可输出两个间隔 60° 的脉冲，称内双脉冲电路。而在触发器外部通过脉冲变压器的连接得到的双脉冲称为外双脉冲。

图中 $V_5$、$V_6$ 构成"或"门，当 $V_5$、$V_6$ 都导通时，$V_7$、$V_8$ 都截止，没有脉冲输出。只要 $V_5$、$V_6$ 有一个截止，都会使 $V_7$、$V_8$ 导通，有脉冲输出。所以只要用适当的信号控制 $V_5$ 或 $V_6$ 的截止（前后间隔 60° 相位），就可以产生符合要求的双脉冲。其中，第一个脉冲由本相触发单元的 $u_{co}$ 对应的控制角 $\alpha$ 使 $V_4$ 由截止变导通造成 $V_5$ 瞬时截止，使得 $V_8$ 输出脉冲。隔 60° 的第二个脉冲是由滞后 60° 相位的后一相触发单元产生，在其生成第一个脉冲时刻，将其信号引至本单元 $V_6$ 的基极，使 $V_6$ 截止，使本触发电路第二次输出触发脉冲。其中，$VD_4$ 和 $R_{17}$ 的作用主要是防止双脉冲信号的相互干扰。

在三相桥式全控整流电路中，要求晶闸管的触发导通顺序为 $VT_1 \rightarrow VT_2 \rightarrow VT_3 \rightarrow VT_4 \rightarrow VT_5 \rightarrow VT_6$，彼此间隔 60°。三相桥式全控整流电路需要 6 个完全相同的触发电路，每个触发电路都必须能够提供双脉冲触发信号。通常将第一个触发脉冲称为主脉冲，将间隔 60° 的第二个触发脉冲称为辅脉冲。由图 2-35 触发电路原理图可知，X 端和 Y 端是间隔 60°

的前后两个触发电路的信号端子,X 端是辅脉冲输出端,Y 端是辅脉冲输入端。则三相桥式全控整流电路的双脉冲触发信号可按图 2-37 接线得到,6 个触发器的连接顺序是:1 Y—2X、2Y—3X、3Y—4X、4Y—5X、5Y—6X、6Y—1X。

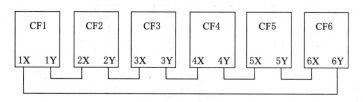

图 2-37　触发器的连接顺序

（5）脉冲封锁

二极管 $VD_5$ 阴极接零电位或负电位,使 $V_7$、$V_8$ 截止,可以实现脉冲封锁。$VD_5$ 用来防止接地端与负电源之间形成大电流通路。

（6）强触发环节

强触发可以缩短晶闸管导通时间,提高电流上升率承受能力,有利于改善串、并联元件的均压和均流,提高触发可靠性。如图 2-35 所示,强触发环节中的 36 V 交流电压经整流、滤波后得到 50 V 直流电压,50V 电源经 $R_{15}$ 对 $C_6$ 充电,B 点电位为 50 V。当 $V_8$ 导通时,$C_6$ 经脉冲变压器一次侧 $R_{16}$、$V_8$ 迅速放电,形成脉冲尖峰,由于有 $R_{15}$ 的电阻,且电容 $C_6$ 的存储能量有限,B 点电位迅速下降。当 B 点电位下降到 14.3 V 时,$VD_{15}$ 导通,B 点电位被 15 V 电源钳位在 14.3 V,形成脉冲平台。$C_5$ 组成加速电路,用来提高触发脉冲前沿陡度。

**2.7.2.2　集成化移相触发电路**

集成电路具有可靠性高、技术性能好、体积小、功耗低、调试方便等优点。目前集成触发电路已广泛应用,逐步取代分立元件电路。目前国内生产的有 KJ 系列和 KC 系列,国外生产的有 TCA 系列,下面以 KC04(KJ004)为例简单介绍其工作原理,更详细的分析、使用说明可查阅有关产品手册。

KC04(KJ004)移相集成触发器输出双路脉冲,两路脉冲相位互差 $180°$,可以方便地组成各种电路的触发器。KC04 有脉冲列调制输入等功能,可以与 KC41 双脉冲形成器、KC42 脉冲列形成器构成 6 路双窄脉冲触发器。每周期形成两个锯齿波,属于锯齿波同步,同步电压与主电压同相位。

下面简述集成触发电路的内部结构与工作原理。如图 2-38 所示,KC04(KJ004)与分离元件锯齿波同步的触发电路一样,由同步、锯齿波形成、脉冲形成与移相、脉冲分选等环节组成。

（1）同步环节

$V_1 \sim V_4$ 等组成同步环节,同步电压 $u_s$ 经限流电阻 $R_7$ 加到 $V_1$、$V_2$ 的基极。在同步电压正半波 $u_s > 0.7$ V 时,$V_1$ 导通,$V_4$ 截止,在同步电压负半波 $u_s < -0.7$ V 时,$V_2$、$V_3$ 导通,$V_4$ 截止,只有在 $|u_s| < 0.7$ V 时,$V_4$ 导通。

（2）锯齿波形成

$V_4$ 截止时,$C_1$ 充电,形成锯齿波的上升段;$V_4$ 导通时,$C_1$ 放电,形成锯齿波的下降段,

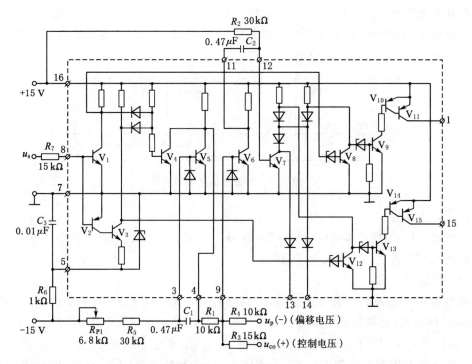

图 2-38　KC04 电路原理图

每周期形成两个锯齿波。锯齿波宽度小于 $180°$。

（3）移相环节

$V_6$ 及外接元件组成移相环节，其基极信号是锯齿波电压、偏移电压和控制电压的综合。改变 $V_6$ 基极电位，$V_6$ 导通时刻随之改变，实现了脉冲移相。

（4）脉冲形成

$V_7$ 等组成脉冲形成环节，平时 $V_7$ 导通，电容 $C_2$ 充电，为左正右负。$V_6$ 导通时，其集电极电位突然下降，同时引起 $V_7$ 截止。电容 $C_2$ 放电并反充电，为左负右正。当 $V_7$ 基极电位 $u_{BE7} \geqslant 0.7$ V 时，$V_7$ 导通，$V_7$ 集电极有脉冲输出。$V_7$ 集电极每周期输出间隔 $180°$ 的两个脉冲。

（5）脉冲分选

$V_8$、$V_{12}$ 组成脉冲分选环节，脉冲分选是保证同步电压正半周 $V_8$ 截止，同步电压负半周 $V_{12}$ 截止，使得触发电路在一周期内有相位上相差 $180°$ 的两个触发脉冲输出，分别触发两个晶闸管。

对于使用者来说，需要清楚芯片的外部管脚功能，图 2-38 中，管脚 1 和管脚 15 输出双路脉冲，两路脉冲相位互差 $180°$，它可以作为三相桥式全控主电路同一相上、下两个桥臂晶闸管的触发脉冲。管脚 16 接 $+15$ V 电源，管脚 7 接地，管脚 5 经电阻接 $-15$ V 电源。由管脚 8 输入同步电压 $u_s$，在管脚 3 与管脚 4 之间外接电容形成锯齿波，可通过调节管脚 3 外接的电位器 $R_{P_1}$ 改变锯齿波的斜率。管脚 9 为锯齿波、直流偏置电压 $u_p$ 和移相控制直流电压 $u_{co}$ 的综合比较输入端。管脚 11 与管脚 12 之间可外接电阻、电容调节脉冲宽度。管脚 13 可提供脉冲列调制。管脚 14 为脉冲封锁控制。

### 2.7.3　触发电路的定相

晶闸管整流装置中,选择触发电路的同步信号是个很重要的问题。触发电路的定相就是根据触发电路的工作原理和输入/输出特性、主变压器的连接组别和主电路的接线方式,选择正确的同步电压,将同步变压器与触发电路连接在一起,从而确定同步变压器的连接组别,以保证变流器的正常工作。

在常用的锯齿波移相触发电路中,送出初始脉冲的时刻是由输入触发电路中不同相位的同步电压确定的。初始脉冲是指 $U_d = 0$ 时,控制电压 $u_{co}$ 与偏移电压 $u_p$ 为固定值条件下的触发脉冲。因此,必须根据被触发晶闸管阳极电压的相位,正确供给各触发电路特定相位的同步电压,才能使触发电路分别在各晶闸管需要触发脉冲的时刻输出脉冲。现以三相桥式全控整流电路为例说明定相的方法,图 2-39 给出了主电路电压与同步电压的关系示意图。

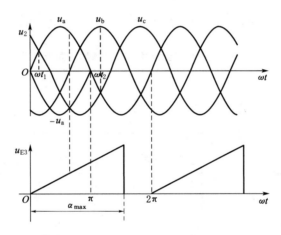

图 2-39　三相桥式全控整流电路同步电压与主电路电压关系示意图

对于晶闸管 $VT_1$,其阳极与交流侧电压 $u_a$ 相接,可简单表示为 $VT_1$ 所接主电路电压为 $+u_a$,$VT_1$ 的触发脉冲从 $0°$ 至 $180°$ 对应的范围为 $\omega t_1 \sim \omega t_2$。

采用锯齿波同步的触发电路时,同步信号负半周的起点对应于锯齿波的起点,通常使锯齿波的上升段为 $240°$,上升段起始的 $30°$ 和终了段 $30°$ 线性度不好,舍去不用,使用中间的 $180°$。锯齿波的中点与同步信号的 $300°$ 位置对应。

三相桥式全控整流电路大量用于直流电机调速系统,且通常要求可实现再生制动,使 $U_d = 0$ 的触发角 $\alpha$ 为 $90°$。当 $\alpha < 90°$ 时为整流工作,$\alpha > 90°$ 时为逆变工作。将 $\alpha = 90°$ 确定为锯齿波的中点,锯齿波向前向后各有 $90°$ 的移相范围。于是 $\alpha = 90°$ 与同步电压的 $300°$ 对应,也就是 $\alpha = 0°$ 与同步电压的 $210°$ 对应。由图 2-39 及三相桥式全控整流电路的介绍可知,$\alpha = 0°$ 对应于 $u_a$ 的 $30°$ 的位置,则同步信号的 $180°$ 与 $u_a$ 的 $0°$ 对应,说明 $VT_1$ 的同步电压应滞后于 $u_a$ $180°$。对于其他 5 个晶闸管,也存在同样的关系,即同步电压滞后于主电路电压 $180°$。

以上分析了同步电压与主电路电压的关系,一旦确定了整流变压器和同步变压器的接法,即可选定每一个晶闸管的同步电压信号。

图 2-40 给出了变压器接法的一种情况及相应的矢量图,其中主电路整流变压器为 D,

y11 连接,同步变压器为 D,y5-11 连接。这时同步电压的选取结果见表 2-3。

为防止电网电压波形畸变对触发电路产生干扰,可对同步电压进行 $RC$ 滤波,当 $RC$ 滤波器滞后角为 60°时,同步电压选取结果如表 2-4 所示。

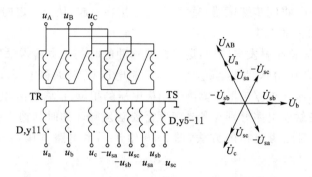

图 2-40　同步变压器和整流变压器的接法及矢量图

**表 2-3　三相桥式全控整流电路晶闸管同步电压**

| 晶闸管 | $VT_1$ | $VT_2$ | $VT_3$ | $VT_4$ | $VT_5$ | $VT_6$ |
|---|---|---|---|---|---|---|
| 主电路电压 | $+u_a$ | $-u_c$ | $+u_b$ | $-u_a$ | $+u_c$ | $-u_b$ |
| 同步电压 | $-u_{sa}$ | $+u_{sc}$ | $-u_{sb}$ | $+u_{sa}$ | $-u_{sc}$ | $+u_{sb}$ |

**表 2-4　三相桥式全控整流电路晶闸管同步电压($RC$ 滤波)**

| 晶闸管 | $VT_1$ | $VT_2$ | $VT_3$ | $VT_4$ | $VT_5$ | $VT_6$ |
|---|---|---|---|---|---|---|
| 主电路电压 | $+u_a$ | $-u_c$ | $+u_b$ | $-u_a$ | $+u_c$ | $-u_b$ |
| 同步电压 | $+u_{sb}$ | $-u_{sa}$ | $+u_{sc}$ | $-u_{sb}$ | $+u_{sa}$ | $-u_{sc}$ |

# 思考题与习题

1. 功率二极管有哪些基本特性? 常用的功率二极管有哪些主要类型?

2. 晶闸管导通的条件是什么? 维持导通的条件是什么? 怎样才能使晶闸管由导通变关断?

3. 图 2-41 中阴影部分为晶闸管处于通态区间的电流波形,各波形的电流最大值均为 $I_M$,如果不考虑安全裕量,100 A 的晶闸管能送出的平均电流各为多少? 这时,相应的电流最大值各为多少?

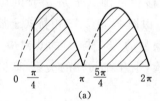

(a)

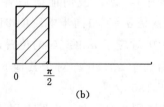

(b)

图 2-41　晶闸管导电电流波形

4. 单相桥式半控整流电路,电阻负载,$R=25\ \Omega$,要求 $U_d=0\sim250$ V,计算晶闸管实际承受的最大电压与最大电流($\alpha$ 角留有 $20°$ 裕量)。

5. 单相桥式全控整流电路,$U_2=100$ V,负载中 $R=2\ \Omega$,$L$ 值极大,当 $\alpha=30°$ 时,要求:

(1) 作出 $u_d$,$i_d$ 和 $i_2$ 的波形;

(2) 求整流输出平均电压 $U_d$、电流 $I_d$ 和变压器二次电流有效值 $I_2$;

(3) 考虑安全裕量,确定晶闸管的额定电压和额定电流。

6. 单相桥式全控整流电路,$U_2=100$ V,负载中 $R=2\ \Omega$,$L$ 值极大,反电势 $E=60$ V,当 $\alpha=30°$ 时,要求:

(1) 作出 $u_d$,$i_d$ 和 $i_2$ 的波形;

(2) 求整流输出平均电压 $U_d$、电流 $I_d$ 和变压器二次电流有效值 $I_2$;

(3) 考虑安全裕量,确定晶闸管的额定电压和额定电流。

7. 某电阻负载的单相桥式半控整流电路,若其中一只晶闸管的阳极、阴极之间被烧断,试画出整流二极管、晶闸管和负载电阻两端的电压波形。

8. 三相半波可控整流电路,$U_2=100$ V,负载中 $R=5\ \Omega$,$L$ 值极大,当 $\alpha=60°$ 时,要求:

(1) 作出 $u_d$,$i_d$ 和 $i_{VT1}$ 的波形;

(2) 求整流输出平均电压 $U_d$、电流 $I_d$、晶闸管电流平均值 $I_{dVT}$ 和电流有效值 $I_{VT}$;

(3) 考虑安全裕量,确定晶闸管的额定电压和额定电流。

9. 三相桥式全控整流电路,$U_2=100$ V,负载中 $R=5\ \Omega$,$L$ 值极大,当 $\alpha=60°$ 时,要求:

(1) 作出 $u_d$,$i_d$ 和 $i_{VT1}$ 的波形;

(2) 求整流输出平均电压 $U_d$、电流 $I_d$、晶闸管电流平均值 $I_{dVT}$ 和电流有效值 $I_{VT}$;

(3) 考虑安全裕量,确定晶闸管的额定电压和额定电流。

10. 三相桥式全控整流电路带电感性负载,控制角 $\alpha=30°$。运行中晶闸管 $VT_3$ 的触发脉冲丢失。试画出输出整流电压 $u_d$、晶闸管 $VT_1$ 的电压波形。

11. 单相桥式全控整流电路,$U_2=100$ V,$L_B=0.5$ mH,负载中 $R=1\ \Omega$、$L$ 值极大、反电势 $E=40$ V,当 $\alpha=60°$ 时,要求:

(1) 不考虑电感效应,求整流输出平均电压 $U_d$ 和电流 $I_d$;考虑安全裕量,确定晶闸管的额定电压和额定电流。

(2) 考虑电感效应,求整流输出平均电压 $U_d$、电流 $I_d$ 和重叠角 $\gamma$;考虑安全裕量,确定晶闸管的额定电压和额定电流。

12. 三相半波可控整流电路,$U_2=100$ V,$L_B=1$ mH,负载中 $R=1\ \Omega$、$L$ 值极大、反电势 $E=50$ V,当 $\alpha=30°$ 时,求整流输出平均电压 $U_d$、电流 $I_d$ 和重叠角 $\gamma$。

13. 三相桥式全控整流电路,$U_2=220$ V,负载中 $R=1\ \Omega$、$L$ 值极大、反电势 $E=200$ V,$\alpha=60°$,当 $L_B=0$ 和 $L_B=1$ mH 情况下分别计算整流输出平均电压 $U_d$、电流 $I_d$,后者并计算重叠角 $\gamma$。

14. 可控整流电路工作在有源逆变状态需要满足哪些条件?

15. 三相桥式全控变流器,反电动势负载,$U_2=220$ V,$L_B=1$ mH,$R=1\ \Omega$、$L$ 值极大,当 $E_M=-400$ V、$\beta=60°$ 时,计算整流输出平均电压 $U_d$、电流 $I_d$ 和重叠角 $\gamma$,此时送回电网的有功功率是多少?

16. 单相桥式全控变流器,反电动势负载,$U_2=100$ V,$L_B=0.5$ mH,$R=1\ \Omega$、$L$ 值极

大，当 $E_M = -99\text{ V}$、$\beta = 60°$时，计算整流输出平均电压 $U_d$、电流 $I_d$ 和重叠角 $\gamma$。

17. 产生逆变颠覆的原因有哪些？如何防止逆变颠覆？

18. 三相全控桥式整流电路对触发脉冲有什么要求？

19. 什么是触发器的定相？触发器如何定相？

# 第3章　典型全控器件及无源逆变电路

## 3.1　功率场效应晶体管

　　小功率的用于信息处理的场效应晶体管(field effect transistor,FET)可分为结型和绝缘栅型,功率场效应晶体管也可分为这两种类型,但通常主要指绝缘栅型中的 MOS 型(metal oxide semiconductor FET),简称功率 MOSFET(power MOSFET),或者更精简地简称 MOS 管或 MOS。至于结型功率场效应晶体管则一般称作静电感应晶体管(static induction transistor,SIT),将在 3.3 节作简要介绍。这里主要讲述功率 MOSFET。

### 3.1.1　功率场效应晶体管的结构和工作原理

#### 3.1.1.1　分类和结构

　　功率 MOSFET 是全控型器件中频带最宽的一种,因此在高频化进程中备受重视。另外,利用 MOS 门控概念复合成的新器件如 IGBT 也与其息息相关,迄今为止已发展了多种结构的器件。

　　按载流子类型不同,功率 MOSFET 可以分为 N 沟道型(载流子是电子)和 P 沟道型(载流子是空穴)两类。当栅极电压为零时漏源极之间就存在导电沟道的称为耗尽型;对于 N(P)沟道器件,栅极电压大于(小于)零时才存在导电沟道的称为增强型。在功率 MOSFET 中,由于 P 沟道器件的导通电阻较 N 沟道器件高,故常用的均为 N 沟道增强型。其代表符号如图 3-1 所示,其中图 3-1(c)是 N 沟道型器件符号,图 3-1(d)是 P 沟道型器件符号。

　　功率 MOSFET 在导通时只有一种极性的载流子(多子)参与导电,是单极型晶体管。其导电机理与小功率 MOS 管相同,但结构上有较大区别。小功率 MOS 管是一次扩散形成的器件,其导电沟道平行于芯片表面,是横向导电器件。器件的三个电极(即源极 S、栅极 G 和漏极 D)均置于硅片一侧,这种结构由于导电沟道局限于芯片的浅表面层,具有导通电阻大和硅片利用率低等弱点。20 世纪 70 年代中期,应用于 LSIC(large scale integration circuit)的垂直导电结构(VMOS)被移植到功率 MOSFET 中,这种结构不仅保持原来平面结构的优点,而且由于具有短沟道、高阻漂移区和垂直导电等特点,从而大幅度提高器件的耐压和载流能力,使功率 MOSFET 真正进入电力电子器件的范畴。

　　所谓垂直导电结构是指器件的导电路径垂直于芯片表面,此时器件各电极分置于芯片两侧,通常是 S 极和 G 极同置一侧表面,而 D 极则置于芯片衬底一侧。按形成导电沟道方式不同,功率 MOSFET 又分为具有垂直导电双扩散 MOS 结构的 VDMOSFET(vertical double-diffused MOSFET)[见图 3-1(a)]和利用 V 形槽实现垂直导电的 VVMOSFET(vertical v-groove MOSFET)[见图 3-1(b)]。这里主要以 VDMOS 器件为例进行讨论。

　　功率 MOSFET 也是多元集成结构,一个器件由许多个小 MOSFET 元组成。每个元的

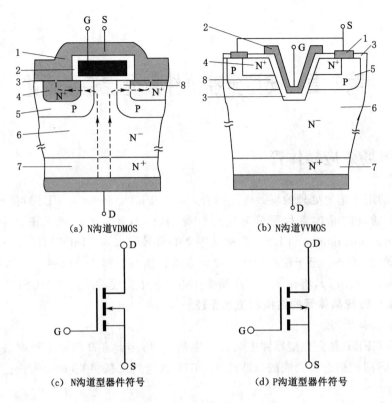

(a) N沟道VDMOS      (b) N沟道VVMOS

(c) N沟道型器件符号      (d) P沟道型器件符号

1—源极;2—栅极;3—SiO₂;4—源区;5—沟道体区;6—漂移区(外延层);7—衬底;8—沟道

图 3-1　功率 MOSFET 单胞结构示意图

形状和排列方法,不同生产厂家采用了不同的设计,因而对其产品取了不同的名称。国际整流器公司(International Rectifier)的 HEXFET 采用了六边形单元,西门子公司(Siemens)的 SIPMOSFET 采用了正方形单元,而摩托罗拉公司的 TMOS 则采用了矩形单元按"品"字形排列。不管名称怎样变,垂直导电的基本思想没有变。

### 3.1.1.2　基本工作原理

绝缘栅场效应晶体管是利用栅极、源极之间电压形成电场来改变半导体表面感生电荷的多少,改变导电沟道的导电能力和等效电阻,从而控制漏极和源极之间的导电电流,因此,绝缘栅场效应晶体管又称为表面场效应晶体管。

图 3-1(a)所示为 N 沟道 VDMOS 的元胞结构剖面示意图。如图中所示,两个 N⁺区分别作为该器件的源区和漏区,分别引出源极 S 和漏极 D。夹在两个 N⁺(N⁻)区之间的 P 区隔着一层 SiO₂ 的介质作为栅极 G。因此栅极与两个 N⁺区和 P 区均为绝缘结构。由图 3-1可知,功率 MOSFET 的基本结构仍为 N⁺(N⁻)PN⁺形式,其中掺杂较轻的 N⁻区为漂移区。设 N⁻区可提高器件的耐压能力。在这种器件中,漏源极之间有两个背靠背的 PN 结存在,在栅极未加电压信号之前,无论漏源极之间加正电压或负电压,该器件总处于阻断状态。为使漏源极之间流过可控的电流,必须具备可控的导电沟道才能实现。

当漏极接电源正端,源极接电源负端,栅极和源极间电压为零时,P 区与 N⁻漂移区之间形成的 PN 结 J₁ 反偏,漏源极之间无电流流过。如果在栅极和源极之间加一正电压 $U_{GS}$,

由于栅极是绝缘的,所以并不会有栅极电流流过。但栅极的正电压却会将其下面 P 区中的空穴推开,而将 P 区中的少子——电子吸引到栅极下面的 P 区表面。当 $U_{GS}$ 大于某一电压值 $U_{GS(th)}$ 时,栅极下 P 区表面的电子浓度将超过空穴浓度,从而使 P 型半导体反型而成为 N 型半导体,形成反型层,该反型层形成 N 沟道而使 PN 结 $J_1$ 消失,漏极和源极导电。电压 $U_{GS(th)}$ 称为开启电压(或阈值电压),$U_{GS}$ 超过 $U_{GS(th)}$ 越多,导电能力越强,漏极电流 $I_D$ 越大。

由于 MOSFET 只有一种载流子导电,故不存在像双极型器件那样的电导调制效应,也不存在少子复合问题,所以它的开关速度快、安全工作区宽并且不存在二次击穿问题。因为它是电压控制型器件,所以使用极为方便。此外,功率 MOSFET 的通态电阻具有正温度系数,因此它的漏极电流具有负温度系数,这一特性使该器件易并联应用。功率 MOSFET 的通态电阻较大,通态压降较高,随着器件耐压的升高,通态电阻也增大,这一特性限制了它在高电压大电流方向的发展。目前功率 MOSFET 多用于 10 kW 以下的电力电子设备中。

### 3.1.2　功率场效应晶体管基本特性

主要指功率 MOSFET 的输出特性和转移特性。

在 N 沟道增强型功率 MOSFET 器件中,当栅源电压 $U_{GS}$ 为负值时,栅极下面的 P 型体区表面呈现空穴的堆积状态,不可能出现反型层,因而无法沟通源区与漏区。即使栅源电压为正,但数值尚不够大时,栅极下面的 P 型体区表面仍呈现耗尽状态,也不会出现反型层,同样无法沟通源区与漏区。在这两种状态下,功率 MOSFET 都处于截止状态,即使加上漏极电压,也没有漏极电流 $I_D$ 出现。只有当栅源电压 $U_{GS}$ 达到或超过强反型条件时,栅极下面的 P 型体区表面才会发生反型,形成 N 型表面层并把源区和漏区联系起来,使功率 MOSFET 进入导通状态。栅源电压越大,反型层越厚,即沟道截面越大,漏极电流 $I_D$ 也越大。

目前生产的功率 MOSFET 多数是 N 沟道增强型,因此,如无特别说明,功率 MOSFET 器件均指 N 沟道增强型。

（1）输出特性

以栅源电压 $U_{GS}$ 为参变量,反映漏极电流 $I_D$ 与漏源电压 $U_{DS}$ 间关系的曲线族称为功率 MOSFET 的输出特性。输出特性可以分为三个区域,即可调电阻区 Ⅰ、饱和区 Ⅱ 和雪崩区 Ⅲ,如图 3-2 所示。

在可调电阻区 Ⅰ,$U_{GS}$ 一定时,漏极电流 $I_D$ 与漏源电压 $U_{DS}$ 几乎呈线性关系。这是由于漏源电压较小时,它对沟道的影响可以忽略不计,因而沟道宽度和沟道载流子的迁移率几乎不变。一定的栅压对应一定的沟道也对应一定的电阻,栅压改变,器件的电阻值也改变。当 $U_{DS}$ 较大时,情况有所不同。一方面随着 $U_{DS}$ 的增加,靠近漏区一端的沟道要逐渐变窄;另一方面沟道载流子将达到散射极限速度,电子速度不再继续增加,于是尽管 $U_{DS}$ 继续增加,但 $I_D$ 增加缓慢,沟道的有效阻值增加。直至靠近漏区一端的沟道被夹断或沟道载流子达到散射极限速度,才使沟道载流子的运动摆脱了沟道电场的影响,开始进入饱和区 Ⅱ。

在饱和区 Ⅱ,沟道电子的漂移速度不再受沟道电场的影响,漏源电压 $U_{DS}$ 增加时,漏极电流 $I_D$ 保持恒定。

在雪崩区 Ⅲ,PN 结的反偏电压 $U_{DS}$ 过高,使漏极 PN 结发生雪崩击穿,漏极电流 $I_D$ 突然增加。在使用器件时应避免出现这种情况,否则会损坏器件。

（2）转移特性

漏源电压 $U_{DS}$ 为常数时,漏极电流 $I_D$ 和栅源电压 $U_{GS}$ 之间的关系称为转移特性。图 3-3 所示为功率 MOSFET 在输出特性饱和区的转移特性。该特性表征功率 MOSFET 栅源电压 $U_{GS}$ 对漏极电流 $I_D$ 的控制能力。图中特性曲线的斜率 $\Delta I_D/\Delta U_{GS}$ 即表示功率 MOSFET 的放大能力。因为它是电压控制器件,所以用跨导参数 $g_m$ 来表示。跨导的作用与 GTR 中的电流增益 $\beta$ 相似。此外图中 $U_{GS(th)}$ 是功率 MOSFET 的开启电压(又称阈值电压),若 $U_{GS}$ 小于此值,功率 MOSFET 即不会开通。它是功率 MOSFET 的一个重要参数。

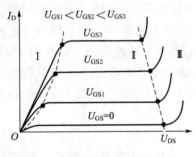

图 3-2 输出特性

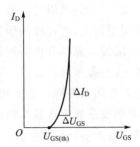

图 3-3 转移特性

### 3.1.3 功率场效应晶体管的主要参数

功率 MOSFET 的参数主要有通态电阻 $R_{on}$、开启电压 $U_{GS(th)}$、最大电压额定值 $BU_{DS}$、$BU_{GS}$ 和最大漏极电流 $I_{DM}$ 等。

(1) 通态电阻 $R_{on}$

通态电阻 $R_{on}$ 是与输出特性密切相关的参数。通常规定:在确定的栅压 $U_{GS}$ 下,功率 MOSFET 由可调电阻区进入饱和区时的直流电阻为通态电阻。它是影响最大输出功率的重要参数。功率 MOSFET 的通态电阻比双极晶体管要大,而且器件耐压越高通态电阻越大,这就是此种器件耐压等级难以提高的主要原因。

(2) 开启电压 $U_{GS(th)}$

开启电压 $U_{GS(th)}$ 又称为阈值电压,其数值由转移特性曲线与横轴的交点确定。开启电压 $U_{GS(th)}$ 是指沟道体区表面发生强反型层所需的最低栅极电压,即表示反型层形成的条件。它表明当栅压超过该电压后,连接漏区与源区的表面反型层即可形成沟道。开启电压 $U_{GS(th)}$ 随结温 $T_J$ 的升高而下降,而且具有负的温度系数。

(3) 漏极击穿电压 $BU_{DS}$

漏极击穿电压 $BU_{DS}$ 决定了功率 MOSFET 的最高工作电压,它是为了避免器件进入雪崩区而设的极限参数。$BU_{DS}$ 的大小取决于漏极 PN 结的雪崩击穿能力和栅极对沟道、漏区反偏结电场的影响等因素。

(4) 栅源击穿电压 $BU_{GS}$

栅源击穿电压 $BU_{GS}$ 是为了防止绝缘栅层因栅源电压过高而发生介电击穿而设定的参数。一般栅源电压的极限值为 $\pm 20$ V。

(5) 漏极连续电流 $I_D$ 和漏极峰值电流 $I_{DM}$

功率 MOSFET 漏极连续电流 $I_D$ 和脉冲电流幅值 $I_{DM}$ 主要受器件温度的限制,不论器件是连续电流还是脉冲电流工作,器件内部温度都不得超过最高工作温度 150 ℃。按实际经验,器件外壳温度应低于 100 ℃。

### 3.1.4　功率场效应晶体管的驱动电路

#### 3.1.4.1　栅极驱动的特点及其要求

功率 MOSFET 为单极型器件,没有少数载流子的存储效应,因而开关速度可以很高。相对来说,功率 MOSFET 的极间电容较大,因而工作速度与驱动电源内阻抗有关。

功率 MOSFET 在稳定状态下工作时,栅极无电流流过,只有在动态开关过程中才有位移电流出现,因而所需驱动功率小,栅极驱动电路简单。

功率 MOSFET 的栅极输入端相当于一个容性网络,因而功率 MOSFET 导通后即不再需要驱动电流。理想栅极驱动电路的等效电路如图 3-4 所示。图中 $S_1$ 为等效开通开关,$S_1$ 闭合后接通充电回路。$S_2$ 为等效关断开关,$S_2$ 控制输入电容 $C_{iss}$ 的放电过程。$S_1$ 和 $S_2$ 在任意时刻总是处在一个闭合另一个断开的相反状态。不管开通时电路的等效电阻 $R_{on}$ 和关断时电路等效电阻 $R_{off}$ 的大小,也不管充电速度如何,开通期间传输的能量及关断时的能量损耗完全由器件输入电容 $C_{iss}$ 和栅源间电压 $U_{GS}$ 大小决定,而与 $R_{on}$ 值和栅极电流的大小无关。

功率 MOSFET 对栅极驱动电路的要求主要有:

① 触发脉冲要具有足够快的上升和下降速度,即脉冲前后沿要求陡峭。

② 开通时以低电阻对栅极电容充电,关断时为栅极电荷提供低电阻放电回路,以提高功率 MOSFET 的开关速度。

③ 为了使功率 MOSFET 可靠触发导通,触发脉冲电压应高于管子的开启电压,为了防止误导通,在功率 MOSFET 截止时最好能提供负的栅源电压。

④ 功率 MOSFET 开关时所需的驱动电流为栅极电容的充放电电流,功率 MOSFET 的极间电容越大,在开关驱动中所需的驱动电流也越大,为了使开关波形具有足够的上升和下降陡度,驱动电流要具有较大的数值。

#### 3.1.4.2　驱动电路举例

栅极驱动电路有多种形式。以驱动电路与栅极的连接方式来分,有直接驱动和隔离驱动;以构成驱动电路的元件来分,有分立元件电路和集成化电路。现举一例,只作原理性提示以示一般。

图 3-5 给出 TTL 集成驱动电路示意图。图中晶体管 $V_1$ 提供 MOSFET 开通信号,$V_2$ 在器件关断时为栅极电容放电提供通路。由于晶体管 $V_1$ 和 $V_2$ 为互补工作方式,不但增强了驱动功率而且可提高开关速度,所以这种方式适合于大功率 MOSFET 的驱动。

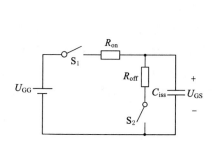

图 3-4　驱动电路的等效电路

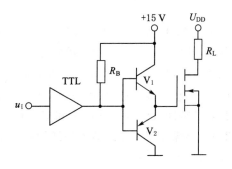

图 3-5　TTL 集成驱动电路示意图

### 3.1.4.3　静电防护

静电是相对于另一表面或相对于地的一物体表面上电子过剩或不足的现象。过剩电子的表面带有负电,电子不足的表面带有正电。静电一般由摩擦或感应产生。

由于功率 MOSFET 具有极高的输入阻抗,因此,在静电较强的场合,难以释放电荷,容易引起静电击穿。静电击穿表现为两种形式:一是电压型,即栅极的薄氧化层发生击穿,氧化层形成针孔,使栅极和源极间短路;二是功率型,即金属化薄膜铝条被熔断,造成栅极开路或源极开路。造成静电击穿的电荷源可能是器件本身,也可能是与之接触的外部带电物体,如带电人体。在干燥环境中,活动的人体电位可达数千伏甚至上万伏,所以,人体是引起功率 MOSFET 静电击穿的主要电荷源之一。引起功率 MOSFET 静电击穿所需的静电电压为 1 000 V 或更高些(取决于芯片大小)。对于带电的功率 MOSFET,当它与周围物体的几何位置发生相对移动时,器件与外界组成的电容数值会发生变化,这会使器件电压升高,从而造成器件损坏。有时,若带电荷的器件与地短接,则放电瞬间会造成器件损坏。在电场中,由于静电感应,功率 MOSFET 将产生感应电场,故当器件处于强电场中时,会发生栅极绝缘体击穿。

为了防止静电击穿,应注意以下几点:

① 器件应存放在抗静电包装袋、导电材料袋或金属容器中,或用铝箔包裹,不能存放在塑料盒或塑料袋中。

② 取用功率 MOSFET 时,工作人员必须通过腕带良好接地,且应拿住管壳部分而不是引线部分。

③ 将器件接入实际电路时,工作台应接地,焊接的烙铁也必须良好接地。

④ 测试器件时,测量仪器和工作台都要良好接地,器件的三个电极未全部接入测试仪器或电路前,不得施加电压,改换测试范围时,电压和电流要先恢复到零。

⑤ 对于内部未设置保护二极管的器件,应在栅源间外接保护二极管,或外接其他保护电路,有些型号的功率 MOSFET 内部已接有齐纳保护二极管,这种器件栅源间的反向电压不得超过 0.3 V。

应该指出,在实际应用中,还有一些应用技术,比如过电压保护、过电流保护以及 $du/dt$ 限制等等,此处不再赘述。

## 3.2　绝缘栅双极型晶体管

电力 MOSFET 是单极型电压驱动器件,具有开关速度快、输入阻抗高、热稳定性好、所需驱动功率小、驱动电路简单等特点。GTR 是双极型电流驱动器件,具有电导调制效应且通流能力强,但开关速度较慢,所需驱动功率大,驱动电路复杂。绝缘栅极双极晶体管(insulated gate bipolar transistor,IGBT 或 IGT)结合了电力 MOSFET 和 GTR 的优点,具有良好的特性,已取代了 GTR 和 GTO 的市场,成为中、大功率电力电子设备的主导器件。

### 3.2.1　绝缘栅双极型晶体管的结构和工作原理

#### 3.2.1.1　基本结构

一种由 N 沟道功率 MOSFET 与双极型晶体管组合而成的 IGBT 元胞结构如图 3-6 所示。如果将这个结构与图 3-1 所示的功率 MOSFET 结构相对照,不难发现这两种器件的结构十分相似,不同之处是 IGBT 比功率 MOSFET 多一层 $P^+$ 注入区,从而形成一个大面积的 $P^+N$ 结 $J_1$,这样就使得 IGBT 导通时可由 $P^+$ 注入区向 N 基区发射少数载流子(空穴),对漂移区电导率进行调制,因而 IGBT 具有很强的电流控制能力。

　　介于 $P^+$ 注入区与 $N^-$ 漂移区之间的 $N^+$ 层称为缓冲区。有无缓冲区可以获得不同特性的 IGBT。有 $N^+$ 缓冲区的 IGBT 称为非对称型 IGBT,也称穿通型 IGBT。它具有正向压降小、关断时间短、关断时尾部电流小等优点,但反向阻断能力相对较弱。无 $N^+$ 缓冲区的 IG-BT 称为对称型 IGBT,也称非穿通型 IGBT,它具有较强的正反向阻断能力,但它的其他特性却不及非对称型 IGBT。目前以上两种结构的 IGBT 均有相应产品。在图 3-6 中,C 为集电极,E 为发射极,G 为栅极(也称门极)。该器件的电路图形符号如图 3-7 所示,图中所示箭头表示 IGBT 中电流流动的方向。一个实用的 IGBT 由众多元胞 IGBT 组成,所以,它也是一种功率集成器件。

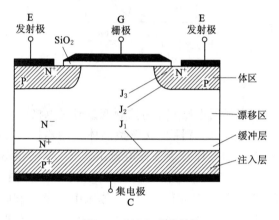

图 3-6　IGBT 元胞结构

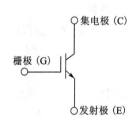

图 3-7　图形符号

### 3.2.1.2　工作原理

　　简单来说,IGBT 相当于一个由 MOSFET 驱动的厚基区 PNP 晶体管。它的简化等效电路如图 3-8 所示,图中 $R_{drin}$ 为 PNP 晶体管基区内的调制电阻。从该等效电路可以清楚地看出,IGBT 是用晶体管和 MOSFET 组成的达林顿结构的复合器件。因为图中晶体管为 PNP 型晶体管,MOSFET 为 N 沟道场效应晶体管,所以这种结构的 IGBT 称为 N 沟道 IG-BT,符号为 N-IGBT。类似地还有 P 沟道 IGBT,即 P-IGBT。

　　IGBT 是一种场控器件,它的开通和关断由栅极和发射极间电压 $U_{GE}$ 决定。当栅射电压 $U_{GE}$ 为正且大于开启电压 $U_{GE(th)}$ 时,MOSFET 内形成沟道并为 PNP 晶体管提供基极电流进而使 IGBT 导通。此时,从 $P^+$ 区注入 $N^-$ 区的空穴(少数载流子)对 $N^-$ 区进行电导调制,减小 $N^-$ 区的电阻 $R_{drin}$,使耐高压的 IGBT 也具有很低的通态压降。当栅射极间不加信号或加反向电压时,MOSFET 内的沟道消失,PNP 晶体管的基极电流被切断,IGBT 即关断。由此可知,IGBT 的驱动原理与 MOSFET 基本相同。

### 3.2.2　绝缘栅双极型晶体管的基本特性

　　IGBT 的静态特性包括转移特性和输出特性。

　　(1)转移特性

　　IGBT 的静态转移特性描述集电极电流 $I_C$ 与栅射电压 $U_{GE}$ 之间的相互关系,如图 3-9

所示。此特性与功率 MOSTET 的转移特性相似。由图 3-9 可知，$I_C$ 与 $U_{GE}$ 基本呈线性关系，只有当 $U_{GE}$ 在开启电压 $U_{GE(th)}$ 附近时才呈非线性关系。当栅射电压 $U_{GE}$ 小于 $U_{GE(th)}$ 时，IGBT 处于关断状态；当 $U_{GE}$ 大于 $U_{GE(th)}$ 时，IGBT 开始导通，由此可知，$U_{GE(th)}$ 是 IGBT 能实现电导调制而导通的最低栅射电压。$U_{GE(th)}$ 随温度升高略有下降，温度每升高 1 ℃，其值下降 5 mV 左右。在 25 ℃时，IGBT 的开启电压 $U_{GE(th)}$ 一般为 2～6 V。

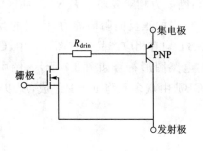

图 3-8　N-IGBT 的等效电路

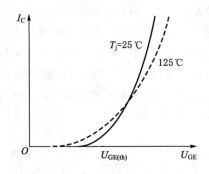

图 3-9　IGBT 转移特性

（2）输出特性

IGBT 的输出特性也称伏安特性。它描述以栅射电压 $U_{GE}$ 为控制变量时集电极电流 $I_C$ 与集射极间电压 $U_{CE}$ 之间的关系，如图 3-10 所示。此特性与双极型晶体管的输出特性相似，不同的是控制变量。IGBT 为栅射电压 $U_{GE}$，而晶体管为基极电流 $I_B$。IGBT 的输出特性分正向阻断区、有源区和饱和区。当 $U_{CE}<0$ 时，IGBT 为反向阻断工作状态。参照图 3-6 可知，此时 $P^+N$ 结（$J_1$ 结）处于反偏状态，因而不管 MOSFET 的沟道体区中有没有形成沟道，均不会有集电极电流出现。由此可见，IGBT 由于比 MOSFET 多了一个 $J_1$ 结而获得反向电压阻断能力，IGBT 能够承受的最高反向阻断电压 $U_{RM}$ 取决于 $J_1$ 结的雪崩击穿电压。当 $U_{CE}>0$ 而 $U_{GE}<U_{GE(th)}$ 时，IGBT 为正向阻断工作状态。此时 $J_2$ 结处于反偏状态，且 MOSFET 的沟道体区内没有形成沟道，IGBT 只有很小的集电极漏电流 $I_{CES}$ 流过。IGBT 能够承受的最高正向阻断电压 $U_{FM}$ 取决于 $J_2$ 的雪崩击穿电压。如果 $U_{CE}>0$ 且 $U_{GE}>U_{GE(th)}$ 时，MOSFET 的沟道体区内形成导电沟道，IGBT 进入正向导通状态。此时，由于 $J_1$ 结处于正偏状态，$P^+$ 区将向 N 基区注入空穴。当正偏压升高时，注入空穴的密度也相应增大，直到超过 N 基区的多数载流子密度为止。在这种状态工作时，随着栅射电压 $U_{GE}$ 的升高，向 N 基区提供电子的导电沟道加宽，集电极电流 $I_C$ 将增大，在正向导通的大部分区域内，$I_C$ 与 $U_{GE}$ 呈线性关系，而与 $U_{CE}$ 无关，这部分区域称为有源区或线性区。IGBT 的这神工作状态称为有源工作状态或线性工作状态。对于工作在开关状态的 IGBT，应尽量避免工作在有源区，否则功耗将会很大。饱和区是指输出特性比较明显弯曲的部分，此时集电极电流 $I_C$ 与栅射电压 $U_{GE}$ 不再呈线性关系。IGBT 的导通工作状态简称为通态。IGBT 的通态电流 $I_{CS}$ 为：

$$I_{CS}=I_D+\beta_{PNP}I_D=(1+\beta_{PNP})I_D \tag{3-1}$$

由图 3-8 可知，式（3-1）中 $I_D$ 为等效达林顿电路中 MOSFET 的漏极电流，也即 PNP 晶体管的基极电流；$\beta_{PNP}$ 为 PNP 晶体管的电流放大系数。与普通达林顿结构电路不同，IGBT 的 $\beta_{PNP}<1$，因而 MOSFET 的漏极电流，即晶体管的基极电流 $I_D$ 构成 IGBT 通态电流的主

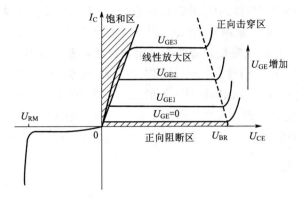

图 3-10　IGBT 输出特性

要部分。这种不均衡的电流分配是由 IGBT 的结构所决定的。

IGBT 的通态压降 $U_{CEon}$ 为：

$$U_{CEon} = U_{J_1} + U_N + I_D R_{on} \tag{3-2}$$

式中，$U_{J_1}$ 为 $J_1$ 结的正向压降，约为 $0.7 \sim 1$ V；$U_N$ 为扩展电阻 $R_N$ 上的压降；$R_{on}$ 为 MOSFET 的沟道电阻。与 MOSFET 相比，IGBT 的通态压降要小得多，这是因为 IGBT 中的漂移区存在电导调制作用的缘故。

### 3.2.3　绝缘栅双极型晶体管的擎住效应与安全工作区

#### 3.2.3.1　擎住效应

为简明起见，用图 3-8 简化等效电路说明 IGBT 的工作原理，但是，IGBT 的更复杂现象则需用图 3-11 来说明。图 3-11 中示出，IGBT 内还含有一个寄生的 NPN 晶体管，它与作为主开关器件的 PNP 晶体管一起将组成一个寄生晶闸管（可对照 IGBT 结构图 3-6）。在 NPN 晶体管的基极与发射极之间存在着体区短路电阻 $R_{BR}$。在该电阻上，P 型体区的横向空穴电流会产生一定压降。对 $J_3$ 结来说，相当于施加一个正偏置电压。在额定的集电极电流范围内，这个正偏压很小，不足以使 $J_3$ 结导通，NPN 晶体管不起作用。如果集电极电流大到一定程度，这个正偏压将上升至使 NPN 晶体管导通，进而使 NPN 和 PNP 晶体管同时处于饱和状态，造成寄生晶闸管开通，IGBT 栅极失去控制作用，这就是所谓的擎住效应（Latch），也称为自锁效应。IGBT 一旦发生擎住效应，器件失控，集电极电流很大，造成过高的功耗，将导致器件损坏。由此可知，集电极电流有一个临界值 $I_{CM}$，大于此值后 IGBT 即会产生擎住效应。为此，器件制造厂必须规定集电极电流的最大值 $I_{CM}$ 和相应的栅射电压的最大值。集电极通态电流的连续值超过临界值 $I_{CM}$ 时产生的擎住效应称为静态擎住效应。值得指出的是，IGBT 在关断的动态过程中会产生所谓关断擎住或称动态擎住效应，这种现象在负载为感性时更容易发生。动态擎住所允许的集电极电流比静态擎住时还要小，因此制造厂所规定的 $I_{CM}$ 值是按动态擎住所允许的最大集电极电流而确定的。

IGBT 产生动态擎住现象的主要原因是器件在高速关断时，电流下降太快，集射电压 $U_{CE}$ 突然上升，$du_{CE}/dt$ 很大，在 $J_2$ 结引起较大的位移电流，当该电流流过 $R_{BR}$ 时，可产生足以使 NPN 晶体管开通的正向偏置电压，造成寄生晶闸管自锁。为了避免发生动态擎住现象，可适当加大栅极串联电阻 $R_G$，以延长 IGBT 的关断时间，使电流下降速度放慢，因而使 $du_{CE}/dt$ 减小。

温度升高也会加重 IGBT 发生擎住现象的危险,使 IGBT 发生自锁的集电极电流 $I_{CM}$ 在常温(25 ℃)下一般是额定电流的 6 倍以上,但温度升高后 $I_{CM}$ 会严重下降。图 3-12 是一个 IGBT 在不同结温下擎住电流变化趋势曲线的示例。其数据是在器件带电阻性负载的动态条件下得到的。当结温由常温(25 ℃)上升到 150 ℃时,擎住电流下降一半。究其变小的原因主要是 IGBT 体内的 NPN 和 PNP 晶体管的放大系数都会随温度的上升而增大之故。此外体区电阻 $R_{BR}$ 随温度升高而增大也是形成自锁条件的一个因素。器件研究人员非常重视这方面的工作,采取各种方法提高擎住电流 $I_{CM}$,甚至消除 IGBT 的擎住效应,目前已取得很大成效。

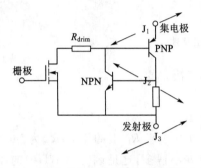

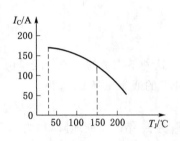

图 3-11 具有寄生晶闸管的 IGBT 等效电路　　　图 3-12 擎住电流与温度的关系

### 3.2.3.2 安全工作区

IGBT 常用于开关工作状态,IGBT 具有较宽的安全工作区。它的安全工作区分为正向偏置安全工作区(FBSOA)和反向偏置安全工作区(RBSOA)。图 3-13(a)、图 3-13(b)分别为 IGBT 的 FBSOA 和 RBSOA。

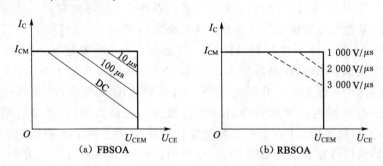

图 3-13 IGBT 安全工作区

正向偏置安全工作区(FBSOA)是 IGBT 在导通工作状态的参数极限范围。FBSOA 由导通脉宽的最大集电极电流 $I_{CM}$、最大集射极间电压 $U_{CEM}$ 和最大功耗 $P_{CM}$ 三条边界线包围而成。FBSOA 的大小与 IGBT 的导通时间长短有关。导通时间越短,最大功耗耐量越高。图 3-13(a)示出了直流(DC)和脉宽(PW)分别为 100 μs 及 10 μs 三种情况的 FBSOA,其中直流的 FBSOA 最小,而脉宽为 10 μs 的 FBSOA 最大。

反向偏置安全工作区(RBSOA)是 IGBT 在关断工作状态下的参数极限范围。RBSOA 由最大集电极电流 $I_{CM}$、最大集射极间电压 $U_{CEM}$ 和电压上升率 $du_{CE}/dt$ 三条极限边界线所围而成。如前所述,过高的 $du_{CE}/dt$ 会使 IGBT 产生动态擎住效应。$du_{CE}/dt$ 越大,RBSOA

越小。

IGBT 的最大集电极电流 $I_{CM}$ 是根据避免动态擎住而确定的，与此相应确定了最大栅射极间电压 $U_{GEM}$。IGBT 的最大允许集射极间电压 $U_{CEM}$ 是由器件内部的 PNP 晶体管所能承受的击穿电压确定的。

IGBT 器件发展很快，目前已有很多商品化产品，并根据不同需求，制成各种模块式产品。

### 3.2.4　绝缘栅双极型晶体管的栅极驱动电路

#### 3.2.4.1　栅极驱动电路设计原则

IGBT 实际应用中的一个重要问题是栅极驱动电路设计得合理与否。IGBT 的静态和动态特性与栅极驱动条件密切相关。栅极的正偏压 $+U_{GE}$、负偏压 $-U_{GE}$ 和栅极电阻 $R_G$ 的大小，对 IGBT 的通态电压、开关时间、开关损耗、承受短路能力以及 $du_{CE}/dt$ 等参数都有不同程度的影响，下面分别讨论驱动条件对各种特性参数的影响情况。

（1）栅极正偏压 $+U_{GE}$ 的影响

栅极驱动电路提供给 IGBT 的正偏压 $+U_{GE}$ 使 IGBT 开通。图 3-14 给出了 IGBT 通态电压 $U_{CE}$ 与栅极驱动电压 $+U_{GE}$ 的关系曲线。由图 3-14 可知，当 $+U_{GE}$ 增加时，通态电压 $U_{CE}$ 呈下降趋势。此外，栅极电压 $+U_{GE}$ 对开通时间和开通损耗也有很大影响。当 $+U_{GE}$ 增加时，会缩短开通时间，因而开通损耗减小。

图 3-15 所示为脉冲开通能耗 $E_{on}$ 与栅极正偏压 $+U_{GE}$ 的关系曲线。$+U_{GE}$ 的增加虽然对减小通态电压和开通损耗有利，但这并不意味 $+U_{GE}$ 越大越好。其原因在于当负载短路时，流过器件的集电极电流将随 $+U_{GE}$ 的增大而增大，并使器件承受短路电流的时间变短。因此在实际应用中，IGBT 的栅极正向驱动电压取值要适当，通常推荐使用 $+15$ V 较好。

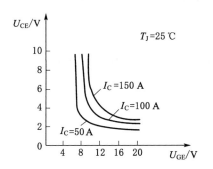

图 3-14　通态电压与栅极电压的关系

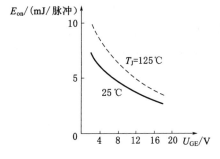

图 3-15　开通损耗与栅极电压的关系

（2）栅极负偏压 $-U_{GE}$ 的影响

栅极驱动电路提供给 IGBT 的负偏压 $-U_{GE}$ 使 IGBT 关断。负偏压 $-U_{GE}$ 也是很重要的栅极驱动条件，它直接影响 IGBT 的可靠运行。图 3-16(a) 所示为试验电路示意图，图 3-16(b) 所示为栅极负偏压与集电极浪涌电流的关系曲线。当 $V_2$ 管关断时，负载电流经与 $V_2$ 反并联的快速恢复二极管 $VD_2$ 继续流通。当 $VD_2$ 恢复阻断状态时，电流迅速中断，在 $V_2$ 的集电极-发射极之间产生的电压上升率 $du_{CE}/dt$ 高达 30 000 V/μs。过高的 $du_{CE}/dt$ 会产生较大的位移电流，并导致产生较大的集电极脉冲浪涌电流，很容易使 IGBT 发生动态擎住现象。为了避免 IGBT 发生这种误动作,应在栅极加负偏压。由图 3-16(b)所示曲线可知,负偏压应为 $-5$ V 或更低一些为好。负偏压的大小对关断损耗的影响不大。

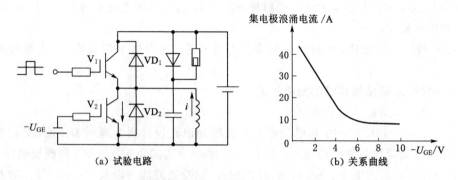

(a) 试验电路　　　　(b) 关系曲线

图 3-16　集电极浪涌电流与栅极负偏压的关系

此外,栅极驱动电压必须有足够快的上升和下降速度,使 IGBT 能尽快开通和关断,以减小开通和关断损耗。在器件导通后,驱动电压应保持足够的幅度,保证 IGBT 处于饱和状态。

虽然 IGBT 的快速开通和关断有利于缩短开关时间和减小开关损耗,但在大电感负载的情况下,过快的开通和关断反而是有害的,原因在于高速开通和关断会产生很高的尖峰电压 $L di_C/dt$,极有可能造成 IGBT 自身或其他元件击穿。所以在感性负载情况下,IGBT 的开关时间也不能过分短,应根据器件耐 $du/dt$ 的能力综合考虑。

(3) 栅极电阻 $R_G$

为了改善栅极控制脉冲的前后沿陡度和防止振荡以及减小集电极电流上升率 $di_C/dt$,需要在栅极回路中串联电阻 $R_G$。栅极电阻 $R_G$ 的取值要适当,从减小电流上升率、防止器件损坏方面考虑,$R_G$ 选得大一些好。图 3-17 所示为集电极电流上升率与栅极电阻的关系曲线。但 $R_G$ 增大会使 IGBT 的开关时间增加,进而使开关损耗增加。因此,应根据 IGBT 的电流容量和电压额定值及开关频率的不同,选择合适的 $R_G$ 阻值。一般应选在十几欧至几百欧之间。

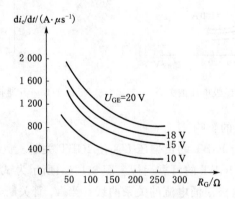

图 3-17　集电极电流上升率与栅极电阻的关系

在满足上述栅极驱动条件的前提下,可设计 IGBT 的栅极驱动电路。因为 IGBT 的输入特性与 MOSFET 的输入特性非常相似,输入阻抗均呈容性,都属电压驱动,都具有一定的开启电压,因而两者驱动原理相同。不同的是,对于相同额定电流的器件,IGBT 的输入电容较 MOSFET 小得多。前者与后者的电容比为 1/3 左右,这使 IGBT 的驱动较 MOS-FET 更容易实现。

### 3.2.4.2　栅极驱动电路实例

除了由分立元件组成 IGBT 的栅极驱动电路之外,大量使用的是模块式的集成化专用驱动电路。

在满足上述栅极驱动条件的前提下,可设计 IGBT 的栅极驱动电路。因为 IGBT 的输入特性几乎和 MOSFET 相同,所以用于 MOSFET 的驱动电路同样可以用于 IGBT。在用于驱动电动机的逆变器电路时,为使 IGBT 能够稳定工作,要求 IGBT 的驱动电路采用正、负偏压两种电源的供电方式。为了使栅极驱动电路与信号电路隔离,应采用抗噪音能力强、信号传输时间短的光耦合器件。栅极和发射极的引线应尽量短,栅极驱动电路的输出线应为绞合线,为抑制输入信号的振荡现象,在栅源端并联一阻尼网络。其具体电路如图 3-18所示。

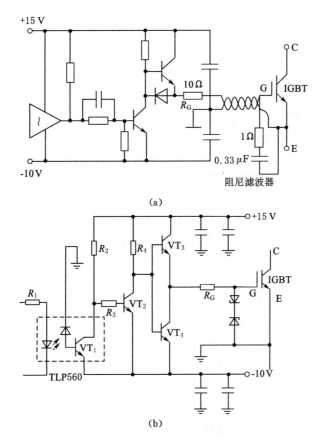

图 3-18　栅极驱动电路举例

# 3.3 其他全控电力电子器件简介

### 3.3.1 电力晶体管(GTR)

电力晶体管也称巨型晶体管(giant transistor,GTR),是一种双极型大功率高反压晶体管。它具有自关断能力,并有开关时间短、饱和压降低和安全工作区宽等优点。

#### 3.3.1.1 基本结构

GTR 有 NPN 和 PNP 两种结构。三重扩散台面型 NPN 型 GTR 的结构剖面示意图如图 3-19(a)所示。由图可知,GTR 是包含有两个 PN 结的三端器件,图中掺杂浓度高的区称为 GTR 的发射区,它的作用是向基区注入载流子。基区是一个厚度在几微米至几十微米之间的 P 型半导体薄层,任务是传送和控制载流子。集电区 $N^+$ 是收集载流子的,常在集电区中设置轻掺杂的 $N^-$ 区以提高 GTR 的耐压能力。在不同类型半导体区的交界处会形成 PN 结。发射区与基区交界处的 PN 结称为发射结;集电区与基区交界处的 PN 结称为集电结。两个 PN 结通过很薄的基区联系着。为了使发射区向基区注入电子,就要在发射结加上正向偏置电压 $U_{BE}$;要保证注入基的电子能够经过基区后传输到集电区,就必须在集电结上加反向偏置电压 $U_{BC}$,如图 3-19(b)所示。

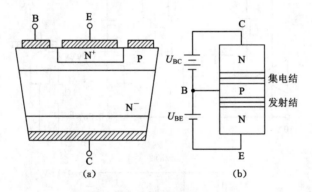

图 3-19 GTR 结构示意图

晶体管的这种结构和电压设置方法决定了它的各种特性和参数。小功率信号晶体管的主要任务是放大信号,因而发射结加正向偏置和集电结加反向偏置是必须满足的基本条件。对信号晶体管的基本要求是增益要适当、特征频率要高、噪声系数要低、线性度要好以及温度漂移和时间漂移要小等。对于电力晶体管来说,由于多数情况下处于功率开关状态,因此对它的主要要求是具有足够的容量(高电压、大电流)、适当的增益、较高的工作速度和较低的功率损耗等。由于 GTR 的工作电流和功率损耗较大,出现了基区大注入效应、基区扩展效应和发射极电流集边效应等三种影响器件工作状态的物理效应。为了削弱上述三种效应的影响必须在结构上采取适当措施以保证适合大功率应用的需要。为此 GTR 与信号晶体管在结构上有所区别。

#### 3.3.1.2 工作特点

在电力电子技术中,GTR 主要工作于开关状态,常用开通、导通、关断、阻断四个术语表示不同的工作状态。导通和阻断是表示 GTR 接通和断开的两种稳态工作情况,开通和关断表示 GTR 由断到通、由通到断的动态工作过程,人们希望 GTR 的工作接近于理想的开关状态,即导通时压降要趋于零,阻断时电流要趋于零,两种状态间的转换过程要快。用图 3-20 所示的 GTR 共射极开关电路来说明器件开关状态的特征。GTR 导通时对应着基极输入正向电压 $+U_B$ 的情况,此时发射结处于正向偏置($U_{BE}>0$)状态,集电结也处于正向偏置($U_{BC}>0$)状态。由于基区内有大量过剩载流子,而集电极电流被外部电路限制在某一数值不能继续增加,于是 GTR 处于饱和状态。这时集射极之间阻抗很小,其特征可用 GTR 的饱和压降 $U_{CES}$ 表征。当基极输入反向电压 $-U_B$ 或零时,GTR 的发射结与集电结都处于反向偏置状态($U_{BE}<0$,$U_{BC}<0$)。在这种状态下集射极间阻抗很大,只有极小的漏电流流过,GTR 处于阻断状态,也称作截止状态。阻断状态的特征用 GTR 的穿透电流 $I_{CEO}$ 表征。

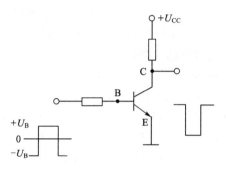

图 3-20　GTR 共射极开关电路

　　为了保证开关速度快、损耗小,对 GTR 有以下几点要求:饱和压降 $U_{CES}$ 要低,直流电流增益 $\beta$ 要大,穿透电流 $I_{CEO}$ 要小以及开通与关断时间 $t_{on}$、$t_{off}$ 要短。

### 3.3.2　静电感应晶体管(SIT)

　　静电感应晶体管(static induction transistor,SIT)具有工作频率高、输出功率大、线性度好、无二次击穿现象、热稳定性好、抗辐射能力强、输入阻抗高等一系列优点,在雷达通信设备、超声波功率放大设备、开关电源、脉冲功率放大和高频感应加热等方面获得了较多应用,并且已发展成为一个相当大的家族。该家族的主要品种有功率 SIT、超高频 SIT、微波 SIT、双极模式静电感应晶体管(BSIT)与静电感应晶闸管(SITH)等。

　　同许多场效应器件一样,SIT 也采用垂直导电形式的多胞结构,特别适合于高频大功率应用。但是,SIT 为正常导通型器件,在栅极不加任何信号时是导通的,栅极加负偏压时关断,使用不太方便;此外,SIT 通态电阻较大,使得通态损耗也大。SIT 可以做成正常关断器件,但通态损耗将更大。

　　SIT 的漏极电流不但受栅极电压控制,同时也受漏极电压的控制,这种情况与真空三极管非常相似。因此 SIT 呈现类似真空三极管的特性。从这个意义上讲,SIT 又称为固态三极管。由于 SIT 中栅极电压和漏极电压都能通过电场控制漏极电流,类似于静电感应现象,因此把 SIT 命名为静电感应晶体管。

### 3.3.3　静电感应晶闸管(SITH)

　　静电感应晶闸管(static induction thyristor,SITH)也可称作场控晶闸管(FCT)或双极静电感应晶闸管(BSITH)。

SITH 是大功率场控开关器件,与普通晶闸管和 GTO 相比,它有许多优点,如 SITH 的通态电阻小、通态电压低、开关速度快、开关损耗小、正向电压阻断增益高、开通和关断的电流增益大、$di/dt$ 及 $du/dt$ 的耐量高。近几年 SITH 的发展较快,目前 SITH 的产品容量已达到 1 000 A/2 500 V,2 200 A/450 V 和 400 A/4 500 V。由于 SITH 的工作频率可达 100 kHz 以上,所以在高频感应加热电源中,SITH 可取代传统的真空三极管。

根据结构的不同,SITH 分为常开型和常关型器件,目前常开型器件发展较快。此外,根据能否承受反压的特点,SITH 又分为反向阻断型和阳极发射极短路型两种。

由于 SITH 的制造工艺比较复杂,成本比较高,因此它的发展曾受到一定影响。随着微电子精细加工工艺的改进,SITH 的发展可能进入一个新的阶段,它的应用领域会逐步扩大。

SITH 为场控器件,它与 GTO 不同。由于不存在体内再生反馈的机理,所以不会因 $du/dt$ 过高而产生误触发现象,也不会产生擎住效应。因为 SITH 与 SIT 一样,可通过电场控制阳极电流,因而被命名为静电感应晶闸管。

### 3.3.4　MOS 控制晶闸管(MCT)

MOS 控制晶闸管(MOS controlled thyristor,MCT)是 80 年代末出现的一种新型电力电子器件,它属于单极型和双极型器件组合而成的复合器件。它的输入侧为 MOSFET 结构,而输出侧为晶闸管结构,因此兼有 MOSFET 的高输入阻抗、低驱动功率和快速开关以及晶闸管的高压、大电流特性。同时,它又克服了晶闸管开关速度慢且不能自关断以及 MOSFET 通态电压高的缺点,因而是近几年来国内外重点开发的器件之一。预计,随着 MCT 的制造工艺和结构的进一步完善及制造成本的不断下降,MCT 将在诸多应用领域内取代电力晶体管和晶闸管,并与 IGBT 形成竞争局面。

MCT 在 SCR 结构中集成一对 MOSFET,使 MCT 导通的 MOSFET 称为 ON-FET(开通场效应晶体管);使其阻断的称为 OFF-FET(关断场效应晶体管)。根据 ON-FET 的沟道类型,MCT 又分为 P-MCT 和 N-MCT。目前,MCT 产品多为 P-MCT。

MCT 与熟知的晶闸管有两点明显不同:① MCT 是电压控制型器件,而晶闸管是电流控制型器件;② MCT 的控制信号以阳极为基准,晶闸管的控制信号以阴极为基准。

一般说来,$-5 \sim -15$ V 脉冲电压可使 MCT 开通,$+10$ V 脉冲电压可使 MCT 关断。

### 3.3.5　集成门极换流晶闸管(IGCT)

集成门极换流晶闸管(integrated gate commutated turn-off thyristor, IGCT),又称为发射极关断晶闸管 ETO,是 20 世纪 90 年代后期出现的新型电力电子器件。IGCT 实质上是一个平板型的 GTO 与由多个并联的电力 MOSFET 器件和其他辅助元件组成的 GTO 门极驱动电路的集成。IGCT 改进了 GTO,具有电流大、电压高、开关频率较高(比普通 GTO 高 10 倍)、结构紧凑、可靠性高、损耗低、制造成本低、成品率较高等特点。IGCT 使电力电子装置在功率、可靠性、开关速度、效率等方面取得了巨大进展,在工业变频调速、风电并网、轨道交通等领域具有广泛应用。

### 3.3.6　功率集成电路概述

在电力电子技术中,电力电子器件必须有触发电路、控制电路以及各种保护电路相配合。以前,电力电子器件与其相配合的各种电路是分立的部件或电路装置,而今半导体技术的发展可以将电力电子器件及其配套电路集成在一个芯片上,形成功率集成电路(power integrated circuit,PIC)。PIC 应该是包含至少一个电力电子器件和一个独立功能电路的单片集成电路。由此可知,它与达林顿 GTR 及 GTO 等集成功率器件有本质区别。

PIC 目前可分为两大类:一类是高压集成电路(high voltage IC,HVIC),它是横向高耐压电力电子器件与控制电路的单片集成;另一类是智能功率集成电路(smart power IC,SPIC)它是纵向电力电子器件与控制电路、保护电路以及传感器电路的多功能集成。

现代技术的发展已能做到在一个芯片上集成多种功率器件及控制电路所需的有源或无源器件。例如,P 沟道和 N 沟道 MOSFET、PNP 和 NPN 晶体管、二极管、晶闸管、高低压电容、高阻值多晶硅电阻和低阻值扩散电阻以及各元件之间的连接等。

由于 PIC 实现了集成电路功率化和功率器件集成化,使功率和信息相统一,成为机电一体化的接口,所以自 1981 年以来功率集成电路的销售市场发展很快,在汽车电子装置、家用电器、交流调速、视频放大以及程控电话交换机用户线路接口等领域已成功地应用,而且应用范围不断增加。

# 3.4　逆变电路概述

### 3.4.1　无源逆变的基本工作原理

#### 3.4.1.1　基本原理

当直流电源向交流负载供电时,必须要经过直流/交流变换,即 DC/AC 变换。与整流相对应,能够实现将直流电能转换为交流电能的电路叫作直流/交流变换电路,即逆变电路。这是一种既能调压又能变频且应用十分广泛的变换电路。当逆变电路交流侧接在电网上,即交流侧接有电源时,称为有源逆变;当交流侧直接和负载连接时,称为无源逆变。在不加说明时,逆变电路一般多指无源逆变电路,本章讲述的就是无源逆变电路。

以图 3-21(a)的单相桥式逆变电路为例说明其最基本的工作原理。图中 $S_1 \sim S_4$ 是桥式电路的 4 个臂,它们由电力电子器件及其辅助电路组成。当开关 $S_1$、$S_4$ 闭合,$S_2$、$S_3$ 断开时,负载电压 $u_o$ 为正;当开关 $S_1$、$S_4$ 断开,$S_2$、$S_3$ 闭合时,$u_o$ 为负,其波形如图 3-21(b)所示。这样,就把直流电变成了交流电,改变两组开关的切换频率,即可改变输出交流电的频率。这就是逆变电路最基本的工作原理。

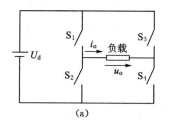 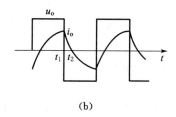

图 3-21　逆变电路及其波形举例

当负载为电阻时,负载电流 $i_o$ 和电压 $u_o$ 的波形形状相同,相位也相同。当负载为阻感时,$i_o$ 相位滞后于 $u_o$,两者波形也不同,图 3-26(b)给出的就是阻感负载时的 $u_o$ 和 $i_o$ 波形。设 $t_1$ 时刻以前 $S_1$、$S_4$ 导通,$u_o$ 和 $i_o$ 均为正。在 $t_1$ 时刻断开 $S_1$、$S_4$,同时合上 $S_2$、$S_3$,则 $u_o$ 的极性立刻变为负。但是,因为负载中有电感,其电流极性不能立刻改变而仍维持原方向。这时负载电流从直流电源负极流出,经 $S_2$、负载和 $S_3$ 流回正极,负载电感中储存的能量向直流电源反馈,负载电流逐渐减小,到 $t_2$ 时刻降为零,之后 $i_o$ 才反向并逐渐增大。$S_2$、$S_3$ 断开,$S_1$、$S_4$ 闭合时的情况类似,上面是 $S_1 \sim S_4$ 均为理想开关时的分析,实际电路的工作过程要复杂一些。

### 3.4.1.2 逆变电路的应用

逆变电路的应用非常广泛,其中用途最广的为恒频恒压电源和变频变压电源。

(1) 恒频恒压电源

这是一种在负载或交直流电源在一定范围内波动时,能保持输出为恒定电压和恒定频率的交流正弦波的稳压和稳频电源装置,简称 CVCF 电源。

这类电源的典型代表是不间断电源(UPS)。在计算机系统中使用 UPS 可以避免由于电源电压波动、频率漂移、瞬时干扰和电压突然中断等现象造成的损失。UPS 的电压稳定性、频率稳定度、波形失真度和不间断性等都优于公共电网,所以它的应用十分广泛。

CVCF 电源还包括航空机载电源和机车辅助电源等。

(2) 变频变压电源

这是一种可获得所需要的电压、电流和频率的交流变压变频装置,简称 VVVF 变频电源。变频电源广泛用于交流电机的调速系统中。交流电机调速系统在许多领域内代替了传统的直流电机调速系统,这是电力电子技术领域的一个重大突破。

### 3.4.2 换流方式

在图 3-21 的逆变电路工作过程中,在 $t_1$ 时刻出现了电流从 $S_1$ 到 $S_2$,以及从 $S_4$ 到 $S_3$ 的转移。电流从一个支路向另一个支路转移的过程称为换流,换流也常被称为换相。在换流过程中,有的支路要从通态转移到断态,有的支路要从断态转移到通态。从断态向通态转移时,无论支路是由全控型还是由半控型电力电子器件组成,只要给门极适当的驱动信号,就可以使其开通。但从通态向断态转移的情况就不同了。全控型器件可以通过对门极的控制使其关断,而对于半控型器件的晶闸管来说,就不能通过对门极的控制使其关断,必须利用外部条件或采取其他措施才能使其关断。一般来说,要在晶闸管电流过零后再施加一定时间的反向电压,才能使其关断。因为使器件关断,主要是使晶闸管关断要比使其开通复杂得多,因此,研究换流方式主要是研究如何使器件关断。

应该指出,换流并不是只在逆变电路中才有的概念,在前面各章的电路中都涉及换流问题。但在逆变电路中,换流及换流方式问题反映得最为全面和集中。因此,把换流方式安排在本章讲述。

一般来说,换流方式可分为以下几种:

### 3.4.2.1 器件换流

利用全控型器件的自关断能力进行换流称为器件换流(device commutation)。在采用 IGBT、功率 MOSFET、GTO、GTR 等全控型器件的电路中,其换流方式即为器件换流。

### 3.4.2.2 电网换流

由电网提供换流电压称为电网换流(line commutation)。对于可控整流电路,无论其工作在整流状态还是有源逆变状态,都是借助于电网电压实现换流的,都属于电网换流。三相交流调压电路和采用相控方式的交交变频电路中的换流方式也都是电网换流。在换流时,只要把负的电网电压施加在欲关断的晶闸管上即可使其关断。这种换流方式不需要器件具有门极可关断能力,也不需要为换流附加任何元件,但是不适用于没有交流电网的无源逆变电路。

### 3.4.2.3  负载换流

由负载提供换流电压称为负载换流(load commutation)。凡是负载电流的相位超前于负载电压的场合,都可以实现负载换流。当负载为电容性负载时,即可实现负载换流。另外,当负载为同步电动机时,由于可以控制励磁电流使负载呈现为容性,因而也可以实现负载换流。

图 3-22(a)是基本的负载换流逆变电路,4 个桥臂均由晶闸管组成。其负载是电阻电感串联后再和电容并联,整个负载工作在接近并联谐振状态而略呈容性。在实际电路中,电容往往是为改善负载功率因数,使其略呈容性而接入的。在直流侧串入了一个很大的电感 $L_d$,因而在工作过程中可以认为 $i_d$ 基本没有脉动。

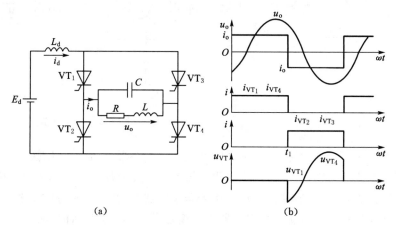

图 3-22  负载换流电路及其工作波形

电路的工作波形如图 3-22(b)所示。因为直流电流近似为恒值,4 个臂开关的切换仅使电流流通路径改变,所以负载电流基本呈矩形波。因为负载工作在对基波电流接近并联谐振的状态,故对基波的阻抗很大而对谐波的阻抗很小,因此负载电压 $u_o$ 波形接近正弦波。设在 $t_1$ 时刻前 $VT_1$、$VT_4$ 为通态,$VT_2$、$VT_3$ 为断态,$u_o$、$i_o$ 均为正,$VT_2$、$VT_3$ 上施加的电压即为 $u_o$。在 $t_1$ 时,触发 $VT_2$、$VT_3$ 使其开通,负载电压 $u_o$ 就通过 $VT_2$、$VT_3$ 分别加到 $VT_4$、$VT_1$ 上,使其承受反向电压而关断,电流从 $VT_1$、$VT_4$ 转移到 $VT_3$、$VT_2$。触发 $VT_2$、$VT_3$ 的时刻 $t_1$ 必须在 $u_o$ 过零前并留有足够的裕量,才能使换流顺利完成。从 $VT_2$、$VT_3$ 到 $VT_4$、$VT_1$ 的换流过程和上述情况类似。

### 3.4.2.4  强迫换流

设置附加的换流电路,给欲关断的晶闸管强迫施加反向电压或反向电流的换流方式称为强迫换流(forced commutation)。强迫换流通常利用附加电容上所储存的能量来实现,因此也称为电容换流。

在强迫换流方式中,由换流电路内电容直接提供换流电压的方式称为直接耦合式强迫换流,图 3-23 是其原理图。图中,在晶闸管 VT 处于通态时,预先给电容 $C$ 按图中所示极性充电。如果合上开关 S,就可以使晶闸管被施加反向电压而关断。

如果通过换流电路内的电容和电感的耦合来提供换流电压或换流电流,则称为电感耦合式强迫换流。图 3-24(a)和图 3-24(b)是两种不同的电感耦合式强迫换流原理图。图 3-24(a)中晶闸管在 LC 振荡第一个半周期内关断,图 3-24(b)中晶闸管在振荡第二个半周期内关断。因为在晶闸管导通期间,两图中电容所充的电压极性不同。在图 3-24(a)中,接通开关 S 后,$LC$ 振荡电流将反向流过晶闸管 VT,与 VT 的负载电流相减,直到 VT 的合成正向电流减至零后,再流过二极管 VD。在图 3-24(b)中,接通 S 后,$LC$ 振荡电流先正向流过 VT 并和 VT 中原有负载电流叠加,经半个振荡周期 $\pi\sqrt{LC}$ 后,振荡电流反向流过 VT,直到 VT 的合成正向电流减至零后再流过二极管 VD。在这两种情况下,晶闸管都是在正向电流减至零且二极管开始流过电流时关断。二极管上的管压降就是加在晶闸管上的反向电压。

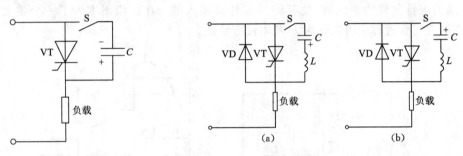

图 3-23　直接耦合方式　　　　图 3-24　电感耦合式强迫换流原理图

像图 3-23 那种给晶闸管加上反向电压而使其关断的换流也叫电压换流,而图 3-24 那种先使晶闸管电流减为零,然后通过反并联二极管使其加上反向电压的换流也叫电流换流。

上述 4 种换流方式中,器件换流只适用于全控型器件,其余三种方式主要是针对晶闸管而言的。器件换流和强迫换流都是因为器件或变流器自身的原因而实现换流的,二者都属于自换流;电网换流和负载换流不是依靠变流器自身,而是借助于外部手段(电网电压或负载电压)来实现换流的,它们属于外部换流。采用自换流方式的逆变电路称为自换流逆变电路,采用外部换流方式的逆变电路称为外部换流逆变电路。

当电流不是从一个支路向另一个支路转移,而是在支路内部终止流通而变为零,则称为熄灭。

### 3.4.3　无源逆变电路的分类和指标

直流/交流电功率变换是通过逆变器实现的。逆变器的输入是直流电,输出为交流电。交流输出电压基波频率和幅值都应能调节控制,输出电压中除基波成分外,还可能含有一定频率和幅值的谐波。

#### 3.4.3.1　逆变器的类型

逆变器由主电路和控制系统两部分组成。图 3-25 为逆变器(逆变电路和输入、输出滤波器)主电路图。

逆变器应用广泛,类型很多。其基本类型有:

① 依据直流电源的类型,逆变器可分为电压型逆变器和电流型逆变器。电压型逆变电路的输入为直流电压源,逆变器将输入的直流电压逆变输出交流电压,因此也称它为电压源型逆变器 VSI(voltage source inverter);电流型逆变电路的输入端串接有大电感,形成平稳的直流电流源,逆变器将输入的直流电流逆变为交流电流输出,因此也称它为电流源型逆变

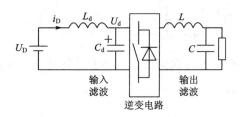

图 3-25　逆变器主电路图

器 CSI(current source inverter)。图 3-25 为逆变器的主电路,直流电源经一个直流 $L_d$、$C_d$ 滤波环节向逆变电路供电,逆变电路的输出再通过一个交流滤波器对交流负载供电。其中直流电容 $C_d$ 容量较大,电压稳定,因而构成了一个电压源;电感 $L_d$ 的主要作用是限制逆变电路输入电流中的高次谐波流入直流电源。设置电容 $C_d$ 是必要的,电感 $L_d$ 则不一定,在某些逆变器产品中取消了电感 $L_d$,这样可以减小逆变器的重量和体积,降低成本,但直流电源电流中则含有较大的谐波电流。

② 依据输出交流电压的性质,可分为恒频恒压正弦波逆变器和方波逆变器,变频变压逆变器,高频脉冲电压(电流)逆变器。

③ 依据逆变电路结构的不同,可分为单相半桥、单相全桥、推挽式、三相桥式逆变器。

④ 依据开关器件及其关断(换流)方式的不同,可分为采用全控型开关的自关断换流逆变器和采用晶闸管半控型开关的强迫关断晶闸管逆变器两类。晶闸管逆变器也可利用负载侧交流电源电压换流(又被称为有源逆变器),负载反电动势换流或负载谐振换流。

逆变器的输出可以做成任意多相。实际应用中大都只采用单相或三相。早期,中高功率逆变器采用晶闸管开关器件,晶闸管一旦导通就不能自行关断,关断晶闸管需要设置强迫关断(换流)电路。强迫关断电路增加了逆变器的重量、体积和成本,降低了可靠性,也限制了开关频率。现今,绝大多数逆变器都采用全控型电力半导体开关器件。中等功率逆变器多用 IGBT、IGCT,大功率多用 GTO,小功率则用 P-MOSFET,本章主要讨论全控型器件构成的逆变器。

### 3.4.3.2　逆变器输出波形性能指标

实际逆变器的输出电压波形中除基波外还含有谐波,为了评价逆变器输出电压波形的质量,引入以下几个性能指标。

① 谐波系数 HF(harmonic factor):第 $n$ 次谐波系数 $HF_n$ 定义为第 $n$ 次谐波分量有效值 $U_n$ 同基波分量有效值 $U_1$ 之比,即:

$$HF_n = U_n/U_1 \tag{3-3}$$

② 总谐波系数 THD(total harmonic distortion factor)定义为:

$$THD = \frac{1}{U_1} \left( \sum_{n=2,3,4}^{\infty} U_n^2 \right)^{1/2} \tag{3-4}$$

总谐波系数表征了实际波形同其基波分量差异的程度。输出为理想正弦波时,$THD$ 为零。

③ 畸变系数 DF(distortion factor):通常逆变电路输出端经 $LC$ 滤波器再接负载,如图 3-25 所示。若逆变电路输出的 $n$ 次谐波($n\omega$)有效值为 $U_n$,则经 $LC$ 滤波器衰减以后输出到负载的 $n$ 次谐波电压有效值 $U_{Ln}$ 近似为:

$$U_{Ln} \approx \frac{U_n}{n \cdot \omega L - \dfrac{1}{n\omega C}} \cdot \frac{1}{n\omega C} = \frac{U_n}{n^2 \omega^2 LC - 1} \tag{3-5}$$

适当地选择 $L$、$C$ 数值,可使 $n$ 次谐波容抗小于感抗:$1/n\omega C \ll n\omega L$,$1/LC \ll n^2 \omega^2$,即谐振频率 $\omega_0 = 1/\sqrt{LC} \ll n\omega$,则:

$$U_{Ln} \approx \frac{U_n}{n^2 \cdot \omega^2 LC} = \frac{U_n}{n^2 \left(\dfrac{\omega}{\omega_0}\right)^2} = \frac{U_n}{\left(\dfrac{n\omega}{\omega_0}\right)^2} = \left(\frac{\omega_0}{n\omega}\right)^2 U_n \tag{3-6}$$

式(3-6)表明,逆变电路输出端的 $n$ 次谐波电压经 $LC$ 滤波器后要衰减 $n^2(\omega/\omega_0)^2$ 倍。谐波阶次越高,经同一 $LC$ 滤波器衰减后,它对负载的影响越小。总谐波系数 $THD$ 显示了总的谐波含量,但它并不能表明每一个谐波分量对负载的影响程度。很显然,逆变电路输出端的谐波通过滤波器时,高次谐波将衰减得更厉害,为了表征经二阶 $LC$ 滤波后,负载上电压波形还存在畸变的程度,引入畸变系数 $DF$,并定义如下:

$$DF = \frac{1}{U_1} \left[ \sum_{n=2,3,4}^{\infty} \left(\frac{U_n}{n^2}\right)^2 \right]^{1/2} \tag{3-7}$$

对于第 $n$ 次谐波的畸变系数 $DF_n$ 可定义如下:

$$DF_n = U_n/(n^2 U_1) \tag{3-8}$$

④ 最低次谐波 LOH(lowest-order harmonic):与基波频率最接近的谐波。

### 3.4.3.3 其他指标

逆变器的性能指标除输出波形性能指标外,还应包括:

① 逆变效率。

② 单位重量(或单位体积)输出功率。

③ 可靠性指标。

④ 逆变器输入直流电流中交流分量的数值和脉动频率。

⑤ 电磁干扰 EMI(electromagnetic interference)及电磁兼容性 EMC(electromagnetic compatibility)。

## 3.5 电压型逆变电路

逆变电路根据直流侧电源性质的不同可分为两种:直流侧是电压源的称为电压型逆变电路;直流侧是电流源的称为电流型逆变电路。它们也分别被称为电压源型逆变电路(voltage source type inverter,VSTI)和电流源型逆变电路(current source type inverter,CSTI)。本节主要介绍各种电压型逆变电路的基本构成、工作原理和特性。

图 3-26 是电压型逆变电路的一个例子,它是图 3-21 电路的具体实现。

电压型逆变电路有以下主要特点:

① 直流侧为电压源,或并联有大电容,相当于电压源。直流侧电压基本无脉动,直流回路呈现低阻抗。

② 由于直流电压源的钳位作用,交流侧输出电压波形为矩形波,并且与负载阻抗角无关。而交流侧输出电流波形和相位因负载阻抗情况的不同而不同。

③ 当交流侧为阻感负载时需要提供无功功率,直流侧电容起缓冲无功能量的作用。为

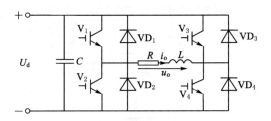

图 3-26　电压型逆变电路举例(全桥逆变电路)

了给交流侧向直流侧反馈的无功能量提供通道,逆变桥各臂都并联了反馈二极管。

对上述有些特点的理解要在后面内容的学习中才能加深。下面分别就单相和三相电压型逆变电路进行讨论。

### 3.5.1　单相电压型逆变电路

3.5.1.1　电压型单相半桥逆变电路

图 3-27(a)是电压型单相半桥逆变电路,令分压电容 $C_1$、$C_2$ 足够大且 $C_1 = C_2$,以致开关器件通、断状态改变时,电容电压保持为 $U_d/2$ 不变。$V_1$、$V_2$ 交替地处于通、断状态,即 $V_1$、$V_2$ 的驱动信号 $u_{G1}$、$u_{G2}$ 互补:$u_{G1} > 0$ 时,$u_{G2} = 0$;$u_{G2} > 0$ 时,$u_{G1} = 0$。

如果在 $0 \leqslant \omega t < \pi$ 期间,$V_1$ 有驱动信号处于通态,$V_2$ 截止,这时 $u_{an} = +\dfrac{U_d}{2}$;在 $\pi \leqslant \omega t < 2\pi$ 期间,$V_2$ 有驱动信号处于通态,$V_1$ 截止,这时 $u_{an} = -\dfrac{U_d}{2}$。则逆变器输出电压 $u_{an}$ 为 $180°(\pi)$ 宽的方波,幅值为 $\dfrac{U_d}{2}$,如图 3-27(b)所示。

输出电压有效值为:

$$U_{an} = \left( \frac{1}{T_0} \int_0^{T_0} \frac{U_d^2}{4} \mathrm{d}t \right)^{1/2} = \frac{U_d}{2}$$

输出电压瞬时值表达式为:

$$u_{an} = \sum_{n=1,3,5\cdots}^{\infty} \frac{2U_d}{n\pi} \sin(n\omega t) \tag{3-9}$$

式中,$\omega = 2\pi f$ 为输出电压基波角频率,$f = 1/T$。当 $n = 1$ 时,其基波分量的有效值为:

$$U_1 = \frac{2U_d}{\sqrt{2}\,\pi} = 0.45 U_d \tag{3-10}$$

半桥逆变电路输出电压比全桥逆变电路小一半,波形完全相同,技术性能类似。

3.5.1.2　电压型单相全桥逆变电路

图 3-28(a)是电压型单相全桥逆变电路,其中全控型开关器件 $V_1$、$V_4$ 同时通、断;$V_3$、$V_2$ 同时通、断。$V_1(V_4)$ 与 $V_2(V_3)$ 的驱动信号互补,即 $V_1$、$V_4$ 有驱动信号时,$V_2$、$V_3$ 无驱动信号,反之亦然。$V_1$、$V_4$ 和 $V_2$、V3 周期性地改变通、断状态,周期 $T$ 对应 $2\pi$ 弧度,输出电压 $u_{ab}$ 基波频率 $f = 1/T$,角频率 $\omega = 2\pi f$。

如果在 $0 \leqslant \omega t < \pi$ 期间,$V_1$、$V_4$ 有门极驱动信号而同时处于通态,$V_2$、$V_3$ 截止,则 $u_{ab} = +U_d$;在 $\pi \leqslant \omega t < 2\pi$ 期间,$V_2$、$V_3$ 有门极驱动信号而同时处于通态,$V_1$、$V_4$ 截止,则 $u_{ab} = -U_d$。因此输出电压 $u_{ab}$ 是如图 3-28(b)所示的 $180°$ 宽的方波电压,幅值为 $U_d$。$u_{ab}$ 是一个

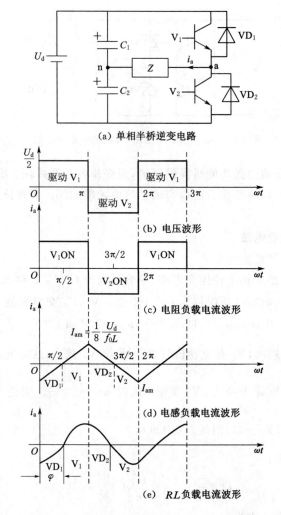

图 3-27 单相半桥逆变电路及电压电流波形

半波对称的奇函数：$u_{ab}(\omega t)=-u_{ab}(\omega t+\pi)=-u_{ab}(-\omega t)$，其傅立叶级数表达式为：

$$u_{ab}=\frac{4}{\pi}U_d\left[\sin \omega t+\frac{1}{3}3\omega t+\frac{1}{5}\sin 5\omega t+\frac{1}{7}\sin 7\omega t+\cdots\right] \qquad (3-11)$$

$u_{ab}$ 的基波幅值为：

$$U_{1m}=\frac{4}{\pi}U_d=1.27U_d \qquad (3-12)$$

$u_{ab}$ 的基波有效值为：

$$U_1=\frac{2\sqrt{2}}{\pi}U_d=0.9U_d \qquad (3-13)$$

$n$ 次谐波的幅值为：

$$U_{nm}=\frac{4}{n\pi}U_d=\frac{1}{n}U_{1m} \qquad (3-14)$$

负载电流 $i_a$ 的波形与负载性质有关：

① 纯电阻负载时，电流 $i_a$ 是与电压 $u_{ab}$ 同相的方波，如图 3-28（c）所示。纯电阻负载时，

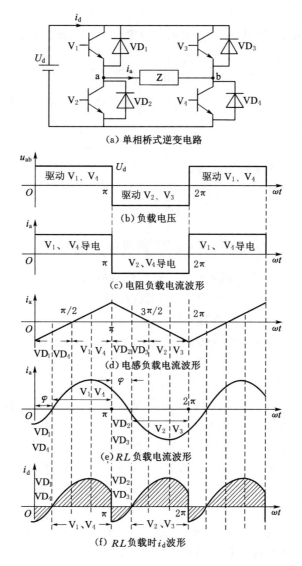

(a) 单相桥式逆变电路

(b) 负载电压

(c) 电阻负载电流波形

(d) 电感负载电流波形

(e) $RL$ 负载电流波形

(f) $RL$ 负载时 $i_d$ 波形

图 3-28　单相桥式逆变电路及电压、电流波形

二极管 $VD_1$、$VD_2$、$VD_3$、$VD_4$ 任何时刻都不导电。

② 纯电感负载时,电流 $i_a$ 是三角波,如图 3-28(d) 所示。在 $0 \leqslant \omega t < \pi$ 期间,$u_{ab} = L di/dt = +U_d$,$i_a$ 线性上升;在 $\pi \leqslant \omega t < 2\pi$ 期间,$u_{ab} = L di/dt = -U_d$,$i_a$ 线性下降。

在 $0 \leqslant \omega t < \pi/2$ 期间,虽然 $V_1$、$V_4$ 有驱动信号,$V_2$、$V_3$ 阻断,但 $i_a$ 为负值,负值 $i_a$ 只能经 $VD_1$、$VD_4$ 流回电源。逆变电路中与开关管反并联的二极管都是用于感性负载时为感性负载电流提供续流通道。在 $\omega t \geqslant \pi/2$、$i_a \geqslant 0$ 以后,由于 $V_1$、$V_4$ 仍有驱动信号,$u_{ab} = L di/dt = +U_d$,$i_a$ 从零线性上升直到 $\omega t = \pi$ 期间,$V_1$、$V_4$ 导电,所以 $V_1$、$V_4$ 仅在 $\pi/2 \leqslant \omega t < \pi$ 期间导电,这时电源向电感供电。同理在 $\pi \leqslant \omega t < 3\pi/2$ 期间是 $VD_2$、$VD_3$ 导电;$V_2$、$V_3$ 仅在 $3\pi/2 \leqslant \omega t < 2\pi$ 期间导电,如图 3-28(d) 所示。

纯电感负载时:$U_d = L \dfrac{di_a}{dt} = L \dfrac{2I_{am}}{T/2} = \dfrac{4L I_{am}}{T} = 4fL I_{am}$,其中 $I_{am}$ 为负载电流峰值,$I_{am} =$

$U_d/4fL$。

③ 当负载为电阻、电感性负载时，瞬时负载电流 $i_a$ 的表达式为：

$$i_a = \sum_{n=1,3,5}^{\infty} \frac{U_{1m}}{nZ_n} \sin(n\omega t - \varphi_n) \tag{3-15}$$

式中，$U_{1m}$ 为电压基波幅值，$U_{1m} = 4U_d/\pi$；$Z_n$ 为 $n$ 次谐波阻抗，$Z_n = [R^2 + (n\omega L)^2]^{1/2}$；$\varphi_n$ 为相角，$\varphi_n = \arctan\left(\dfrac{n\omega L}{R}\right)$。

阻感($RL$)负载时，基波电流 $i_{a1}$ 为：

$$i_{a1} = \frac{4}{\pi} U_d \times \frac{1}{\sqrt{R^2 + (\omega L)^2}} \sin(\omega t - \varphi_1) \tag{3-16}$$

式中，$\varphi_1$ 是基波电流 $i_{a1}$ 滞后基波电压 $u_{ab1}$ 的相位角，$\varphi_1 = \arctan\dfrac{\omega L}{R}$。

图 3-28(e)画出了 $RL$ 负载的电流 $i_a$。感性负载电流 $i_a$ 相位上滞后于负载电压 $u_{ab}$，在 $0 \leqslant \omega t < \varphi$ 期间，$V_1$、$V_4$ 有驱动信号，但 $i_a$ 为负值，且 $V_2$、$V_3$ 截止，因此 $VD_1$、$VD_4$ 导电，$u_{ab} = +U_d$，故直流电源输入电流 $i_d$ 为负值 $-|i_a|$；在 $\varphi \leqslant \omega t < \pi$ 期间，$i_a$ 为正值，$V_1$、$V_4$ 有驱动信号导电，$i_d = i_a$，$u_{ab} = +U_d$；在 $\pi \leqslant \omega t < \pi + \varphi$ 期间，$V_2$、$V_3$ 有驱动信号但此期间 $i_a$ 仍为正值，且 $V_1$、$V_4$ 截止，故 $VD_2$、$VD_3$ 导通，$i_d = -i_a$，$u_{ab} = -U_d$，直到 $\omega t = \pi + \varphi$，$i_d = 0$。然后在 $\pi + \varphi \leqslant \omega t < 2\pi$ 期间，$V_2$、$V_3$ 导通，$i_d = -i_a$，$u_{ab} = -U_d$。图 3-28(f)是 $RL$ 负载时，直流电源输入电流 $i_d$ 的波形，$i_d$ 中除直流分量外还含有交流谐波电流。图 3-25 中，逆变电路的输入端设置直流输入滤波器 $L_d$、$C_d$ 可以减小直流电源输入电流中的谐波电流。

改变开关管的门极驱动信号的频率，输出交流电压的频率 $f$ 也随之改变。为保证电路正常工作，$V_1$、$V_2$ 两个开关管不应同时处于通态，$V_4$、$V_3$ 不应同时处于通态，否则将出现直流侧短路。实际应用中为避免上、下开关管直通，每个开关管的开通信号应略为滞后于另一开关管的关断信号，即"先断后通"。同一桥臂上、下两管 $V_1$、$V_2$ 或 $V_3$、$V_4$ 关断信号与开通信号之间的间隔时间称为死区时间，在死区时间中，$V_1$、$V_2$ 或 $V_3$、$V_4$ 均无驱动信号。

图 3-28(a)中，逆变电路的输出通常要接 $LC$ 滤波器，滤除逆变电路输出电压中的高次谐波而使负载电压接近正弦波。

图 3-28(b)所示输出电压 $u_{ab}$ 为 180°定宽方波的缺点是：在直流电源电压 $U_d$ 一定时，输出电压的基波大小不可控，且输出电压中谐波频率低、数值大(3 次谐波达 33%，5 次谐波达 20%)；直流电源电流 $i_D$ 脉动频率低且脉动数值大。因此为了使负载获得良好的输出电压波形和减小直流电源电流的脉动，必须采用较大的 $LC$ 输出滤波器和 $L_d C_d$ 输入滤波器，这增加了逆变器的重量、体积并可能带来一些其他问题，而且对输出电压、输入电流波形的改善也很有限。改善逆变器技术特性的最佳途径是提高逆变器开关器件的通、断频率和调控、优化逆变电路输出电压的波形。

### 3.5.1.3 变压器中心抽头单相逆变电路

图 3-29 所示逆变电路输出变压器一次绕组有中心抽头，二次绕组输出接负载。交替地驱动两个开关器件 $V_1$、$V_2$：在 $V_1$ 被驱动，$V_2$ 截止的正半周期中，二次电压 $u_o$ 为正值方波；在 $V_2$ 被驱动、$V_1$ 截止的负半周期，二次侧电压 $u_o$ 为负值方波。因此变压器输出电压为

180°宽的交流方波。

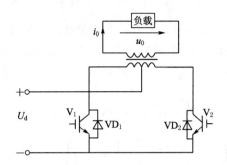

图 3-29　变压器中心抽头推挽式单相逆变电路

图 3-29 中比图 3-28(a)少了两个开关器件,但是当开关器件截止时其承受的断态电压为 $2U_d$,比 4 个开关管的全桥式电路中开关管所承受的断态电压 $U_d$ 高了一倍,而且还必须采用带中心抽头的变压器。这种变压器中心抽头推挽式逆变电路,适用于低压小功率而又必须将直流电源与负载电气隔离的应用领域。

## 3.5.2　三相电压型逆变电路

三相交流负载需要三相逆变器,三相逆变器有两种电路结构,其一为由三个单相逆变器组成一个三相逆变器,如图 3-30(a)所示,每个单相逆变器可以是半桥式也可以是全桥式电路。三个单相逆变器的开关管驱动信号之间互差 120°,三相输出电压 $u_A$、$u_B$、$u_C$ 大小相等,相差 120°,构成一个对称的三相交流电源,通常变压器的二次绕组都接成星形以便消除负载端的三倍数的谐波($n=3,6,9,\cdots$),采用这种结构的三相逆变电路所用元器件比较多,适用于高压大容量的逆变器。

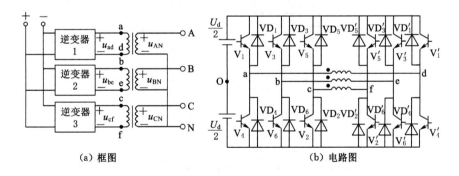

(a) 框图　　　　　　　　　　　　　(b) 电路图

图 3-30　三个单相逆变器构成的三相逆变器

三相逆变器的另一种电路结构是图 3-31(a)所示的三相桥式逆变电路。三相桥式逆变电路实际应用很广泛,图 3-31(a)是电压型三相桥式逆变电路。同一桥臂上、下两个开关管互补通、断,如 A 相桥臂上管 $V_1$ 导通时,下管 $V_4$ 截止;$V_4$ 导通时,$V_1$ 截止。当 $V_1(VD_1)$ 导通时,节点 A 接于直流电源正端,$u_{AO}=\dfrac{U_d}{2}$;当 $V_4(VD_4)$ 导通时,节点 A 接于直流电源负端,$u_{AO}=-\dfrac{U_d}{2}$。同理,B 点和 C 点也是根据上、下管导通情况决定其电位。

请读者特别留意图3-31(a)所示三相桥逆变电路 A、B、C 各相输出电压,只可能是 $\pm\dfrac{U_d}{2}$ 而不可能为电源中点 O 的电位。按图 3-31(a)中依序标号的开关器件,其驱动信号彼此间相差 60°。若每个开关管的驱动信号持续 180°,如图 3-31(b)所示,则在任何时刻都有三个开关管同时导通,并按 1、2、3;2、3、4;3、4、5;4、5、6;5、6、1;6、1、2 顺序导通,从而能获得图 3-31(b)

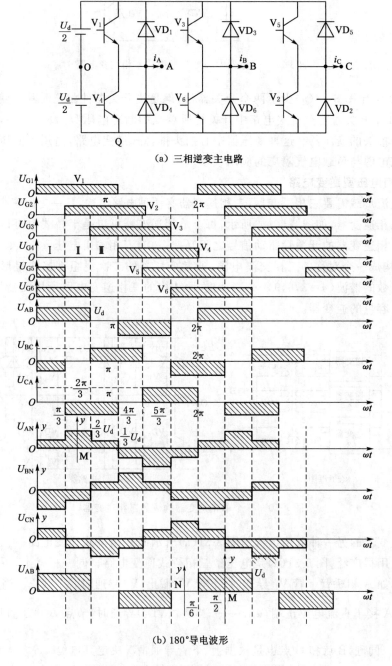

(a) 三相逆变主电路

(b) 180°导电波形

图 3-31    电压型三相桥式逆变电路及其波形

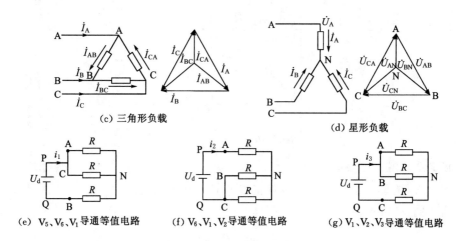

(c) 三角形负载 　　　　　　　　　　(d) 星形负载

(e) $V_5$、$V_6$、$V_1$ 导通等值电路　　(f) $V_6$、$V_1$、$V_2$ 导通等值电路　　(g) $V_1$、$V_2$、$V_3$ 导通等值电路

图 3-31(续)  电压型三相桥式逆变电路及其波形

所示的宽度为 120°、幅值为 $U_d$、彼此相差 120° 的输出线电压 $u_{AB}$、$u_{BC}$、$u_{CA}$ 波形

为：
$$
\begin{cases}
u_{AB}=u_{AO}-u_{BO}\\
u_{BC}=u_{BO}-u_{CO}\\
u_{CA}=u_{CO}-u_{AO}
\end{cases}
$$

逆变器的三相负载可按星形或三角形连接。当负载为图 3-31(c)所示三角形接法时，负载相电压等于线电压，很容易求得相电流 $i_{AB}=u_{AB}/R$，那么逆变器输出电流 $i_A=i_{AB}-i_{CA}$ 也就知道了。当负载为图 3-31(d)所示星形连接时，必须先求出负载的相电压 $u_{AN}$，才能求出逆变器输出电流 $i_A=u_{AN}/R$。现以电阻负载接成星形为例说明如下。

由图 3-31(b)波形图中可知，在输出半周内，逆变器有下述三种工作模式(开关状态)：

(1) 模式 1$(0\leqslant\omega t<\pi/3)$

$V_5$、$V_6$、$V_1$ 有驱动信号。三相桥的 A、C 两点接正端 P，B 点接负端 Q。

由图 3-31(e)可得：

$$
\begin{cases}
R_E=R+\dfrac{R}{2}=\dfrac{3}{2}R\\[2mm]
i_1=\dfrac{U_d}{R_E}=\dfrac{2U_d}{3R}\\[2mm]
u_{AN}=u_{CN}=U_d/3\\[2mm]
u_{BN}=-i_1R=-2U_d/3
\end{cases}
\tag{3-17}
$$

(2) 模式 2$(\pi/3\leqslant\omega t<2\pi/3)$

$V_6$、$V_1$、$V_2$ 有驱动信号。A 点接正端 P，B、C 接负端 Q。

由图 3-31(f)可得：

$$\begin{cases} R_E = R + \dfrac{R}{2} = \dfrac{3}{2}R \\[2mm] i_2 = \dfrac{U_d}{R_E} = \dfrac{2U_d}{3R} \\[2mm] u_{AN} = i_2 R = \dfrac{2U_d}{3} \\[2mm] u_{BN} = u_{CN} = \dfrac{-i_2 R}{2} = \dfrac{-U_d}{3} \end{cases} \tag{3-18}$$

（3）模式 $3(2\pi/3 \leqslant \omega t < \pi)$

$V_1$、$V_2$、$V_3$ 有驱动信号。A、B 点接正端 P，C 点接负端 Q。

由图 3-31(g)可得：

$$\begin{cases} R_E = R + \dfrac{R}{2} = \dfrac{3}{2}R \\[2mm] i_3 = \dfrac{U_d}{R_E} = \dfrac{2U_d}{3R} \\[2mm] u_{AN} = u_{BN} = \dfrac{i_3 R}{2} = \dfrac{U_d}{3} \\[2mm] u_{CN} = -i_3 R = \dfrac{-2U_d}{3} \end{cases} \tag{3-19}$$

根据上述分析，星形负载电阻上的相电压 $u_{AN}$、$u_{BN}$、$u_{CN}$ 波形是图 3-31(b)所示的阶梯波，如果时间坐标起点取在阶梯波的起点，纵坐标为图中实线 $Oy$ 所示，利用傅立叶分析，则图 3-31 中 A 相电压的瞬时值为：

$$u_{AN} = \frac{2}{\pi} U_d \left( \sin \omega t + \frac{1}{5} \sin 5\omega t + \frac{1}{7} \sin 7\omega t + \frac{1}{11} \sin 11\omega t + \cdots \right) \tag{3-20}$$

则 A 相电压无 3 次谐波，只含 5、7、11、13 等高阶奇次谐波，$n$ 次谐波幅值为基波幅值的 $1/n$。基波幅值为：

$$U_{1m} = 2U_d/\pi \tag{3-21}$$

同一个 A 相电压阶梯波，若将时间坐标的起点取在阶梯波的中点 M，如图中纵坐标 $y$ 位于 $u_{AN}$ 波形的 M 点上，则该阶梯波的瞬时值为：

$$u_{AN} = \frac{2}{\pi} U_d \left( \cos \omega t + \frac{1}{5} \cos 5\omega t - \frac{1}{7} \cos 7\omega t - \frac{1}{11} \cos 11\omega t + \frac{1}{13} \cos 13\omega t + \cdots \right) \tag{3-22}$$

将式(3-20)中的 $\omega t$ 用 $\omega t + 90°$ 代入也能直接得到式(3-22)。

如图 3-31(b)所示，线电压为 120°宽、幅值为 $U_d$ 的方波，如果线电压 $u_{AB}$ 时间坐标的零点取在 N 点，纵坐标为 $Ny$，则 120°宽方波电压 $u_{AB}$ 的傅立叶分析结果是：

$$u_{AB} = \frac{2\sqrt{3}}{\pi} U_d \left( \sin \omega t - \frac{1}{5} \sin 5\omega t - \frac{1}{7} \sin 7\omega t + \frac{1}{11} \sin 11\omega t + \frac{1}{13} \sin 13\omega t + \cdots \right) \tag{3-23}$$

方波电压 $u_{AB}$ 无 3 次谐波，仅有 5、7、11 等高阶奇次谐波，$n$ 次谐波的幅值为基波幅值的 $1/n$。线电压基波幅值为：

$$U_{1m} = \frac{2\sqrt{3}}{\pi} U_d = 1.1 U_d \tag{3-24}$$

则线电压基波有效值为：

$$U_1 = \frac{\sqrt{6}}{\pi} U_d = 0.78 U_d。$$

如果 120°宽的方波 $u_{AB}$ 时间坐标的零点取在图 3-31(b)方波电压 $u_{AB}$ 的中点 M 上，纵坐标为 $My$，则其傅立叶分析结果是：

$$u_{AB} = \frac{2\sqrt{3}}{\pi} U_d \left( \cos \omega t - \frac{1}{5} \cos 5\omega t + \frac{1}{7} \cos 7\omega t - \frac{1}{11} \cos 11\omega t + \frac{1}{13} \cos 13\omega t + \cdots \right) \quad (3\text{-}25)$$

将式(3-23)中的 $\omega t$ 用 $\omega t + 90°$ 代入也能直接得到式(3-25)。

同一个电压波形，时间坐标原点取得不同时，其傅立叶级数表达式不同，但基波、谐波数值特性是一样的。

# 3.6　电流型逆变电路

如前所述，直流电源为电流源的逆变电路称为电流型逆变电路。实际上理想直流电流源并不多见，一般是在逆变电路直流侧串联一个大电感，因为大电感中的电流脉动很小，因此可近似看成直流电流源。

图 3-32 的电流型三相桥式逆变电路就是电流型逆变电路的一个例子。图中的 GTO 使用反向阻断型器件。假如使用反向导电型 GTO，必须给每个 GTO 串联二极管以承受反向电压。图中的交流侧电容器是为吸收换流时负载电感中存贮的能量而设置的，是电流型逆变电路的必要组成部分。

电流型逆变电路有以下主要特点：

① 直流侧串联有大电感，相当于电流源。直流侧电流基本无脉动，直流回路呈现高阻抗。

② 电路中开关器件的作用仅是改变直流电流的流通路径，因此交流侧输出电流为矩形波，并且与负载阻抗角无关。而交流侧输出电压波形和相位则因负载阻抗情况的不同而不同。

③ 当交流侧为阻感负载时需要提供无功功率，直流侧电感起缓冲无功能量的作用。因为反馈无功能量时直流电流并不反向，因此不必像电压型逆变电路那样要给开关器件反并联二极管。

下面仍分单相逆变电路和三相逆变电路来讲述。和讲述电压型逆变电路有所不同，前面所列举的各种电压型逆变电路都采用全控型器件，换流方式为器件换流。采用半控型器件的电压型逆变电路已很少应用。而电流型逆变电路中，采用半控型器件的电路仍应用较多，就其换流方式而言，有的采用负载换流，有的采用强迫换流。因此，在学习下面的各种电流型逆变电路时，应对电路的换流方式予以充分的注意。

## 3.6.1　单相电流型逆变电路

图 3-33 是一种单相桥式电流型逆变电路的原理图。电路由 4 个桥臂构成，每个桥臂的晶闸管各串联一个电抗器 $L_T$。$L_T$ 用来限制晶闸管开通时的 $di/dt$，各桥臂的 $L_T$ 之间不存在互感。使桥臂 1、4 和桥臂 2、3 以 1 000～2 500 Hz 的中频轮流导通，就可以在负载上得到中频交流电。

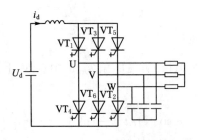

图 3-32 电流型三相桥式逆变电路

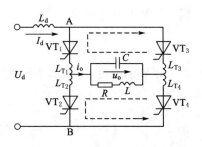

图 3-33 单相桥式电流型逆变电路

该电路是采用负载换相方式工作的,要求负载电流略超前于负载电压,即负载略呈容性。实际负载一般是电磁感应线圈,用来加热置于线圈内的钢料。图 3-33 中 $R$ 和 $L$ 串联即为感应线圈的等效电路。因为功率因数很低,故并联补偿电容器 $C$。电容 $C$ 和 $L$、$R$ 构成并联谐振电路,故这种逆变电路也被称为并联谐振式逆变电路。负载换流方式要求负载电流超前于电压,因此补偿电容应使负载过补偿,使负载电路总体上工作在容性小失谐的情况下。

因为是电流型逆变电路,故其交流输出电流波形接近矩形波,其中包含基波和各奇次谐波,且谐波幅值远小于基波。因基波频率接近负载电路谐振频率,故负载电路对基波呈现高阻抗,而对谐波呈现低阻抗,谐波在负载电路上产生的压降很小,因此负载电压的波形接近正弦波。

图 3-34 是该逆变电路的工作波形。在交流电流的一个周期内,有两个稳定导通阶段和两个换流阶段。

$t_1 \sim t_2$ 之间为晶闸管 $VT_1$ 和 $VT_4$ 稳定导通阶段,负载电流 $i_o = I_d$,近似为恒值,$t_2$ 时刻之前在电容 $C$ 上,即负载上建立了左正右负的电压。

在 $t_2$ 时刻触发晶闸管 $VT_2$ 和 $VT_3$,因在 $t_2$ 前 $VT_2$ 和 $VT_3$ 的阳极电压等于负载电压,为正值,故 $VT_2$ 和 $VT_3$ 开通,开始进入换流阶段。由于每个晶闸管都串有换流电抗器 $L_T$,故 $VT_1$ 和 $VT_4$ 在 $t_2$ 时刻不能立刻关断,其电流有一个减小过程。同样,$VT_2$ 和 $VT_3$ 的电流也有一个增大过程。$t_2$ 时刻后,4 个晶闸管全部导通,负载电容电压经两个并联的放电回路同时放电。其中一个回路是经 $L_{T_1}$、$VT_1$、$VT_3$、$L_{T_3}$ 回到电容 $C$;另一个回路是经 $L_{T_2}$、$VT_2$、$VT_4$、$L_{T_4}$ 回到电容 $C$,如图 3-33 中虚线所示。在这个过程中 $VT_1$、$VT_4$ 电流逐渐减小,$VT_2$、$VT_3$ 电流逐渐增大。当 $t = t_4$ 时,$VT_1$、$VT_4$ 电流减至零而关断,直流侧电流 $I_d$ 全部从 $VT_1$、$VT_4$ 转移到 $VT_2$、$VT_3$,换流阶段结束。$t_r = t_4 - t_2$ 称为换流时间。因为负载电流 $i_o = i_{VT_1} - i_{VT_2}$,所以 $i_o$ 在 $t_3$ 时刻,即 $i_{VT_1} = i_{VT_2}$ 时刻过零,$t_3$ 时刻大概位于 $t_2$ 和 $t_4$ 的中点。

晶闸管在电流减小到零后,尚需一段时间才能恢复正向阻断能力。因此,在 $t_4$ 时刻换流结束后,还要使 $VT_1$、$VT_4$ 承受一段反压时间 $t_\beta$ 才能保证其可靠关断。$t_\beta = t_5 - t_4$ 应大于晶闸管的关断时间 $t_q$。如果 $VT_1$、$VT_4$ 尚未恢复阻断能力就被加上正向电压,将会重新导通,使逆变失败。

为了保证可靠换流,应在负载电压 $u_o$ 过零前 $t_\delta = t_5 - t_2$ 时刻去触发 $VT_2$、$VT_3$。$t_\delta$ 称为触发引前时间,从图 3-34 可得:

$$t_\delta = t_\gamma + t_\beta \tag{3-26}$$

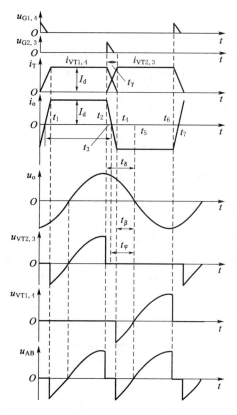

图 3-34  并联谐振式逆变电路工作波形

从图 3-34 还可以看出,负载电流 $i_o$ 超前于负载电压 $u_o$ 的时间 $t_\varphi$ 为:

$$t_\varphi = \frac{t_\gamma}{2} + t_\beta \tag{3-27}$$

把 $t_\varphi$ 表示为电角度 $\varphi$(弧度)可得:

$$\varphi = \omega\left(\frac{t_\gamma}{2} + t_\beta\right) = \frac{\gamma}{2} + \beta \tag{3-28}$$

式中,$\omega$ 为电路工作角频率;$\gamma$、$\beta$ 分别是 $t_\gamma$、$t_\beta$ 对应的电角度;$\varphi$ 也就是负载的功率因数角。

图 3-34 中 $t_4 \sim t_6$ 之间是 $VT_2$、$VT_3$ 的稳定导通阶段。$t_6$ 以后又进入从 $VT_2$、$VT_3$ 导通向 $VT_1$、$VT_4$ 导通的换流阶段,其过程和前面的分析类似。

晶闸管的触发脉冲 $u_{G1} \sim u_{G4}$,晶闸管承受的电压 $u_{VT1} \sim u_{VT4}$ 以及 A、B 间的电压 $u_{AB}$ 也都示于图 3-34 中。在换流过程中,上下桥臂的 $L_T$ 上的电压极性相反,如果不考虑晶闸管压降,则 $u_{AB}=0$。可以看出,$u_{AB}$ 的脉动频率为交流输出电压频率的两倍。在 $u_{AB}$ 为负的部分,逆变电路从直流电源吸收的能量为负,即补偿电容 $C$ 的能量向直流电源反馈。这实际上反映了负载和直流电源之间无功能量的交换,在直流侧,$L_d$ 起到缓冲这种无功能量的作用。

如果忽略换流过程,$i_o$ 可近似看成矩形波。展开成傅立叶级数可得:

$$i_o = \frac{4 I_d}{\pi}\left(\sin \omega t + \frac{1}{3}\sin 3\omega t + \frac{1}{5}\sin 5\omega t + \cdots\right) \tag{3-29}$$

其基波电流有效值 $I_{o1}$ 为

$$I_{o1} = \frac{4I_d}{\sqrt{2}\,\pi} = 0.9I_d \tag{3-30}$$

下面再来看负载电压有效值 $U_o$ 和直流电压 $U_d$ 的关系。如果忽略电抗器 $L_d$ 的损耗，则 $u_{AB}$ 的平均值应等于 $U_d$。再忽略晶闸管压降，则从图 3-34 的 $u_{AB}$ 波形可得

$$U_d = \frac{1}{\pi}\int_{-\beta}^{\pi-(\gamma+\beta)} u_{AB}\,\mathrm{d}\omega t = \frac{1}{\pi}\int_{-\beta}^{\pi-(\gamma+\beta)}\sqrt{2}U_o\sin\omega t\,\mathrm{d}\omega t$$

$$= \frac{\sqrt{2}U_o}{\pi}\left[\cos(\beta+\gamma)+\cos\beta\right] = \frac{2\sqrt{2}U_o}{\pi}\cos\left(\beta+\frac{\gamma}{2}\right)\cos\frac{\gamma}{2} \tag{3-31}$$

一般情况下 $\gamma$ 值较小，可近似认为 $\cos(\gamma/2)\approx 1$，再考虑式(3-28)可得

$$U_d = \frac{2\sqrt{2}}{\pi}U_o\cos\varphi \quad \text{或} \quad U_o = \frac{\pi U_d}{2\sqrt{2}\cos\varphi} = 1.11\frac{U_d}{\cos\varphi} \tag{3-32}$$

在上述讨论中，为简化分析，认为负载参数不变，逆变电路的工作频率也是固定的。实际上在中频加热和钢料熔化过程中，感应线圈的参数是随时间而变化的，固定的工作频率无法保证晶闸管的反压时间 $t_\beta$ 大于关断时间 $t_q$，可能导致逆变失败。为了保证电路正常工作，必须使工作频率能适应负载的变化而自动调整。这种控制方式称为自励方式，即逆变电路的触发信号取自负载端，其工作频率受负载谐振频率的控制而比后者高一个适当的值。与自励式相对应，固定工作频率的控制方式称为他励方式。自励方式存在着启动的问题，因为在系统未投入运行时，负载端没有输出，无法取出信号。解决这一问题的方法之一是先用他励方式，系统开始工作后再转入自励方式。另一种方法是附加预充电启动电路，即预先给电容器充电，启动时将电容能量释放到负载上，形成衰减振荡，检测出振荡信号实现自励。

### 3.6.2 三相电流型逆变电路

本节开始给出的图 3-32 是典型的电流型三相桥式逆变电路，这种电路的基本工作方式是 120°导电方式。即每个臂一周期内导电 120°，按 $VT_1$ 到 $VT_6$ 的顺序每隔 60°依次导通。这样，每个时刻上桥臂组的三个臂和下桥臂组的三个臂都各有一个臂导通。换流时，是在上桥臂组或下桥臂组的组内依次换流，为横向换流。

像画电压型逆变电路波形时先画电压波形一样，画电流型逆变电路波形时，总是先画电流波形。因为输出交流电流波形和负载性质无关，是正负脉冲宽度各为 120°的矩形波。图 3-35 给出了逆变电路的三相输出交流电流波形及线电压 $u_{UV}$ 的波形。输出电流波形和三相桥式可控整流电路在大电感负载下的交流输入电流波形形状相同。因此，它们的谐波分析表达式也相同。输出线电压波形和负载性质有关，图 3-35 中给出的波形大体为正弦波，但叠加了一些脉冲，这是由于逆变器中的换流过程而产生的。

输出交流电流的基波有效值 $I_{U_1}$ 和直流电流 $I_d$ 的关系为

$$I_{U1} = \frac{\sqrt{6}}{\pi}I_d = 0.78I_d \tag{3-33}$$

和电压型三相桥式逆变电路中求输出线电压有效值的公式相比，因两者波形形状相同，所以两个公式的系数相同。

随着全控型器件的不断进步，晶闸管逆变电路的应用已越来越少，但图 3-36 的串联二极管式晶闸管逆变电路仍应用较多。这种电路主要用于中大功率交流电动机调速系统。

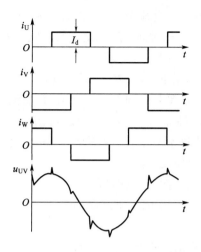

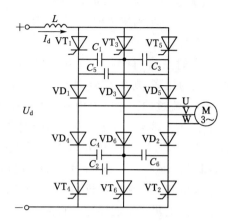

图 3-35　电流型三相桥式逆变电路的输出波形　　　图 3-36　串联二极管式晶闸管逆变电路

可以看出,这是一个电流型三相桥式逆变电路,因为各桥臂的晶闸管和二极管串联使用而得名。电路仍为前述的 120°导电工作方式,输出波形和图 3-35 的波形大体相同。各桥臂之间换流采用强迫换流方式,连接于各臂之间的电容 $C_1 \sim C_6$ 即为换流电容。下面主要对其换流过程进行分析。

设逆变电路已进入稳定工作状态,换流电容器已充上电压。电容器所充电压的规律是:对于共阳极晶闸管来说,电容器与导通晶闸管相连接的一端极性为正,另一端为负,不与导通晶闸管相连接的另一电容器电压为零;共阴极晶闸管与共阳极晶闸管情况类似,只是电容器电压极性相反。在分析换流过程时,常用等效换流电容的概念。例如在分析从晶闸管 $VT_1$ 向 $VT_3$ 换流时,换流电容 $C_{13}$ 就是 $C_3$ 与 $C_5$ 串联后再与 $C_1$ 并联的等效电容。设 $C_1 \sim C_6$ 的电容量均为 $C$,则 $C_{13}=3C/2$。

下面分析从 $VT_1$ 向 $VT_3$ 换流的过程。假设换流前 $VT_1$ 和 $VT_2$ 导通,$C_{13}$ 电压 $U_{C_0}$ 左正右负,如图 3-37(a)所示。换流过程可分为恒流放电和二极管换流两个阶段。

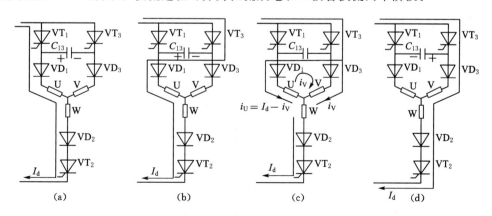

图 3-37　换流过程各阶段的电流路径

在 $t_1$ 时刻给 $VT_3$ 以触发脉冲,由于 $C_{13}$ 电压的作用,使 $VT_3$ 导通,而 $VT_1$ 被施以反向电压而关断。直流电流 $I_d$ 从 $VT_1$ 换到 $VT_3$ 上,$C_{13}$ 通过 $VD_1$、U 相负载、W 相负载、$VD_2$、

VT$_2$、直流电源和 VT$_3$ 放电,如图 3-37(b)所示。因放电电流恒为 $I_d$,故称恒流放电阶段。在 $C_{13}$ 电压 $u_{C_{13}}$ 降到零之前,VT$_1$ 一直承受反压,只要反压时间大于晶闸管关断时间 $t_q$,就能保证可靠关断。

设 $t_2$ 时刻 $u_{C_{13}}$ 降到零,之后在 U 相负载电感的作用下,开始对 $C_{13}$ 反向充电。如忽略负载中电阻的压降,则在 $t_2$ 时刻 $u_{C_{13}}=0$ 后,二极管 VD$_3$ 受到正向偏置而导通,开始流过电流 $i_V$,而 VD$_1$ 流过的充电电流为 $i_U=I_d-i_V$,两个二极管同时导通,进入二极管换流阶段,如图 3-37(c)所示。随着 $C_{13}$ 充电电压不断增高,充电电流逐渐减小,$i_V$ 逐渐增大,到 $t_3$ 时刻充电电流 $i_U$ 减到零,$i_V=I_d$,VD$_1$ 承受反压而关断,二极管换流阶段结束。

$t_3$ 以后,进入 VT$_2$、VT$_3$ 稳定导通阶段,电流路径如图 3-37(d)所示。

如果负载为交流电动机,则在 $t_2$ 时刻 $u_{C_{13}}$ 降至零时,如电动机反电动势 $e_{VU}>0$,则 VD$_3$ 仍承受反向电压而不能导通。直到 $u_{C_{13}}$ 升高到与 $e_{VU}$ 相等后,VD$_3$ 才承受正向电压而导通,进入 VD$_3$ 和 VD$_1$ 同时导通的二极管换流阶段。此后的过程与前面分析的完全相同。

图 3-38 给出了电感负载时 $u_{C_{13}}$、$i_U$ 和 $i_V$ 的波形图。图中还给出了各换流电容电压 $u_{C_1}$、$u_{C_3}$ 和 $u_{C_5}$ 的波形。$u_{C_1}$ 的波形当然和 $u_{C_{13}}$ 完全相同,在换流过程,$u_{C_1}$ 从 $U_{C_0}$ 降为 $-U_{C_0}$。$C_3$ 和 $C_5$ 是串联后再和 $C_1$ 并联的,因它们的充放电电流均为 $C_1$ 的一半,故换相过程电压变化的幅度也是 $C_1$ 的一半。换流过程中,$u_{C_3}$ 从零变到 $-U_{C_0}$,$u_{C_5}$ 从 $U_{C_0}$ 变到零。这些电压恰好符合相隔 120° 后从 VT$_3$ 到 VT$_5$ 换流时的要求,为下次换流准备好了条件。

用电流型三相桥式逆变器还可以驱动同步电动机,利用滞后于电流相位的反电动势可以实现换流。因为同步电动机是逆变器的负载,因此这种换流方式也属于负载换流。

用逆变器驱动同步电动机时,其工作特性和调速方式都和直流电动机相似,但没有换相器,因此被称为无换相器电动机。

图 3-39 是无换相器电动机的基本电路,由三相可控整流电路为逆变电路提供直流电源。逆变电路采用 120° 导电方式,利用电动机反电势实现换流。例如从 VT$_1$ 向 VT$_3$ 换流时,因 V 相电压高于 U 相,VT$_3$ 导通时 VT$_1$ 就被关断,这和有源逆变电路的工作情况十分相似。图 3-40 给出了在电动状态下电路的工作波形。

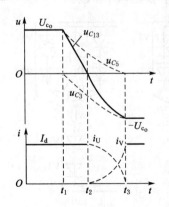

图 3-38　串联二极管晶闸管逆变电路换流过程波形

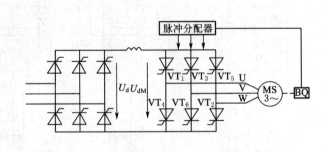

图 3-39　无换相器电动机的基本电路

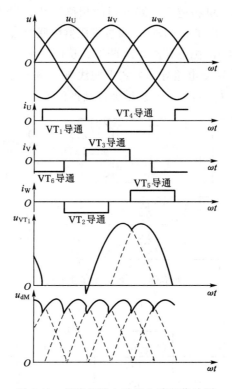

图 3-40 无换相器电动机电路工作波形

图 3-39 中 BQ 是转子位置检测器,用来检测磁极位置以决定什么时候给哪个晶闸管发出触发脉冲。

## 3.7 逆变电路的多重化及多电平

在本章所介绍的逆变电路中,对电压型电路来说,输出电压是矩形波;对电流型电路来说,输出电流是矩形波。矩形波中含有较多的谐波,对负载会产生不利影响。为了减少矩形波中所含的谐波,常常采用多重逆变电路把几个矩形波组合起来,使之成为接近正弦波的波形。也可以改变电路结构,构成多电平逆变电路,它能够输出较多的电平,从而使输出电压向正弦波靠近。下面就这两类电路分别加以介绍。

### 3.7.1 多重化逆变电路

多重化的概念读者并不陌生,12 脉波整流电路由两个三相桥式整流电路构成,是二重整流电路。通过二重化,使交流输入电流的 5、7、17、19 等次谐波被消除,直流电压中的 6、18 等次谐波也被消除,输入输出特性均明显改善。

电压型逆变电路和电流型逆变电路都可以实现多重化。下面以电压型逆变电路为例说明逆变电路多重化的基本原理。

图 3-41 是二重单相电压型逆变电路原理图,它由两个单相全桥逆变电路组成,二者输出通过变压器 $T_1$ 和 $T_2$ 串联起来,图 3-42 是电路的输出波形。两个单相逆变电路的输出电压 $u_1$ 和 $u_2$ 都是导通 180° 的矩形波,其中包含所有的奇次谐波。现在只考察其中的 3 次谐

波。如图 3-42 所示,把两个单相逆变电路导通的相位错开 $\varphi=60°$,则对于 $u_1$ 和 $u_2$ 中的 3 次谐波来说,它们就错开了 $3\times60°=180°$。通过变压器串联合成后,两者中所含 3 次谐波互相抵消,所得到的总输出电压中就不含 3 次谐波。从图 3-42 可以看出,$u_o$ 的波形是导通 $120°$ 的矩形波,和三相桥式逆变电路导通方式下的线电压输出波形相同。其中只含以 $6k\pm1(k=1,2,3\cdots)$ 次谐波,$3k(k=1,2,3\cdots)$ 次谐波都被抵消了。

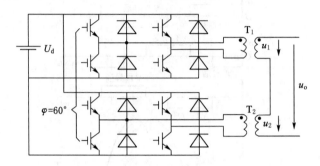

图 3-41　二重单相逆变电路

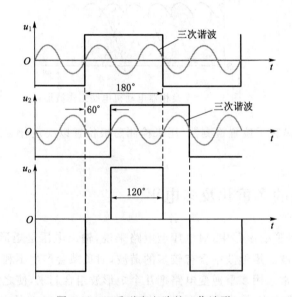

图 3-42　二重逆变电路的工作波形

像上面这样,把若干个逆变电路的输出按一定的相位差组合起来,使它们所含的某些主要谐波分量相互抵消,就可以得到较为接近正弦波的波形。

从电路输出的合成方式来看,多重逆变电路有串联多重和并联多重两种方式。串联多重是把几个逆变电路的输出串联起来,电压型逆变电路多用串联多重方式;并联多重是把几个逆变电路的输出并联起来,电流型逆变电路多用并联多重方式。

下面介绍三相电压型二重逆变电路的工作原理,图 3-43 给出了电路基本构成。该电路由两个三相桥式逆变电路构成,其输入直流电源公用,输出电压通过变压器 $T_1$ 和 $T_2$ 串联合成。两个逆变电路均为 $180°$ 导通方式,这样它们各自的输出线电压都是 $120°$ 矩形波。工作时,使逆变桥 II 的相位比逆变挤 I 滞后 $30°$。变压器 $T_1$ 和 $T_2$ 在同一水平上画的绕组是绕在同一铁芯柱上的。$T_1$ 为 D/Y 连接,线电压电压比为 1:$\sqrt{3}$(一次和二次绕组匝数相等)。变压器 $T_2$ 一次侧也是三角形连接,但二次侧有两个绕组,采用曲折星形接法,即一相的绕组和另一相的绕组串联而构成星形,同时使其二次电压相对于一次电压而言,比 $T_1$ 的接法超前 30°,以抵消逆变桥 Ⅱ 比逆变桥 Ⅰ 滞后的 30°。这样,$u_{U2}$ 和 $u_{U1}$ 的基波相位就相同。如果 $T_2$ 和 $T_1$ 一次侧匝数相同,为了使 $u_{U2}$ 和 $u_{U1}$ 基波幅值相同,$T_2$ 和 $T_1$ 二次侧间的匝比就应为 $1/\sqrt{3}$。

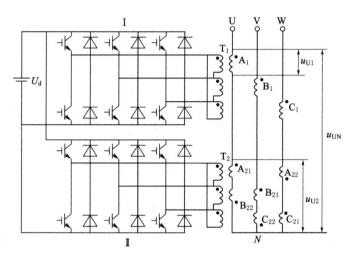

图 3-43　三相电压型二重逆变电路

$T_1$、$T_2$ 二次侧基波电压合成情况的相量图如图 3-44 所示。图中 $U_{A1}$、$U_{A21}$、$U_{B22}$ 分别是变压器绕组 $A_1$、$A_{21}$、$B_{22}$ 上的基波电压相量。图 3-45 给出了 $u_{U1}$($u_{A1}$)、$u_{A21}$、$-u_{B22}$、$u_{U2}$ 和 $u_{UN}$ 的波形图。可以看出,$u_{UN}$ 比 $u_{U1}$ 接近正弦波。

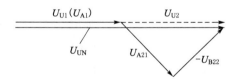

图 3-44　二次侧基波电压合成相量图

把 $u_{U1}$ 展开成傅立叶级数得:

$$u_{U1} = \frac{2\sqrt{3}U_d}{\pi}\left[\sin \omega t + \frac{1}{n}\sum_n (-1)^k \sin n\omega t\right] \tag{3-34}$$

式中,$n = 6k \pm 1$,$k$ 为自然数。$u_{U1}$ 的基波分量有效值为:

$$U_{U1} = \frac{\sqrt{6}U_d}{\pi} = 0.78U_d \tag{3-35}$$

$n$ 次谐波有效值为:

$$U_{U1n} = \frac{\sqrt{6}U_d}{n\pi} \tag{3-36}$$

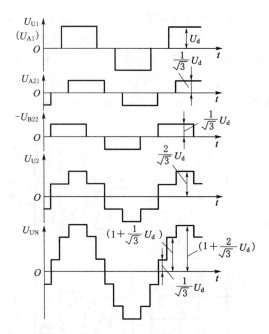

图 3-45　三相电压型二重逆变电路波形图

把由变压器合成后的输出相电压 $u_{UN}$ 展开成傅立叶级数,可求得其基波电压有效值为:

$$U_{UN1} = \frac{2\sqrt{6}U_d}{\pi} = 1.56U_d \tag{3-37}$$

其 $n$ 次谐波有效值为:

$$U_{UNn} = \frac{2\sqrt{6}U_d}{n\pi} = \frac{1}{n}U_{UN1} \tag{3-38}$$

式中,$n = 12k \pm 1$,$k$ 为自然数。在 $u_{UN}$ 中已不含 5 次、7 次等谐波。

可以看出,该三相电压型二重逆变电路的直流侧电流每周期脉动 12 次,称为 12 脉波逆变电路。一般来说,使 $m$ 个三相桥式逆变电路的相位依次错开 $\pi/(3m)$ 运行,连同使它们输出电压合成并抵消上述相位差的变压器,就可以构成脉波数为 $6m$ 的逆变电路。

### 3.7.2　多电平逆变电路

先来回顾一下图 3-31 的三相电压型桥式逆变电路和该电路波形。以直流侧中点 O 为参考点,对于 A 相输出来说,桥臂 1 导通时,$u_{AO} = U_d/2$,桥臂 4 导通时,$u_{AO} = -U_d/2$。B、C 两相类似。可以看出,电路的输出相电压有 $U_d/2$ 和 $-U_d/2$ 两种电平。这种电路称为两电平逆变电路。

如果能使逆变电路的相电压输出更多种电平,就可以使其波形更接近正弦波。图 3-46 就是一种三电平逆变电路。这种电路也称为中点钳位型(neutral point clamped)逆变电路,下面简要分析其工作原理。

该电路的每个桥臂由两个全控型器件串联构成,两个器件都反并联了二极管。两个串联器件的中点通过钳位二极管和直流侧电容的中点相连接。例如,U 相的上下两桥臂分别通过钳位二极管 $VD_1$ 和 $VD_4$ 与 $O'$ 点相连接。

以 U 相为例,当 $V_{11}$ 和 $V_{12}$(或 $VD_{11}$ 和 $VD_{12}$)导通,$V_{41}$ 和 $V_{42}$ 关断时,U 点和 $O'$ 点间电位

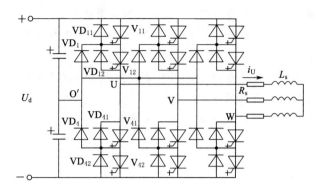

图 3-46　三电平逆变电路

差为 $U_d/2$；当 $V_{41}$ 和 $V_{42}$（或 $VD_{41}$ 和 $VD_{42}$）导通，$V_{11}$ 和 $V_{12}$ 关断时，U 和 O′ 间电位差为 $-U_d/2$；当 $V_{12}$ 和 $V_{41}$ 导通，$V_{11}$ 和 $V_{42}$ 关断时，U 和 O′ 间电位差为 0。实际上在最后一种情况下，$V_{12}$ 和 $V_{41}$ 不可能同时导通，哪一个导通取决于负载电流 $i_U$ 的方向。按图 3-46 所规定的方向，$i_U>0$ 时，$V_{12}$ 和钳位二极管 $VD_1$ 导通；$i_U<0$ 时，$V_{41}$ 和钳位二极管 $VD_4$ 导通。即通过钳位二极管 $VD_1$ 或 $VD_4$ 的导通把 U 点电位钳位在 O′ 点电位上。

通过相电压之间的相减可得到线电压。两电平逆变电路的输出线电压共有 $\pm U_d$ 和 0 三种电平，而三电平逆变电路的输出线电压则有 $\pm U_d$、$\pm U_d/2$ 和 0 五种电平。因此，通过适当的控制，三电平逆变电路输出电压谐波可大大少于两电平逆变电路。

三电平逆变电路还有一个突出的优点就是每个主开关器件关断时所承受的电压仅为直流侧电压的一半。因此，这种电路特别适合于高压大容量的应用场合。

用与三电平电路类似的方法，还可构成五电平、七电平等更多电平的电路。三电平及更多电平的逆变电路统称为多电平逆变电路。

## 思考题与习题

1. 结合 GTR 和功率 MOSFET 的驱动原理，试说明电流控制型和电压控制型器件的特点。

2. 与功率 MOSFET 相比，为什么 IGBT 的通态压降较低？

3. 与 GTR 相比，为什么 IGBT 的工作频率比较高？

4. 通常用什么方法对 IGBT 进行过电流保护？这种方法能否适用于 GTR、SCR、GTO 以及功率 MOSFET？

5. 试说明 IGBT、GTR、GTO 和电力 MOSFET 各自的优缺点。

6. 无源逆变电路和有源逆变电路有何不同？

7. 换流方式有哪几种？各有什么特点？

8. 什么是电压型逆变电路？什么是电流型逆变电路？二者各有何特点？

9. 电压型逆变电路中反馈二极管的作用是什么？为什么电流型逆变电路中没有反馈二极管？

10. 并联谐振式逆变电路利用负载电压进行换相，为保证换相应满足什么条件？

11. 串联二极管式电流型逆变电路中,二极管的作用是什么? 试分析换相过程。

12. 逆变电路多重化的目的是什么? 如何实现? 串联多重和并联多重逆变电路各用于什么场合?

13. 逆变器输出波形的谐波系数 $HF$ 与畸变系数 $DF$ 有何区别? 为什么仅从谐波系数还不足以说明逆变器输出波形的品质?

14. 逆变器有哪些类型? 其最基本的应用领域有哪些?

# 第 4 章　直流直流变换器

## 4.1　概述

直流直流变换(DC-DC converter)电路的功能是改变和调节直流输出电压(或电流),也称直流斩波器(DC chopper)、DC-DC 变流器或直流直流变换器。直流直流变换器有多种类型,一般根据变换器主电路中是否包含有隔离环节将其分为非隔离直流直流变换器和隔离直流直流变换器。

非隔离直流直流变换器输入输出间无隔离环节,采用直接变换方式将一种直流电变换为所需的直流电,又称为直接直流直流变换器。非隔离直流直流变换器的基本形式包括降压(Buck)变换器、升压(Boost)变换器、升降压(Buck-Boost)变换器、库克(Cuk)变换器、Sepic 变换器和 Zeta 变换器。利用上述变换器的基本形式可以构成复合直流直流变换器,用于改善电路性能。

隔离直流直流变换器在直流变换过程中采用隔离环节(通常为变压器)进行输入输出电路的隔离,从而形成直-交-直的变换形式,又称为直-交-直变换器或隔离直流直流变换器。

### 4.1.1　直流斩波的基本原理

直流直流变换器的输入电压通常是固定不变的,其输出电压平均值的大小主要采用斩波控制(又称开关控制)方式进行控制。

为简化分析,忽略次要因素,做如下假设:① 开关是理想的;② 直流输入电源为理想电压源;③ 负载电阻为理想电阻。

直流斩波的基本原理如图 4-1 所示。其中,$U_i$ 为固定不变的直流输入电压;$U_o$ 为输出平均电压(即负载电阻的平均电压);S 为控制开关。开关 S 的工作周期为 $T_s$,通态时间为 $T_{on}$,断态时间为 $T_{off}$,则可以利用控制开关 S 的开通时间 $T_{on}$ 和关断时间 $T_{off}$ 来控制负载电阻上的电压平均值 $U_o$,如图 4-1(b)所示。定义开关 S 的导通时间 $T_{on}$ 与开关周期 $T_s$ 之比为开关的占空比 $D$,即

$$D = \frac{T_{on}}{T_s} \tag{4-1}$$

则电压 $U_o$ 可以表示为:

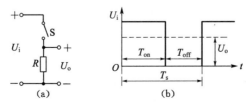

图 4-1　直流斩波的基本原理图

$$U_o = \frac{T_{on} U_i}{T_s} = D U_i \qquad (4\text{-}2)$$

### 4.1.2 直流斩波的控制方式

直流斩波控制中对开关管的控制可以采用不同的规律，主要有三类：

（1）脉冲宽度调制（pulse width modulation，PWM）

这种控制方式下，开关管的工作周期 $T_s$ 维持不变，而脉冲宽度（通态时间 $T_{on}$）可以调整。

（2）脉冲频率调制（pulse frequency modulation，PFM）

这种控制方式下，开关管的脉冲宽度（通态时间 $T_{on}$）维持不变，而工作周期 $T_s$ 可以调整。

（3）混合型

这种控制方式下，开关管的脉冲宽度（通态时间 $T_{on}$）和工作周期 $T_s$ 均可以调整。

其中，脉冲宽度调制控制方式是全控型电力电子变换器最常用的控制方式，也是本章内容中开关的主要控制方式。

## 4.2 非隔离型直直变换器

### 4.2.1 降压式变换器（Buck）

降压式变换器的电路原理如图 4-2(a)所示，电路由一个开关管 VT（图中采用 IGBT）、二极管 VD 和电感 $L$ 等构成。其中，开关管 VT 是斩波控制的主要元件，电感 $L$ 起储能和滤波作用，二极管 VD 在 VT 关断期间给电感电流提供续流通道。负载可以是电阻、电感、电容或直流电动机、蓄电池等有源负载。电路可能的工作状态如图 4-2(b)、图 4-2(c)、图 4-2(d)所示。

工作状态 1：开关管 VT 开通，二极管 VD 阻断；

工作状态 2：开关管 VT 阻断，二极管 VD 导通；

工作状态 3：开关管 VT 阻断，二极管 VD 阻断。

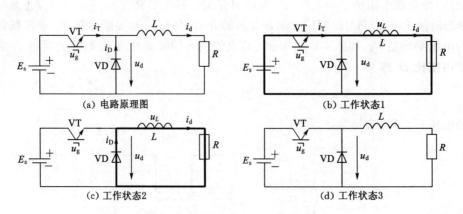

(a) 电路原理图　　　　(b) 工作状态1

(c) 工作状态2　　　　(d) 工作状态3

图 4-2　降压式变换器工作状态

#### 4.2.1.1　电阻和电感负载

如果开关管 VT 栅极施加如图 4-3(a) 的驱动信号，VT 在 $t=0$ 时导通，导通时的电路工作状态如图 4-2(b) 所示的工作状态 1，此时二极管 VD 承受反向电压，输入端向负载及电感 $L$ 提供能量，$u_d=E_s$。在 $t=t_{off}$ 时 VT 关断，电路工作状态切换至图 4-2(c) 所示的工作状态 2，关断时电感 $L$ 经二极管 VD 续流，$u_d=0$，电感中的一部分储能转移到负载上，斩波器输出电压 $u_d$ 波形如图 4-3(c) 所示。输出平均电压为：

$$U_d=\frac{T_{on}}{T_{on}+T_{off}}E_s=\frac{T_{on}}{T}E_s=DE_s \tag{4-3}$$

式中，$T$ 为开关周期；$D=\dfrac{T_{on}}{T}$ 为占空比，或称导通比。改变占空比 $D$，可以调节直流输出平均电压的大小。因为 $D\leqslant1$，$U_d\leqslant E_s$，故该电路是降压斩波。

在 IGBT 导通区间有电流 $i_d$ 经 $E_s+\rightarrow VT\rightarrow L\rightarrow R\rightarrow E_s-$，而二极管 VD 截止，可列电路电压方程为：

$$E_s=L\frac{di_d}{dt}+Ri_d \tag{4-4}$$

设 $i_d$ 初始值为 $I_{10}$，$\tau=R/L$，解方程(4-4)可得：

$$i_d=i_T=I_{10}e^{-\frac{t}{\tau}}+\frac{E}{R}(1-e^{-\frac{t}{\tau}}) \tag{4-5}$$

在该区间 $i_d$ 从 0 或 $I_{10}$ 上升，电感储能。当 $t=t_{off}$ 时 $i_d$ 达到 $I_{20}$，同时 VT 关断。在 VT 关断期间，电感 $L$ 经电流 $R$ 和二极管 VD 续流，可得这时的回路电压方程为：

$$0=L\frac{di_d}{dt}+Ri_d \tag{4-6}$$

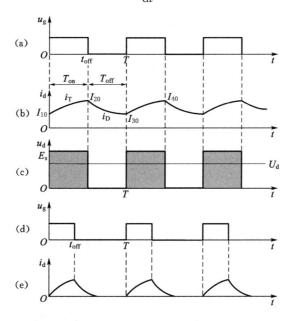

图 4-3　电阻和电感负载波形

以 $i_d$ 初始值为 $I_{20}$，解方程可得：

$$i_d = i_D = I_{20} e^{-\frac{t-T_{on}}{\tau}} \tag{4-7}$$

$i_d$ 波形如图 4-3(b)所示，经过几个周期后，当每个导通周期都有 $I_{10} = I_{30}$，$I_{20} = I_{40}$，则电路进入稳定状态。一般 PWM 调制的斩波电路，脉冲频率都比较高，在占空比 $D$ 较大时，较小的电感 $L$ 就可以使电流连续，且电流连续时，电流的脉动很小，可以认为电流 $i_d$ 不变。在占空比 $D$ 较小时，电感储能不足，仍会出现电流断续[见图 4-3(d)、图 4-3(e)]。

如果在负载 $R$ 上并联电容，则相当于增加了电容滤波。在电容很大时，负载侧电压可视为恒值，但实际电容都是有限制的，负载侧电压仍会有脉动。

#### 4.2.1.2 反电动势负载

反电动势负载以直流伺服电动机为例，如图 4-4 所示。

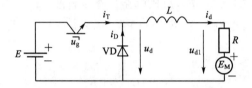

图 4-4 带电动机负载时的降压式变换器

在占空比较大，电流连续时的波形与阻感负载图 4-3(b)、图 4-3(c)相同，但 VT 导通时的电路方程为：

$$E = L \frac{di_d}{dt} + R i_d + E_M \tag{4-8}$$

$$i_d = i_T = I_{10} e^{-\frac{t}{\tau}} + \frac{E-E_M}{R}(1-e^{-\frac{t}{\tau}}) \tag{4-9}$$

在 VT 关断时：

$$0 = L \frac{di_d}{dt} + R i_d + E_M \tag{4-10}$$

以 $i_d$ 初始值为 $I_{20}$，解方程可得：

$$i_d = i_D = I_{20} e^{-\frac{t-T_{on}}{\tau}} - \frac{E_M}{R}(1-e^{-\frac{t-T_{on}}{\tau}}) \tag{4-11}$$

在电流连续时忽略电流的脉动，则：

$$U_d = DE$$

$$I_d = \frac{DE-E_M}{R} \tag{4-12}$$

式中，$D = \dfrac{T_{on}}{T}$。

在占空比较小时 $i_d$ 会断续，如图 4-5(b)所示。在电流断续时，负载侧电压 $u_d = E_M$，显然电流断续后电枢侧平均电压较电流连续时有抬高。在电动机理想空载($I_d = 0$)时，电动势 $E_M = E$，这与晶闸管-电动机系统电流断续时情况类似。反映在电动机机械特性上，电流断续后，机械特性上翘变软，且理想空载转速 $n_0' = \dfrac{E}{C_e}$，电动机的机械特性如图 4-6 所示。

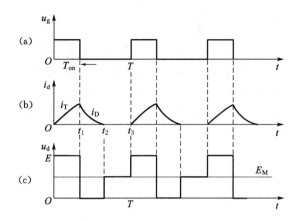

图 4-5　带电动机负载的降压式变换器波形（电流断续）

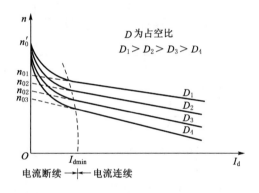

图 4-6　直流斩波调压电动机机械特性

### 4.2.2　升压式变换器（Boost）

升压式变换器（Boost）的电路原理如图 4-7 所示，电路由一个开关管 VT（图中采用 IG-BT）、二极管 VD 和电感 $L$、电容 $C$ 等构成。其中，开关管 VT 是斩波控制的主要元件，电感 $L$ 和电容 $C$ 起储能和滤波作用，二极管 VD 在 VT 关断期间给电容和负载进行供电。

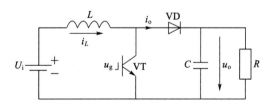

图 4-7　升压式变换器电路原理图

通过控制开关管 VT 的导通比，可以控制升压式变换器的输出电压。电路工作原理是：设开关管 VT 由信号 $u_g$ 控制，$u_g$ 为高电平时，VT 导通；反之，VT 关断。

VT 导通时，二极管 VD 截止，电流经电感 $L$、VT、$U_i$ 形成回路，电流 $i_L$ 上升，电感 $L$ 储能，负载 $R$ 由电容 $C$ 提供电流，二极管的作用是阻断电容经开关管 VT 放电的回路，其等效电路如图 4-8(a)所示。此时 $U_i = L \dfrac{\mathrm{d}i_L}{\mathrm{d}t}$。

VT 导通时，$u_L = U_i > 0$，$i_L$ 增加，电感储能增加，此时负载由电容 $C$ 供电。当 VT 关断时，因电感电流不能突变，$i_L$ 通过 VD 向电容 $C$、负载供电，电源 $U_i$ 的电能量和电感上储存的能量传递到电容、负载侧，此时 $i_L$ 减小，$L$ 的感应电势 $u_L < 0$，$u_o(t) \approx U_o$ 为常数。

为讨论方便，假设所有的元件都是理想的，同时负载电流足够大，电感电流连续。当开关管 VT 导通时，二极管截止，有：

$$U_i = L \frac{\mathrm{d}i_L}{\mathrm{d}t} \tag{4-13}$$

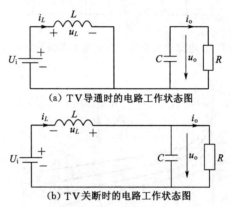

（a）TV导通时的电路工作状态图

（b）TV关断时的电路工作状态图

图 4-8　升压式变换器开关管动作时的等效电路

电感电流线性增加。当开关管 VT 由导通变为截止时，电感电流不能突变，产生感应电动势迫使二极管导通，此时：

$$U_i - U_o = L \frac{\mathrm{d}i_L}{\mathrm{d}t} \tag{4-14}$$

设滤波电容很大，在开关管导通和截止期间，电容电压不变。由式(4-14)可见，电感电流线性下降。电路有关电流、电压波形如图 4-9 所示。

稳态时，根据电感电流线性变化和电感电流连续性原理，式(4-13)和式(4-14)可写成：

$$U_i = L \frac{i_{\max} - i_{\min}}{T_{\text{on}}} \tag{4-15}$$

$$U_i - U_o = L \frac{i_{\min} - i_{\max}}{T_{\text{off}}} \tag{4-16}$$

联解式(4-15)和式(4-16)，并简化可以得到：

$$U_o = \frac{T_{\text{on}} + T_{\text{off}}}{T_{\text{off}}} U_i = \frac{U_i}{1 - D} \tag{4-17}$$

因 $D$ 小于 1，由式(4-17)可见，输出电压大于输入电压，所以是升压式变换器。若假定该电路无损耗，输入功率等于输出功率，即 $P_i = P_o$，$U_i I_i = U_o I_o$，故可得到平均输出电流与占空比的关系为：

$$\frac{I_o}{I_i} = 1 - D \tag{4-18}$$

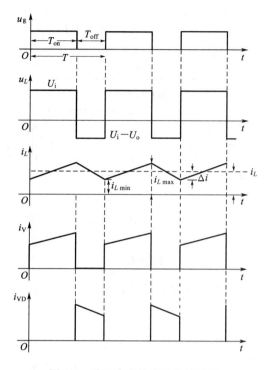

图 4-9　升压式变换器工作波形图

### 4.2.3　升降压式变换器(Buck-Boost)

升降压式变换器又称为 Buck-Boost 变换器,主要用于特殊的可调直流电源,这种变换器具有一个相对于输入电压公共端为负极性的输出电压。此输出电压可以高于或者低于输入电压。升降压式变换器是由降压与升压式变换器串接而成的,其电路原理如图 4-10 所示。

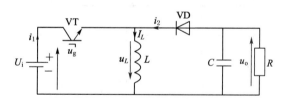

图 4-10　升降压式变换器的电路原理图

Buck-Boost 变换器的工作原理如下:开关管 VT 导通,二极管 VD 截止时,输入电压 $U_i$ 加在 $L$ 上,电感从电源获取能量,此时,靠滤波电容 $C$ 维持输出电压保持不变;当 VT 截止时,电感 $L$ 中储存的能量传递给电容及负载。VT 占空比越高,传递到负载的能量就越多。当使占空比为 0 时,输出电压 $U_o$ 也将为 0;当占空比近似为 1 时,通过 $L$ 的电流将趋于无穷大(不考虑 $L$ 寄生电阻);因此,此时传递给负载的能量也将足够大,这说明通过控制开关管 VT 的占空比,从理论上讲,可控制输出电压在 $0 \sim \infty$ 之间变化。

升降压式变换器的工作等效电路如图 4-11 所示。

为讨论方便,假设所有的元件都是理想的,同时负载电流足够大,电感电流连续。当开关管 VT 导通时,二极管截止,此时有:

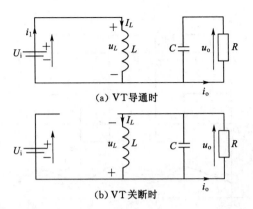

（a）VT导通时

（b）VT关断时

图 4-11　升降压式变换器的工作等效电路

$$U_i = L\frac{di_L}{dt} \tag{4-19}$$

电感电流线性增加。当晶体管由导通变为截止时，电感电流不能突变，产生感应电势迫使二极管导通，此时：

$$U_o = -L\frac{di_L}{dt} \tag{4-20}$$

设滤波电容很大，在晶体管导通和截止期间，电容电压不变。由式（4-20）可见，电感电流线性下降。电路有关电流、电压波形如图 4-12 所示。

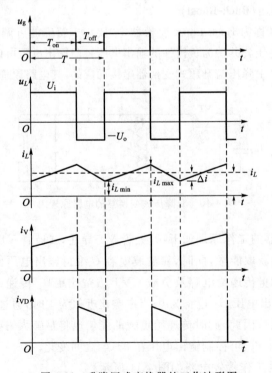

图 4-12　升降压式变换器的工作波形图

稳态时,根据电感电流线性变化和电感电流连续性原理,式(4-19)和式(4-20)可写成:

$$U_i = L \frac{i_{Lmax} - i_{Lmin}}{T_{on}} \tag{4-21}$$

$$-U_o = L \frac{i_{min} - i_{max}}{T_{off}} \tag{4-22}$$

联解式(4-21)和(4-22),并简化可以得到:

$$U_o = \frac{T_{on}}{T_{off}} U_i = \frac{D}{1-D} U_i \tag{4-23}$$

因 $D$ 小于 1,由式(4-23)可见,$D > 0.5$ 时,输出电压大于输入电压,而 $D < 0.5$ 时,输出电压小于输入电压,所以是升降压式电路。

若假定该电路无损耗,输入功率等于输出功率,即 $P_i = P_o$,$U_i I_i = U_o I_o$;故平均输出电流与占空比的关系为:

$$\frac{I_o}{I_i} = \frac{1-D}{D} \tag{4-24}$$

### 4.2.4　库克变换器(Cuk)

库克变换器是对前面讨论的升降压式变换器应用对偶原理而得到的,升降压式变换器中,负载与电容并联,实际电容值总是有限的,电容不断充放电过程的电压波动,引起负载电流的波动,因此升降压式变换器的输入和输出端的电流脉动量都较大,对电源和负载的电磁干扰也较大,为此提出 Cuk 变换器,其电路原理如图 4-13(a)所示。Cuk 变换器的特点是输入和输出端都串联了电感,减小了输入和输出电流的脉动,可以改善变换器产生的电磁干扰问题。

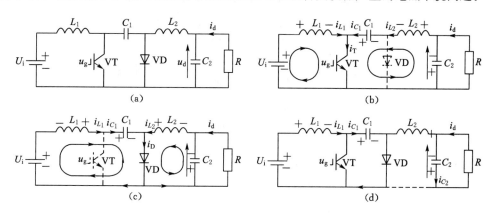

图 4-13　Cuk 变换器的电路原理图

Cuk 变换器也只有一个开关器件 VT,因此电路有两种工作模式。

(1) 模式一:开关 VT 导通[见图 4-13(b)]

开关 VT 导通时($T_{on} = DT$),电源 $U_i$ 经 $L_1$ 和开关 VT 短路,$i_{L_1}$ 线性增加,$L_1$ 储能;与此同时,电容 $C_1$ 经开关 VT 对 $C_2$ 和负载 $R$ 放电,并使电感 $L_2$ 电流增加,$L_2$ 储能。在这个阶段中,因为 $C_1$ 释放能量,二极管 VD 被反偏而处于截止状态。

(2) 模式二:开关 VT 截止[见图 4-13(c)、(d)]

开关 VT 关断时,$T_{off} = (1-D)T$,根据流经电感 $L_2$ 的电流 $i_{L_2}$ 的情况,又有电流 $i_{L_2}$ 连续和断续两种状态。

在 VT 关断时，电感 $L_1$ 电流 $i_{L_1}$ 要经二极管 VD 续流，$L_1$ 储能减小，并且 $L_1$ 产生的电感电动势与电源 $U_i$ 顺向串联，共同对电容 $C_1$ 充电，$C_1$ 电压增加，并且 $u_{C_1}$ 可以大于 $U_i$。在这同时 $L_2$ 要经二极管 VD 释放储能，维持负载 $C_2$ 和 $R$ 的电流。如果 $L_2$ 储能较大，$L_2$ 的续流将维持到下一次 VT 的导通，如图 4-13(c) 所示。如果 $L_2$ 储能较小，续流在下一次 VT 导通前就结束，电流 $i_{L_2}$ 断续，负载 $R$ 由电容 $C_2$ 放电维持电流，如图 4-13(d) 所示。

在 Cuk 电路中，一般 $C_1$、$C_2$ 值都较大，$u_{C_1}$、$u_{C_2}$ 波动较小，$L_1$、$L_2$ 的电流脉动也较小，忽略这些脉动，在二极管 VD 导通时，电容 $C_1$ 的平均电压 $U_i = \dfrac{T_{off}}{T} U_{C_1} = DU_i$，在 VD 截止时，

$U_o = \dfrac{T_{on}}{T} U_{C1} = DU_{C1}$，因此有：$DU_i = (1-D)U_o$，则：

$$U_o = \frac{D}{1-D} U_i \tag{4-25}$$

式(4-25)与升降压式变换器的式(4-23)完全相同，即 Cuk 变换器与升降压式变换器的降压和升压功能一样，但是 Cuk 变换器的电源电流和负载电流都是连续的，纹波很小，Cuk 变换器的不足之处是对开关管和二极管的耐压和电流要求较高。

### 4.2.5 Sepic 变换器

Sepic 变换器电路原理图如图 4-14 所示。Sepic 变换器的基本工作原理是：当 VT 处于通态时，$U_i - L_1 - VT$ 回路和 $C_1 - VT - L_2$ 回路同时导电，$L_1$ 和 $L_2$ 贮能。VT 处于断态时，$U_i - L_1 - C_1 - VD - 负载(C_2 \text{ 和 } R)$ 回路及 $L_2 - VD - 负载$ 回路同时导电，此阶段 $U_i$ 和 $L_1$ 既向负载供电，同时也向 $C_1$ 充电，$C_1$ 贮存的能量在 VT 处于通态时向 $L_2$ 转移。

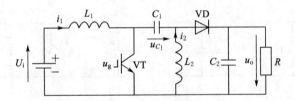

图 4-14　Sepic 变换器的电路原路图

Sepic 变换器的输入输出关系由下式给出：

$$U_o = \frac{T_{on}}{T_{off}} U_i = \frac{T_{on}}{T - T_{on}} U_i = \frac{D}{1-D} U_i \tag{4-26}$$

### 4.2.6 Zeta 变换器

Zeta 变换器也称双 Sepic 变换器，其电路原理图如图 4-15 所示。在 VT 处于通态期间，电源 $U_i$ 经开关 VT 向电感 $L_1$ 储能。同时，$U_i$ 和 $C_1$ 共同向负载 $R$ 供电，并向 $C_2$ 充电。待 VT 关断后，$L_1$ 经 VD 向 $C_1$ 充电，其贮存的能量转移至 $C_1$。同时，$C_2$ 向负载供电，$L_2$ 的电流则经 VD 续流。

Zeta 变换器的输入输出关系为：

$$U_o = \frac{D}{1-D} U_i \tag{4-27}$$

Zeta 变换器与 Sepic 变换器具有相同的输入输出关系。Sepic 变换器中，电源电流和负载电流均连续，有利于输入输出滤波，反之，Zeta 变换器的输入电流是断续的。另外，与前

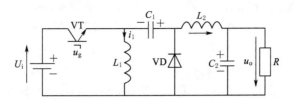

图 4-15　Zeta 变换器的电路原理图

述升降压式变换器和 Cuk 变换器两种电路相比,这里的两种电路的输出电压为正极性的,且输入输出关系相同。

# 4.3　隔离型直直变换器

在基本的 Buck、Boost 以及 Cuk 等 DC/DC 变换器中引入隔离变压器,可以使变换器的输入电源和负载之间实现电气隔离,提高变换器运行的安全可靠性和电磁兼容性。同时,选择适当的变压器变比可匹配电源电压 $V_s$ 与负载所需的输出电压 $V_o$,即使 $V_s$ 与 $V_o$ 相差很大,也能使 DC/DC 变换器的占空比 $D$ 数值适中而不至于接近 0 或接近于 1。此外,引入了变压器还可能设置多个二次绕组输出几个不同的直流电压。采用开关管的带隔离变压器的 DC/DC 变换器许多只需一个开关管,这种单管变换器中变压器的磁通只在单方向变化,称为单端变换器,常用于小功率电源变换。如果开关管导通时,电源将能量直接传送至负载则称为单端正激变换器,如果开关管导通时,电源将电能转为磁能储存在电感中,当开关管阻断时再降磁能变为电能传送到负载,则称为单端反激变换器。采用两个(半桥)或四个开关管(全桥)的带隔离变压器的多管变换器中,变压器的磁通可在正、反两个方向变化,铁芯的利用率高,这可使变换器铁芯体积减小为等效单端变压器的一半,带隔离变压器的多管 DC/DC 变换器常用于大功率领域。本节仅介绍带隔离变压器的基本变换器,对于组合式变换器不做介绍。

## 4.3.1　单端正激变换器

单端正激变换器的电路原理如图 4-16 所示,其中隔离变压器铁芯上有三个绕组:一次绕组 $N_1$、二次绕组 $N_2$ 和磁通复位绕组 $N_3$,星号"＊"表示三个绕组感应电动势的同名端。

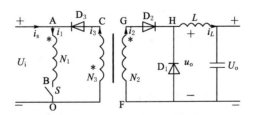

图 4-16　单端正激变换器的电路原理图

对开关管 S 周期性地通、断控制,在 S 导通的 $T_{on}=DT_s$ 期间,电源电压 $U_i$ 加在 $N_1$ 上,电流 $i_1$ 线性上升,铁芯磁通 $\Phi$ 线性增加,这时由于 S 导通,$N_1$ 的感应电动势 $e_{AO}=N_1(d\Phi/dt)=U_i$,$N_2$ 的感应电动势 $e_{GF}=N_2(d\Phi/dt)=(N_2/N_1)U_i>0$,使 $D_2$ 导通、$D_1$ 截止,电感电流 $i_L=i_2$ 向负载供电。同时,$N_3$ 的感应电动势 $e_{OC}=N_3(d\Phi/dt)>0$,使 $D_3$ 截止。

在 S、$D_2$ 导通、$D_1$、$D_3$ 截止的 $T_{on} = DT_S$ 期间,$U_i = N_1(d\Phi/dt)$,磁通增量为:

$$\Delta\Phi = (U_i/N_1)T_{on} = (U_i/N_1)DT_S \tag{4-28}$$

输出电压为:

$$u_o = u_{HF} = e_{GF} = (N_2/N_1)e_{AO} = U_i(N_2/N_1) \tag{4-29}$$

在一个周期 $T_S$ 随后的 $T_{off} = (1-D)T_S$ 期间,S 阻断,$i_1 = 0$,磁通 $\Phi$ 减小,这时三个绕组的感应电动势均反向:$N_2$ 的感应电动势 $e_{GF} < 0$,使 $D_2$ 截止,$i_L$ 经 $D_1$ 续流,$D_1$ 导通;$N_3$ 的感应电动势 $e_{OC} < 0$,$e_{CO} > 0$,使 $D_3$ 导通,从而使 $e_{CO} = U_i = -N_3(d\Phi/dt)$,$i_3$ 将变压器励磁电流对应的磁能回送给电源 $U_i$,$i_3$ 减小,磁通 $\Phi$ 减小。在 $T_{off}$ 期间,如果 $i_3$ 并未衰减到零,即在整个 $T_{off}$ 期间 $D_3$ 一直导通,$N_3$ 两端电压恒为 $U_i$,则磁通的减少量有最大值:

$$\Delta\Phi' = U_i T_{off}/N_3 = U_i(1-D)T_S/N_3 \tag{4-30}$$

在 $T_{off} = (1-D)T_S$ 期间,只要 $i_L$ 不衰减到零,$D_1$ 一直导通,则输出电压:

$$u_o = u_{HF} = 0$$

在 $T_{on}$ 期间,磁通 $\Phi$ 的增量 $\Delta\Phi$ 与占空比 $D$ 成正比,如果在 $T_{on}$ 期间磁通 $\Phi$ 的增量 $\Delta\Phi$ 大于 $T_{off}$ 期间磁通 $\Phi$ 的最大可能的减少量 $\Delta\Phi'$,则由式(4-28)、式(4-30),令 $\Delta\Phi > \Delta\Phi'$,可得到:

$$D > N_1/(N_1 + N_3) = D_{max} \tag{4-31}$$

若 $D > N_1/(N_1 + N_3) = D_{max}$,则 $\Delta\Phi > \Delta\Phi'$,那时在每个周期结束时,铁芯磁通都将增加 $\Delta\Phi - \Delta\Phi'$,这时铁芯将很快饱和而不能工作。如果 $D < N_1/(N_1 + N_3) = D_{max}$,则 $T_{on} = DT_S$ 期间,磁通的增量 $\Delta\Phi$ 将减小,$T_{off} = (1-D)T_S$ 时间段增加,则在一个周期中开关管 T 的关断期 $T_{off}$ 尚未结束前,磁通已减到零(复位),即 $i_3 = 0$,下一个周期中开关管 T 开始导通时,磁通 $\Phi$ 及电流 $i_1$ 将从零上升,这时变换器当然能正常持续工作。因此 $D_{max} = N_1/(N_1 + N_3)$ 是单端正激变换器工作时的最大允许占空比,实际运行中必须使 $D \leq D_{max} = N_1/(N_1 + N_3)$。

只要在 $T_{off}$ 期间,$i_L$ 经 $D_1$ 续流不会下降到零,则在 $T_{off}$ 期间,$u_o = 0$。因此图 4-16 所示 DC/DC 变换器输出的直流电压平均值 $U_o$ 为:

$$U_o = \frac{e_{GF}T_{on}}{T_S} = \frac{N_2}{N_1}DU_i = MU_i \tag{4-32}$$

变压比:

$$M = \frac{U_o}{U_i} = \frac{N_2}{N_1}D \tag{4-33}$$

在 S 阻断、$D_3$ 导电期间,开关管 S 两端的电压为:

$$U_S = U_i + e_{BA} = U_i + \frac{N_1}{N_3}U_i = \frac{N_1 + N_3}{N_3}U_i \tag{4-34}$$

通常取 $N_3 = N_1$,故工作中的最大占空比 $D_{max}$ 为 0.5,这时开关管的最大电压为 $2U_i$。

对如图 4-16 所示单端正激 DC/DC 变换器,从电路结构、工作原理上可以看出,它是带隔离变压器的 Buck 电路,其输出电压 $U_o$ 表达式与 Buck 变换器也类似。但是匝比 $N_2/N_1$ 不同时,输出电压平均值 $U_o$ 可以低于也可高于电源电压 $U_i$。通常选择适当的输出电感 L,使最小负载时,在 $T_{off}$ 期间 $i_L$ 也不至于下降为零(电流连续),输出直流电压平均值由(4-32)式确定。

如果要由一个变换器得到几组不同的直流输出电压,可在图 4-16 中设置几个不同匝比的二次绕组,这也是引入隔离变压器所附带的另一个优点。

图 4-16 所示变换器,在开关管 S 导通时,经变压器将电源能量直送负载被称为正励,其中变压器磁通只在单方向变化称为单端变换,故这种变换器被称为单端正激 DC/DC 变换器。

为了降低开关管在工作中所承受的最大正向电压,可采用图 4-17 所示的双开关管单端正激变换器。这时 $S_1$ 与 $S_2$ 同时导通、同时阻断。$S_1$、$S_2$ 导通时电源 $U_i$ 经变压器向负载输出功率并使 C 充电。$S_1$、$S_2$ 阻断时,$i_L$ 经 $D_4$ 续流,同时变压器绕组 $N_1$ 励磁电流经 $D_1$ — $U_i$—$D_2$ 向电源返回磁能。$D_1$、$D_2$ 导通使开关管 $S_1$、$S_2$ 承受的电压仅为电源电压 $U_i$,这种双管单端正激电路多用了一个开关管,但其电压低了一倍,同时变压器少了一个磁通复位绕组。双开关管单端正激变换器通常用于功率较大、电源与负载之间需要隔离的 DC/DC 变换。

### 4.3.2　单端反激变换器

单端反激变换器的电路原理图如图 4-18 所示,变压器两个绕组的电感分别为 $L_1$、$L_2$。开关管 S 按 PWM 周期性地通、断转换。在 S 导通的 $T_{on}=DT_S$ 期间,电源电压 $U_i$ 加至 $N_1$ 绕组,电流 $i_1$ 直线上升、磁通增加,电感 $L_1$ 储能增加,二次绕组 $N_2$ 的感应电动势由所标的绕组同名端可知 $e_{BF}<0$,二极管 D 截止,负载电流由电容 C 提供,C 放电;在 S 阻断的 $T_{off}=(1-D)T_S$ 期间,$N_1$ 绕组的电流转移到 $N_2$,电源停止对变压器供电,二次绕组电流 $i_2$ 和磁通 $\Phi$ 从最大值减小,感应电动势 $e_{BF}>0$(反向为正),使 D 导通,将 $i_2$ 所代表的变压器电感的磁能变为电能向负载供电并使电容 C 充电。该变换器在开关管 S 导通时,并未将电源能量直送负载,仅在 S 阻断的 $T_{off}$ 期间,才将变压器磁通变为电能送至负载,故称之为反激变换器。此外变压器磁通也只在单方向变化,故该电路被称为单端反激变换器。

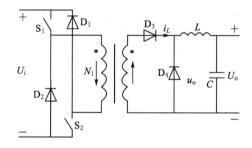

图 4-17　双开关管单端正激变换器的电路原理图

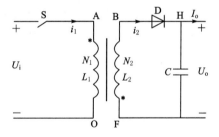

图 4-18　单端反激变换器的电路原理图

在 S 导通的 $T_{on}=DT_S$ 期间:

$$U_i=L_1\frac{\mathrm{d}i_1}{\mathrm{d}t}=N_1\frac{\mathrm{d}\Phi}{\mathrm{d}t}。$$

$i_1$、$\Phi$ 均线性增大,若 $i_1$ 的初值为 $i_{10}$,增量为 $\Delta i_1$;$\Phi$ 的初值为 $\Phi_0$,增量为 $\Delta\Phi$ 则,则:

$$\Delta i_1=\frac{U_i}{L_1}DT_S$$

$$\Delta\Phi=\frac{U_i}{N_1}DT_S \tag{4-35}$$

S 导通结束时:

$$i_1 = I_{1\max} = i_{10} + \Delta i_1 = i_{10} + \frac{U_i}{L_1}DT_s \qquad (4\text{-}36)$$

$$\Phi = \Phi_m = \Phi_0 + \frac{U_i}{N_1}DT_s$$

S 阻断后的最初瞬间，$i_1 = 0$，但磁场储能不能突变，因此 $N_1$ 绕组的磁能 $L_1 I_{1\max}^2 / 2$ 转为 $N_2$ 绕组的磁能 $L_2 i_{20}^2 / 2$，$i_{20}$ 为 $N_2$ 绕组电流初值。由于 $L_1/L_2 = N_1^2/N_2^2$，且 $L_1 I_{1\max}^2/2 = L_2 i_{20}^2/2$，故得到 $I_{1\max}N_1 = i_{20}N_2$，即 $N_1$ 绕组电感 $L_1$ 电流 $I_{1\max}$ 转到 $N_2$ 绕组 $L_2$ 电流 $i_{20}$ 的突变前后安匝相等。

故 $N_2$ 绕组的初值电流为：

$$i_{20} = \frac{N_1}{N_2}I_{1\max} \qquad (4\text{-}37)$$

在 S 阻断的 $(1-D)T_s$ 期间，D 导通时：

$$L_2 \frac{\mathrm{d}i_2}{\mathrm{d}t} = N_2 \frac{\mathrm{d}\Phi}{\mathrm{d}t} = -U_o$$

$i_2$、$\Phi$ 均线性地减小，若在 $T_{off} = (1-D)T_s$ 期间，$i_2$ 从 $i_{20}$ 线性减少到 $I_{2\min}$。则：

$$I_{2\min} = i_{20} - \frac{U_o}{L_2}(1-D)T_s \qquad (4\text{-}38)$$

磁通减小量：

$$\Delta\Phi' = \frac{U_o}{N_2}(1-D)T_s \qquad (4\text{-}39)$$

在 S 阻断期结束，S 再次开始导通的瞬间，$N_2$ 绕组的电流从 $I_{2\min}$ 转到 $N_1$ 绕组的电流初值为 $i_{10}$。由突变前后安匝相等原理可知：

$$i_{10} = I_{2\min}(N_2/N_1) \qquad (4\text{-}40)$$

稳态运行时，在一个周期 $T_s$ 中增加的磁通量 $\Delta\Phi$ 应等于减少的磁通量 $\Delta\Phi'$，由(4-35)、(4-39)两式可得到输出直流电压平均值 $U_o$ 为：

$$U_o = \frac{N_2}{N_1}\frac{D}{1-D}U_i \qquad (4\text{-}41)$$

$$U_i = \frac{N_1}{N_2}\frac{1-D}{D}U_o \qquad (4\text{-}42)$$

变压比：

$$M = \frac{U_o}{U_i} = \frac{N_2}{N_1}\frac{D}{1-D} \qquad (4\text{-}43)$$

由(4-43)式得到占空比：

$$D = \frac{\dfrac{N_1}{N_2}\dfrac{U_o}{U_i}}{1 + \dfrac{N_1}{N_2}\dfrac{U_o}{U_i}} = \frac{1}{1 + \dfrac{N_2}{N_1}\dfrac{U_i}{U_o}} \qquad (4\text{-}44)$$

在开关管 S 导通的 $T_{on} = DT_s$ 期间，$i_1$ 从 $i_{10}$ 线性上升至 $I_{1\max}$，电源 $U_i$ 所供给的电流在一个周期 $T_s$ 中的平均值 $I_s$ 应是：

$$I_s = \frac{1}{2}(i_{10} + I_{1\max})\frac{T_{on}}{T_s} = \frac{1}{2}(i_{10} + I_{1\max})D = \frac{1}{2}(i_{10} + i_{10} + \Delta i_1)D = \left(i_{10} + \frac{U_i}{2L_1}DT_s\right)D$$

电源供给变换器的功率 $P_s = I_s U_i$ 应等于负载功率 $U_o I_o$，再利用式(4-41)得到：

$$\left(i_{10}+\frac{U_i}{2L_1}DT_S\right)DU_i=U_oI_o=\frac{N_2}{N_1}\cdot\frac{D}{1-D}U_i\cdot I_o$$

故有：

$$i_{10}=\frac{N_2}{N_1}\cdot\frac{I_o}{1-D}-\frac{DT_S}{2L_1}U_i \tag{4-45}$$

由(4-36)、(4-45)式可得到：

$$I_{1max}=i_{10}+\Delta i_1=\frac{N_2}{N_1}\frac{I_o}{1-D}+\frac{U_i}{2L_1}DT_S \tag{4-46}$$

由(4-40)、(4-45)两式可得到：

$$I_{2min}=\frac{N_1}{N_2}i_{10}=\frac{N_1}{N_2}\left(\frac{N_2}{N_1}\frac{I_o}{1-D}-\frac{U_i}{2L_i}DT_S\right) \tag{4-47}$$

为了在开关管 S 整个阻断期间($T_{off}$)，$N_2$ 绕组的磁能都向负载供电，必须使 S 阻断期结束时，$I_{2min}$ 仍大于零，即整个阻断期 $T_{off}$ 期间，D 一直导电，$i_2$ 不断流，即 $I_{2min}\geqslant0$，由(4-47)式令 $I_{2min}\geqslant0$，并利用(4-42)式，得到 $i_2$ 在 $T_{off}$ 期间不断流的条件是：

$$I_o\geqslant\frac{N_1}{N_2}\cdot\frac{D(1-D)}{2L_1f_S}U_i=\frac{N_1}{N_2}\cdot\frac{D(1-D)}{2L_1f_S}\cdot\frac{N_1}{N_2}\cdot\frac{1-D}{D}U_o=\left(\frac{N_1}{N_2}\right)^2\frac{(1-D)^2}{2L_1f_S}U_o \tag{4-48}$$

即 $I_{2min}=0$ 时的临界负载电流为：

$$I_{OB}=\left(\frac{N_1}{N_2}\right)^2\frac{1}{2L_1f_S}(1-D)^2U_o \tag{4-49}$$

要 $I_{2min}>0$，$i_2$ 在 $T_{off}$ 期间不断流，必须 $I_o>I_{OB}$，由(4-49)式占空比必须：

$$D\geqslant1-\frac{N_2}{N_1}\sqrt{\frac{2L_1f_SI_o}{U_o}}=1-\frac{N_2}{N_1}\sqrt{\frac{2L_1f_S}{R}} \tag{4-50}$$

式中开关频率 $f_S=1/T_S$，R 为负载电阻，$R=U_o/I_o$。

当变压器绕组的变比 $N_1/N_2$、$N_1$ 的电感 $L_1$、开关频率 $f_S$、负载电流 $I_o$ 和占空比 D 满足(4-48)或(4-50)式时，则 $N_2$ 绕组在 S 阻断时期不会断流，这时变压比 $M=\dfrac{U_o}{U_i}=\dfrac{N_2}{N_1}\cdot\dfrac{D}{1-D}$。当负载电流 $I_o<I_{OB}$ 时，在 S 阻断的后期，$i_2$ 会断流，图 4-18 中 D 的导电时间将小于 $(1-D)T_S$，使(4-39)式磁通的减少量 $\Delta\Phi'<\dfrac{U_o}{N_2}(1-D)T_S$。但这时 $\Delta\Phi'$ 仍应等于 $T_{on}$ 期间磁通的增量 $\Delta\Phi$。由于 $\Delta\Phi=\dfrac{U_i}{N_1}DT_S=\Delta\Phi'<\dfrac{U_o}{N_2}(1-D)T_S$，由此得到变压比 $M=\dfrac{U_o}{U_i}>\dfrac{N_2}{N_1}\cdot\dfrac{D}{1-D}$，输出电压 $U_o$ 将高于(4-41)式的数值，并随着负载电流的减小而升高。在负载为零的极端情况下，由于 S 导通时储存在变压器电感中的磁能无处消耗，故输出电压将越来越高，损坏电路元件，所以反激变换器不能在空载下工作。

图 4-18 中开关管 S 阻断时，承受的最高正向电压 $U_{Tmax}$ 为：

$$U_{Tmax}=U_i+u_{OA}=U_i+\frac{N_1}{N_2}u_{BF}=U_i+\frac{N_1}{N_2}U_o=\frac{U_i}{1-D}=\frac{N_1}{N_2}\cdot\frac{U_o}{D} \tag{4-51}$$

可根据(4-51)式的 $U_{Tmax}$ 及(4-46)式的 $I_{1max}$ 选择开关管 S。

为了降低开关管 S 所承受的最高电压，也可采用如图 4-19 所示的双开关管单端反激变换器电路，这时两个开关管 $S_1$、$S_2$ 同时导通、同时阻断。$S_1$、$S_2$ 同时阻断时，二极管 $D_1$、$D_2$

导通,使 $S_1$、$S_2$ 只承受电源电压 $U_s$。

如图 4-19 所示的单端反激变换器电路结构、工作原理及输出电压的变换式都类似前文所述的 Buck-Boost 变换器。由于在变换器中插入了变压器,选择不同的变压比 $N_2/N_1$,其输出 $U_o$ 既可大于又可小于电源电压 $U_i$。由于单端反激变换器是靠变压器绕组电感在开关管 S 阻断时释放存储的能量而对负载供电,磁通也只在单方向变化,因此通常仅用于 $100\sim200$ W 以下的小容

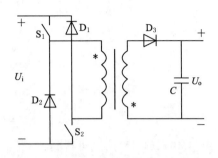

图 4-19 双开关管单端反激变换器的电路原理图

量 DC/DC 变换。由于电路简单且设置几个不同变比的二次绕组,可以同时获得几个不同的直流电压,所以在大功率的电力电子变换系统中,这种 DC/DC 变换器常被用作控制系统所需的辅助电源。

单端正激、单端反激式变换器,配以集成控制电路芯片而构成的小功率 PWM 开关型直流稳压电源已得到广泛的应用。

### 4.3.3 推挽型变换器

推挽型变换器的电路原理如图 4-20 所示。

推挽型变换器的工作波形如图 4-21 所示,两个开关 $S_1$ 和 $S_2$ 交替导通,在绕组 $N_1$ 和 $N_1'$ 两端分别形成相位相反的交流电压。$S_1$ 导通时,二极管 $VD_1$ 处于通态,$S_2$ 导通时,二极管 $VD_2$ 处于通态,当两个开关都关断时,$VD_1$ 和 $VD_2$ 都处于通态,各分担一半的电流。$S_1$ 或 $S_2$ 导通时电感 $L$ 的电流逐渐上升,两个开关都关断时,电感 $L$ 的电流逐渐下降。$S_1$ 和 $S_2$ 断态时承受的峰值电压均为两倍 $U_i$。

如果 $S_1$ 和 $S_2$ 同时导通,就相当于变压器一次绕组短路,因此应避免两个开关同时导通,每个开关各自的占空比不能超过 $50\%$,还要留有死区。

当滤波电感 $L$ 的电流连续时,有:

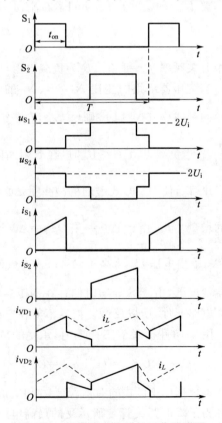

图 4-21 推挽型变换器的工作波形图

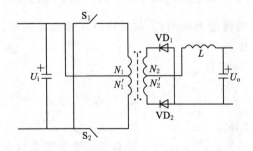

图 4-20 推挽型变换器的电路原理图

$$\frac{U_\text{o}}{U_\text{i}}=\frac{N_2}{N_1}\frac{2t_\text{on}}{T}\tag{4-52}$$

如果输出电感电流不连续,输出电压 $U_\text{o}$ 将高于式(4-52)的计算值,并随着负载减小而升高,在负载为零的极限情况下,$U_\text{o}=\dfrac{N_2}{N_1}U_\text{i}$。

### 4.3.4　半桥型变换器

半桥型变换器的电路原理如图 4-22 所示,工作波形如图 4-23 所示。

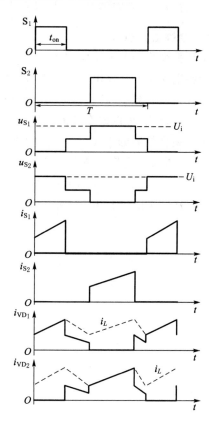

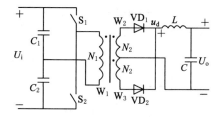

图 4-22　半桥型变换器电路原理图　　　　图 4-23　半桥型变换器电路工作波形

在半桥型变换器中,变压器一次侧的两端分别连接在电容 $C_1$、$C_2$ 的中点和开关 $S_1$、$S_2$ 的中点。电容 $C_1$、$C_2$ 的中点电压为 $U_\text{i}/2$。$S_1$ 与 $S_2$ 交替导通,使变压器一次侧形成幅值为 $U_\text{i}/2$ 的交流电压。改变开关的占空比,就可以改变二次侧整流电压 $u_\text{d}$ 的平均值,也就改变了输出电压 $U_\text{o}$。

$S_1$ 导通时,二极管 $VD_1$ 处于通态,$S_2$ 导通时,二极管 $VD_2$ 处于通态,当两个开关都关断时,变压器绕组 $W_1$ 中的电流为零,根据变压器的磁动势平衡方程,绕组 $W_2$ 和 $W_3$ 中的电流大小相等、方向相反,所以 $VD_1$ 和 $VD_2$ 都处于通态,各分担一半的电流。$S_1$ 或 $S_2$ 导通时电感 $L$ 的电流逐渐上升,两个开关都关断时,电感 $L$ 的电流逐渐下降。$S_1$ 和 $S_2$ 断态时承受的峰值电压均为 $U_\text{i}$。

由于电容的隔离作用,半桥型变换器电路对由于两个开关导通时间不对称而造成的变压器一次电压的直流分量有自动平衡作用,因此不容易发生变压器的偏磁和直流磁饱和。

为了避免上、下两开关在换流的过程中发生短暂的同时导通现象而造成短路损坏开关，每个开关各自的占空比不能超过 50%，并应留有裕量。

当滤波电感 $L$ 的电流连续时：

$$\frac{U_o}{U_i} = \frac{N_2}{N_1}\frac{T_{on}}{T} \tag{4-53}$$

如果输出电感电流不连续，输出电压 $U_o$ 将高于式（4-53）的计算值，并随负载减小而升高，在负载为零的极限情况下，$U_o = \frac{N_2}{N_1}\frac{U_i}{2}$。

### 4.3.5　全桥型变换器

全桥型变换器的电路原理图如图 4-24 所示。

全桥电路中的逆变电路由四个开关组成，互为对角的两个开关同时导通，而同一侧半桥上下两开关交替导通，将直流电压逆变成幅值为 $U_i$ 的交流电压，加在变压器一次侧。改变开关的占空比，就可以改变整流电压 $u_d$ 的平均值，也就改变了输出电压 $U_o$。

全桥型变换器的工作波形如图 4-25 所示。当 $S_1$ 与 $S_4$ 开通后，二极管 $VD_1$ 和 $VD_4$ 处于通态，电感 $L$ 的电流逐渐上升；$S_2$ 和 $S_3$ 开通后，二极管 $VD_2$ 和 $VD_3$ 处于通态，电感 $L$ 的电流也上升。当四个开关都关断时，四个二极管都处于通态，各分担一半的电感电流，电感 $L$ 的电流逐渐下降。$S_1$ 和 $S_2$ 断态时承受的峰值电压均为 $U_i$。

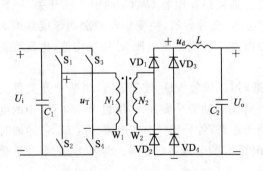

图 4-24　全桥型变换器电路原理图

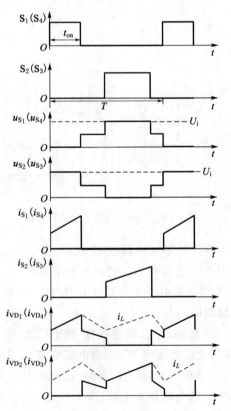

图 4-25　全桥型变换器电路原理图

如果 $S_1$、$S_4$ 与 $S_2$、$S_3$ 的导通时间不对称,则交流电压 $u_T$ 中将含有直流分量,会在变压器一次电流中产生很大的直流分量,并可能造成磁路饱和。因此全桥电路应注意避免电压直流分量的产生。也可以在一次侧回路串联一个电容,以阻断直流电流。

为了避免同一侧半桥中上下两开关在换流的过程中发生短暂的同时导通现象而损坏开关,每个开关各自的占空比不能超过 $50\%$,并应留有裕量。

当滤波电感电流连续时,有:

$$\frac{U_o}{U_i} = \frac{N_2}{N_1} \frac{2T_{on}}{T} \tag{4-54}$$

如果输出电感电流不连续,输出电压 $U_o$ 将高于式(4-54)的计算值,并随负载减小而升高,在负载为零的极限情况下,$U_o = \dfrac{N_2}{N_1} U_i$。

以上几种隔离型直直变换器各有特点,应用时可根据具体需求进行选择。表 4-1 为几种隔离直直变换器的比较。

**表 4-1　各种带隔离的直流—直流变流器的比较**

| 电路 | 优　点 | 缺　点 | 功率范围 | 应用领域 |
|---|---|---|---|---|
| 正激 | 电路较简单,成本低,可靠性高,驱动电路简单 | 变压器单向励磁,利用率低 | 几百瓦~几千瓦 | 各种中、小功率电源 |
| 反激 | 电路非常简单,成本很低,可靠性高,驱动电路简单 | 难以达到较大的功率,变压器单向励磁,利用率低 | 几瓦~几百瓦 | 小功率电子设备、计算机设备、消费电子设备电源 |
| 推挽 | 变压器双向励磁,变压器一次电流回路只有一个开关,通态损耗较小,驱动简单 | 有偏磁问题 | 几百瓦~几千瓦 | 低输入电压的电源 |
| 半桥 | 变压器双向励磁,没有变压器偏磁问题,开关较少,成本低 | 有直通问题,可靠性低,需要复杂的隔离驱动电路 | 几百瓦~几千瓦 | 各种工业用电源、计算机电源等 |
| 全桥 | 变压器双向励磁,容易达到大功率 | 结构复杂,成本高,有直通问题,可靠性低,需要复杂的多组隔离驱动电路 | 几百瓦~几千瓦 | 大功率工业电源、焊接电源、电解电源等 |

# 思考题与习题

1. 简述直流斩波控制的工作原理。

2. 直流斩波常见的控制方式有哪些?请简单描述。

3. 简述降压式变换器的基本工作原理。

4. 在图 4-4 所示的降压变换器中,已知 $E = 200\text{ V}$,$R = 10\ \Omega$,$L$ 值极大,$E_m = 50\text{ V}$。采用脉宽调制控制方式,当 $T = 40\ \mu s$,$t_{on} = 20\ \mu s$ 时,计算输出电压平均值 $U_d$ 和输出电流平均值 $I_d$。

5. 在图 4-4 所示的降压变换器中,已知 $E = 100\text{ V}$,$L = 1\text{ mH}$,$R = 0.5\ \Omega$,$E_m = 20\text{ V}$,采用脉宽调制控制方式,$T = 20\ \mu s$,当 $t_{on} = 10\ \mu s$ 时,计算输出电压平均值 $U_d$、输出电流平均

值 $I_d$,计算输出电流的最大和最小瞬时值并判断负载电流是否连续。

6. 简述升压变换器的基本工作原理。

7. 在图 4-7 所示的升压变换器中,已知 $U_i = 50\,V$,$L$ 值和 $C$ 值极大,$R = 25\,\Omega$,采用脉宽调制控制方式,当 $T = 50\,\mu s$,$t_{on} = 20\,\mu s$ 时,计算输出电压平均值 $U_o$ 和输出电流平均值 $I_o$。

8. 试分别简述升降压变换器和 Cuk 变换器的基本原理,并比较其异同点。

9. 试绘制 Sepic 变换器和 Zeta 变换器的原理图,并推导其输入输出关系。

10. 试分析正激电路和反激电路中的开关和整流二极管在工作时承受的最大电压、最大电流和平均电流。

11. 试分析全桥、半桥和推挽电路中的开关和整流二极管在工作中承受的最大电压、最大电流和平均电流。

12. 全桥和半桥电路对驱动电路有什么要求?

13. 试分析全桥整流电路中二极管承受的最大电压、最大电流和平均电流。

# 第 5 章　交交变换电路

交流/交流变换是将交流电能幅值或频率直接进行转换的交流/交流电力变换技术。在交流-交流变换中只改变交流电压的大小或仅对电路实现通断控制而不改变交流频率的控制,称为交流电力控制;而把一种频率的交流电直接变换成另一种频率的交流电的变换控制,称为交流/交流变频控制或交交变频。

交流电力控制和交交变频都是通过电路直接对交流进行变换,属于直接交流/交流变换。在交流/交流变换电路中,还有一种交交变换控制方式,即电路由两级组成,第一级(AC/DC)首先将交流变换成直流,第二级(DC/AC)再将直流变换成大小、频率均可变的交流,这实际上是整流和逆变的组合,叫作间接交流/交流变换。

## 5.1　交流调压电路

### 5.1.1　相控单相交流调压电路

用晶闸管对单相交流电压进行调压的电路有多种形式,可由一个双向晶闸管组成,也可以用两个普通的晶闸管反并联组成。与整流电路一样,交流调压电路的工作情况也和负载的性质有很大关系,下面分别讨论电阻性负载和阻感负载时的工作情况。

#### 5.1.1.1　电阻负载

如图 5-1 所示为电阻负载单相交流调压电路及其电压电流波形。图中晶闸管 $VT_1$、$VT_2$ 也可以用一个双向晶闸管代替。在交流电源 $u_1$ 的正、负半周,分别对 $VT_1$ 和 $VT_2$ 的控制角 $\alpha$ 进行控制就可以调节输出电压。正、负半周 $\alpha$ 的起始时刻($\alpha=0°$)均为电压过零时刻。在稳态情况下,应使正、负半周的 $\alpha$ 相等。可以看出,负载电压波形是电源电压波形的一部分,负载电流和负载电压的波形相同。

设 $u_1=\sqrt{2}U_1\sin\omega t$ 则有:

(1)负载电压有效值 $U_o$ 为:

$$U_o = \sqrt{\frac{1}{\pi}\int_{\alpha}^{\pi}u_1^2 \mathrm{d}(\omega t)} = U_1\sqrt{\frac{2(\pi-\alpha)+\sin 2\alpha}{2\pi}} \tag{5-1}$$

当 $\alpha=0°$ 时,$U_o=U_1$;当 $\alpha=180°$ 时,$U_o=0$。

(2)负载电流有效值 $I_o$ 为:

$$I_o = \frac{U_o}{R} = \frac{U_1}{R}\sqrt{\frac{2(\pi-\alpha)+\sin 2\alpha}{2\pi}} \tag{5-2}$$

当 $\alpha=0°$ 时,负载电流有效值 $I_o=\dfrac{U_1}{R}$。

(3)在调压过程中,电流的基波会后移,而且同时会出现一系列谐波,则电路的功率因数可表示为:

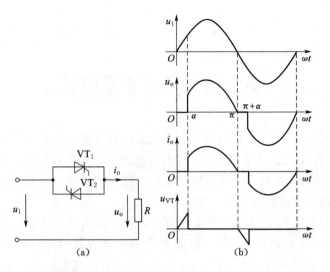

图 5-1　电阻负载单相交流调压电路及波形

$$\lambda = \frac{P}{S} = \frac{U_o I_o}{U_1 I_o} = \frac{U_o}{U_1} = \sqrt{\frac{\sin 2\alpha + 2(\pi - \alpha)}{2\pi}} \tag{5-3}$$

（4）晶闸管电流有效值 $I_{VT}$ 为：

$$I_{VT} = \sqrt{\frac{1}{2\pi}\int_\alpha^\pi \left(\frac{u_1}{R}\right)^2 \mathrm{d}(\omega t)} = \frac{U_1}{R}\sqrt{\frac{2(\pi - \alpha) + \sin 2\alpha}{4\pi}} \tag{5-4}$$

当 $\alpha = 0°$ 时，晶闸管的最大电流有效值 $I_{max} = \dfrac{1}{\sqrt{2}}\dfrac{U_1}{R}$，则应选择的晶闸管通态平均电流 $I_{T(av)}$ 为：

$$I_{T(av)} = \frac{I_{max}}{1.57} = 0.45\frac{U_1}{R} \tag{5-5}$$

可以看出，控制角 $\alpha$ 的移相范围为 $0° \leqslant \alpha \leqslant 180°$。$\alpha = 0°$ 时，相当于晶闸管一直导通，输出电压为最大值。随着 $\alpha$ 的增大，$U_o$ 逐渐降低。直到 $\alpha = 180°$ 时，$U_o = 0$。电路的功率因数也随着 $\alpha$ 的变化而变化，$\alpha = 0°$ 时，功率因数 $\lambda = 1$；随着 $\alpha$ 的增大，输入电流滞后于电压且发生畸变，$\lambda$ 也逐渐减小；当 $\alpha = 180°$ 时功率因数最小，$\lambda = 0$。

### 5.1.1.2　感性负载

单相交流调压电路在电感电阻负载（感性负载）下的电路和波形如图 5-2 所示。由于电感的作用，负载电流在电源电压过零后还要延迟一段时间才能降到零，延迟时间与负载功率因数角 $\varphi$ 有关。电流过零时晶闸管才能关断，所以晶闸管的导通角 $\theta$ 不仅与控制角 $\alpha$ 有关，而且还与负载功率因数角 $\varphi$ 有关。

为了便于分析，取晶闸管开始导通的瞬间为时间坐标的原点，即有：

$$u_1 = \sqrt{2}U_1\sin(\omega t + \alpha) \tag{5-6}$$

在 $VT_1$ 导通时期内，即从 $\omega t = 0$ 到 $\omega t = \theta$ 内，有方程：

$$L\frac{\mathrm{d}i_o}{\mathrm{d}t} + Ri_o = \sqrt{2}U_1\sin(\omega t + \alpha) \tag{5-7}$$

初始条件为 $i_o(0) = 0$，解上述方程可得：

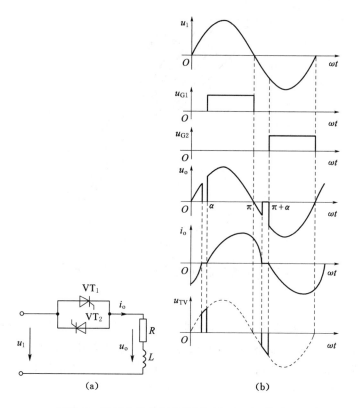

图 5-2　阻感负载单相交流调压电路和工作波形

$$i_o(t) = i_1(t) + i_2(t)$$

$$= \frac{\sqrt{2}U_1}{Z}\sin(\omega t + \alpha - \varphi) - \frac{\sqrt{2}U_1}{Z}e^{-\frac{t}{\tau}}\sin(\alpha - \varphi) \tag{5-8}$$

式中,负载阻抗 $Z = \sqrt{R^2 + (\omega L)^2}$;$\tau$ 为电路时间常数,$\tau = L/R$;$\varphi$ 为负载功率因数角,$\varphi = \arctan\left(\frac{\omega L}{R}\right)$;$i_1(t)$ 为电流的稳态分量,它滞后于电压 $\varphi$ 角;$i_2(t)$ 是以时间常数 $\tau$ 衰减的电流自由分量。

当 $\omega t = \theta$ 时,$i_o$ 过零使 VT$_1$ 关断,把 $i_o(\theta) = 0$ 代入式(5-8)后可得有关 $\theta$ 的超越方程:

$$\sin(\theta + \alpha - \varphi) = e^{-\frac{\theta}{\tan\varphi}}\sin(\alpha - \varphi) \tag{5-9}$$

式(5-9)表明导通角 $\theta$ 是关于 $\alpha$ 和 $\varphi$ 函数,对于确定的 $\alpha$、$\varphi$ 值,就有确定的 $\theta$ 与之对应。

(1) 当 $\alpha = \varphi$ 时

$i_2 = 0$,即负载电流只有稳态分量 $i_1$,而且可以解得导通角 $\theta = \pi$,故电流连续。晶闸管一开通,电路就进入稳态,调压电路处于直通状态,不起调压作用,即 $u_o = u_1$。

(2) 当 $\varphi < \alpha < \pi$ 时

由式(5-9)可以得到一组 $\theta = f(\alpha, \varphi)$ 的曲线簇,如图 5-3 所示。对于阻抗角 $\varphi$ 确定的负载,当 $\alpha = \pi$ 时,$\theta = 0$,$u_o = 0$;当 $\alpha = \varphi$ 时,$\theta = \pi$,$u_o = u_1$;当 $\alpha$ 从 $\pi$ 变化到 $\varphi$ 时,导通角从零到 $\pi$ 逐渐增大,加在负载上的电压有效值也从 0 到 $U_1$ 逐渐增大。这就是带感性负载的交流调压电路的调压原理。

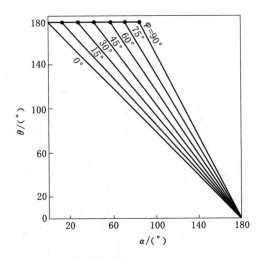

图 5-3　单相交流调压电路的 $\theta$ 和 $\alpha$ 的关系曲线

（3）当 $0<\alpha<\varphi$ 时

某一时刻触发 $VT_1$，则 $VT_1$ 的导通时间将超过 $180°$。由于 $VT_1$ 和 $VT_2$ 的触发脉冲相位相差 $180°$，故 $VT_2$ 得到触发脉冲时，假设触发脉冲为单窄脉冲，则电路中的电流仍为正向，$VT_2$ 并不能开通。而当电路电流过零，$VT_1$ 关断后，$VT_2$ 的触发单窄脉冲已经消失，因此 $VT_2$ 仍然不能开通。等到 $VT_1$ 的第二个触发脉冲到来时，重复上面的过程。由此可见，电路中只有 $VT_1$ 导通，而 $VT_2$ 始终无法导通。然而，如果触发脉冲采用宽脉冲或窄脉冲列，则在 $VT_1$ 延迟关断后，$VT_2$ 仍能获得触发脉冲而导通，负载电流将是连续电流。但由于负载电流连续，$u_\circ=u_1$，即调压器直通，起不到调压作用。

总之，带感性负载的交流调压器能起到调压作用的控制角 $\alpha$ 的变化范围是 $\varphi \sim \pi$，对应电压有效值变化范围为 $U_1 \sim 0$。

[**例 5-1**] 某单相交流相控调压电路，电源电压为 $u_1=\sqrt{2}U_1\sin(2\pi f_1 t)$，$f_1=50$ Hz，阻感负载参数为 $L=5.516$ mH，$R=1$ Ω。试求：（1）控制角 $\alpha$ 的移相范围；（2）$U_1=220$ V 时负载电流最大有效值 $I_\circ$；（3）最大输出功率 $P_{om}$ 和功率因数 $\cos \varphi$。

**解：**

（1）感性负载时控制角移相范围为 $\varphi \leqslant \alpha \leqslant 180°$，而负载功率因数角：

$$\varphi=\arctan\left(\frac{\omega L}{R}\right)=\arctan\left(\frac{2\pi \times 50 \times 5.516 \times 10^{-3}}{1}\right)=60°$$

故控制角 $\alpha$ 的移相范围是：$60° \leqslant \alpha \leqslant 180°$。

（2）当 $\alpha=\varphi$ 时，电流为连续状态，负载电流最大，此时负载电流为：

$$i=\frac{\sqrt{2}U_1}{\sqrt{R^2+(\omega L)^2}}\sin(\omega t+\alpha-\varphi)$$

则负载电流最大有效值：

$$I_\circ=\frac{U_1}{\sqrt{R^2+(\omega L)^2}}=\frac{220}{\sqrt{1^2+1.732^2}}=110 \text{（A）}$$

（3）最大输出功率

$$P_{om} = U_1 I_0 \cos \varphi = U_1 I_0 \cos \alpha = 220 \times 110 \times \cos 60° = 12.1 \, (\text{kW})$$

此时的功率因数为

$$\cos \varphi = \cos \alpha = \cos 60° = 0.5$$

### 5.1.2　斩控单相交流调压电路

斩控交流调压电路的基本工作原理与直流斩波电路类似,均采用斩波控制方式,所不同的是直流斩波电路的输入是直流电压,而交流斩波电路的输入是正弦交流电压。交流斩波调压电路的输入、输出都是交流电压,其电力电子开关应是双向导电的。

#### 5.1.2.1　交流斩波调压基本原理

交流斩波调压电路的基本结构是将交流开关与负载串联或并联构成,其基本原理和波形图如图 5-4 所示。假定电路中各部分都是理想状态。图中 $u$ 为电源电压,$u_0$ 为输出电压,$Z$ 为负载。$S_1$ 和 $S_2$ 均为双向电力电子开关,其中 $S_1$ 为斩波开关,$S_2$ 为考虑负载电感续流的续流开关。$S_1$ 和 $S_2$ 不允许同时导通,通常两者在开关时序上互补,即 $S_1$ 闭合时 $S_2$ 断开,$S_1$ 断开时 $S_2$ 闭合。

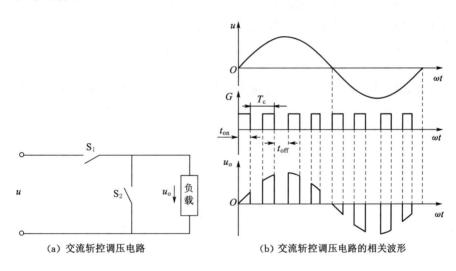

(a) 交流斩控调压电路　　　　　　　(b) 交流斩控调压电路的相关波形

图 5-4　交流斩控调压电路原理图及波形

通过对图 5-4(a)中的开关 $S_1$ 和 $S_2$ 的通断控制,把连续的正弦波交流电压斩控成断续的交流电压。调节 $S_1$ 和 $S_2$ 的占空比可以调节输出电压的大小。在 $S_1$ 闭合、$S_2$ 断开期间,输出电压与电源电压相等;在 $S_2$ 闭合、$S_1$ 断开期间,负载被 $S_2$ 短路,输出电压为零。对于电感性负载,$S_2$ 为其提供续流通路。

为便于分析,引入函数 $G$,在 $S_1$ 闭合、$S_2$ 断开的状态下,$G=1$;在 $S_2$ 闭合、$S_1$ 断开的状态下,$G=0$。$G=1$ 的持续时间为 $t_{on}$,$G=0$ 的持续时间为 $t_{off}$。$t_{on}+t_{off}=T_c$,称为斩波周期,$t_{on}/T_c=D$ 称为占空比,$G$ 可用周期函数表示为:

$$G = \begin{cases} 1 & 0 \leqslant t \leqslant DT_c \\ 0 & DT_c < t \leqslant T_c \end{cases} \tag{5-10}$$

负载电压可表示为:

$$u_o = Gu \tag{5-11}$$

输出电压的波形如图 5-4(b)所示,波形为一系列幅度按正弦规律变化的脉冲,其包络线即为电源电压波形。改变占空比可以调节脉冲宽度,达到调节输出电压有效值的目的。

将 $G$ 用傅立叶级数展开,得:

$$G = D + \frac{2}{\pi} \sum_{k=1}^{\infty} \frac{1}{k} \sin \varphi_k \cdot \cos(k\omega_c t - \varphi_k) \tag{5-12}$$

式中,$\varphi_k = k\pi D$ 为 $k$ 次谐波的相角初始值;$\omega_c = \dfrac{2\pi}{T_c}$ 为 $G$ 的基波角频率。

设交流电源电压为:

$$u = U_m \sin \omega t$$

将式(5-12)代入式(5-11)得:

$$
\begin{aligned}
u_o =\ & DU_m \sin \omega t \\
& + \frac{U_m}{\pi} \sum_{k=1}^{\infty} \frac{1}{k} \sin \varphi_k \{ \sin[(k\omega_c + \omega)t - \varphi_k] - \sin[(k\omega_c - \omega)t - \varphi_k] \}
\end{aligned} \tag{5-13}
$$

由式(5-13)可以看出,输出电压中除有与电源电压频率相同的基波成分外,还含有与斩波基波角频率和电源频率相关的各种谐波成分。谐波频率在开关频率及其整数倍两侧 $\pm\omega$ 处分布,开关频率越高,谐波与基波离得越远,越容易用滤波器滤除。

#### 5.1.2.2 斩控单相交流调压电路的控制

斩控交流调压电路的控制方式与交流主电路开关结构、主电路结构及相数有关。但按照对斩波开关和续流开关的控制时序而言,则可分为互补控制和非互补控制两大类。图 5-5 所示为一种交流斩波调压电路。

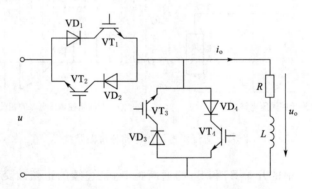

图 5-5　斩控单相交流调压电路

（1）互补控制

互补控制就是在一个开关周期中,斩波开关和续流开关只能有一个导通。这种控制方法与电流可逆直流斩波电路的控制类似,按电源正、负半周分别考虑,如图 5-6 所示。图中 $u_p$ 和 $u_n$ 分别为交流电源电压正、负半周对应的同步信号,$u_{g1} \sim u_{g4}$ 分别为开关 $VT_1 \sim VT_4$ 的驱动信号。

在交流电源的正半周对 $VT_1$ 和 $VT_3$ 按照斩波控制方式交替施加驱动信号,$VT_1$ 和 $VT_3$ 的驱动信号为互补状态。在交流电源的负半周对 $VT_2$ 和 $VT_4$ 按照斩波控制方式交替施加驱动信号,$VT_2$ 和 $VT_4$ 的驱动信号也为互补状态。输出电压波形为断续的正弦波。

由于实际的开关器件存在有导通、关断延时,很可能会造成斩波开关和续流开关直通而短路。为防止短路,可增设死区时间,但这样又会造成两者均不导通,对于阻感负载,负载电流断路将造成电路产生过电压现象。因此,在增设死区时间的同时,斩波开关和续流开关必须增设缓冲电路吸收关断瞬间的电感电流。

（2）非互补控制

非互补控制方式的控制时序如图 5-7 所示,负载为纯电阻负载。

在输入电源正半周,对 $VT_1$ 进行斩波控制,$VT_3$ 一直施加控制信号,提供续流通道。$VT_2$ 也一直施加控制信号,$VT_4$ 总处于断态。在交流电源的作用下,$VT_2$ 无法开通,只能由 $VT_1$ 和 $VT_3$ 进行斩波控制。

在输入电源负半周,对 $VT_2$ 进行斩波控制,$VT_4$ 一直施加控制信号,提供续流通道。$VT_1$ 也一直施加控制信号,$VT_3$ 总处于断态。在交流电源的作用下,$VT_1$ 无法开通,只能由 $VT_2$ 和 $VT_4$ 进行斩波控制。

采用非互补控制方式,不会出现电源短路和负载断流等情况。以输入电源正半周为例,$VT_1$ 进行斩波控制,$VT_4$ 总处于断态,不会产生直通;因 $VT_2$ 和 $VT_3$ 一直施加控制信号,所以无论负载电流是否改变方向,当斩波开关关断时,负载电流都能维持导通,防止了因斩波开关和续流开关同时关断造成的负载电流断续。

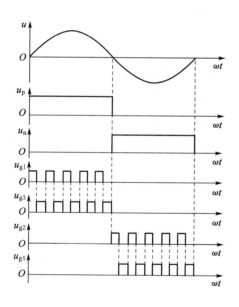

图 5-6　互补控制波形图

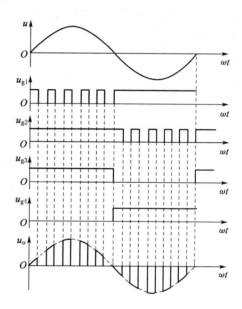

图 5-7　非互补控制波形图

当负载为感性负载时,由于电压、电流相位不同,若按以上的控制时序,则由于电压正半周时 $VT_2$、$VT_3$ 一直施加控制信号;在电流负半周时,$VT_2$ 会导通造成 $VT_1$ 反偏,斩波控制失败。即输出电压不受斩波开关控制产生输出电压失真。为了避免出现这种失控现象,在感性负载下,电路时序控制中应加入电流信号采集,由电压、电流的方向共同决定控制时序。

### 5.1.3　三相交流调压电路

对于三相交流负载,如三相电热炉、大容量异步电动机的软启动装置、感应加热等需要调压的负载,可采用三相交流调压电路。三相交流调压电路具有多种形式,对于不同接线方式的电路而言,其工作过程也不相同。

### 5.1.3.1 负载 Y 形连接带中性线的三相交流调压电路

电路如图 5-8 所示,该电路实际上就相当于三个单相交流调压电路单独给三个负载供电,每一相的工作原理和波形与单相交流调压电路单独工作时相同,因而参数计算也相同。电路中晶闸管的触发导通顺序与三相桥式整流电路一样,按照管子的编号顺序从 $VT_1 \sim VT_6$,依次间隔 $60°$。同一相反并接的管子触发脉冲间隔 $180°$,同方向的管子脉冲依次间隔 $120°$。由于存在中性线,各相可通过中性线自成回路,故不需要双窄脉冲或宽脉冲触发。

电路工作时,若 $\alpha=0$,晶闸管全导通,相当于管子被短接,成了不可控的三相交流电路,若负载对称,由于各相电流相位互差 $120°$,则零线电流等于零。

随着 $\alpha$ 角的增大,各相电流将不再是完整的正弦波,阻性负载时为缺角的正弦波。阻感负载,当 $\alpha>\varphi$ 时,电流将断续,波形发生了变化。当某一相电流中断时,三相就不再平衡,零线上就有电流流过,$\alpha$ 角增大,零线电流也增大,对各相电流波形作傅立叶分析,得到各奇次谐波分量,其中除基波外,三次谐波分量最大,而三相电路中三次谐波以及三次谐波的倍数的谐波分量是同相的(零序分量),同方向的电流流过零线,造成零线电流过大。理论分析表明,当 $\alpha=90°$ 时,三次谐波电流数值最大,达到额定相电流的三分之一。这样,零线电流近似额定电流,就要求零线的导线截面要达到相线的要求,但这不符合一般三相电源零线较细的实际情况,因而设计计算电路时要充分考虑这一情况,鉴于此,该电路使用有一定的局限性,负载容量不可太大。

### 5.1.3.2 支路控制三角形连接的三相交流调压电路

支路控制的三角形连接,又称内三角连接,电路如图 5-9 所示。该电路可看成是三个单相交流调压电路的组合,但三个交流电压是电源的线电压,依次在相位上相差 $120°$,晶闸管的编号仍和其他三相电路一样,同一相上的晶闸管反并联,故触发脉冲相差 $180°$,$VT_1 \sim VT_6$ 晶闸管的触发脉冲依次相差 $60°$。由于线电压直接加在某一相上,使该相电路工作,并与其他线电压无关,所以无论是阻性负载还是阻感性负载,每一相负载的电流电压都按单相电路来分析,其工作原理和参数计算均与单相交流调压电路相同,不过这时电压应为线电压。

该电路的优点是:由于晶闸管串接在三角形内部,流过的是相电流,在同样线电流情况下,晶闸管的容量可降低,另外线电流中没有 3 的倍数次谐波分量。缺点是:只适用于负载是 3 个分得开的单元的情况,因而其应用范围也有一定的局限性。

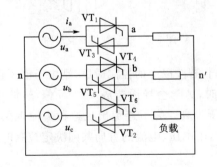

图 5-8　Y 形连接带中性线的
晶闸管三相交流调压电路

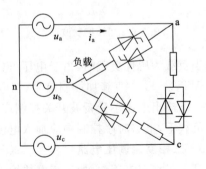

图 5-9　支路控制三角形连接的
晶闸管三相交流调压电路

#### 5.1.3.3　用 3 对反并联晶闸管连接成三相三线交流调压电路

电路如图 5-10 所示,用 3 对反并联晶闸管作为开关元件,分别接至负载就构成了三相全波 Y 形连接的调压电路。通过改变触发脉冲的相位控制角 $\alpha$,便可以控制加在负载上的电压的大小。负载可连接成 Y 形也可连接成三角形,对于这种不带零线的调压电路,为使三相电流构成通路,任意时刻至少要有两个晶闸管同时导通。对触发脉冲电路的要求是:① 三相正(或负)触发脉冲依次间隔 120°,而每一相正、负触发脉冲间隔 180°;② 为了保证电路起始工作时能两相同时导通,以及在感性负载和控制角较大时仍能保持两相同时导通,与三相全控整流桥一样,要求采用双脉冲或宽脉冲触发(大于 60°)。为了保证输出电压对称可调,应保持触发脉冲与电源电压同步。

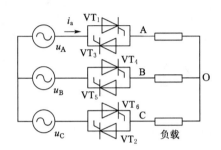

图 5-10　三相三线交流调压电路

该种连接方式是典型的三相调压电路连接方式,下面以 Y 形负载为例,结合图 5-10 所示电路,具体分析触发脉冲相位与调压电路输出电压的关系。

（1）电阻性负载的工作情况

把相电压过零点定为控制角 $\alpha$ 的起点,三相三线电路中,两相间导通时是靠线电压导通的,而线电压超前相电压 30°,因此 $\alpha$ 角的移相范围是 0°～150°。

① 触发角 $\alpha=0°$

$\alpha=0°$ 即是在相应每相电压的过零处给晶闸管加触发脉冲,即过零变正时触发正向晶闸管,过零变负时触发反向晶闸管。这时的晶闸管相当于二极管,这时三相正反方向电流都流通,相当于一般的三相交流电路。

触发脉冲分布、各晶闸管的导通区域及 A 相负载上输出的电压波形如图 5-11 所示。对应于触发脉冲分配可以确定各管的导通区间,例如,VT$_1$ 在 A 相电压过零变正时导通,变负时受反向电压而自然关断;而 VT$_4$ 在 A 相电压过零变负时导通,变正时受反向电压而自然关断。这样 VT$_1$ 在 A 相电压正半周导通,VT$_4$ 在 A 相电压负半周导通,B、C 两相导通情况与此相同。晶闸管导通顺序为 VT$_1$、VT$_2$、VT$_3$、VT$_4$、VT$_5$、VT$_6$,每管导通角 $\theta=180°$,除换流点外,任何时刻都有 3 个晶闸管导通。

归纳 $\alpha=0°$ 时的导通特点如下:每管持续导通 180°,每 60°区间有 3 个晶闸管同时导通。

② 触发角 $\alpha=30°$

$\alpha=30°$ 意味着各相电压过零后 30°触发相应晶闸管。以 A 相为例,$u_A$ 过零变正后 30°发出 VT$_1$ 的触发脉冲 $u_{g1}$,$u_A$ 过零变负后 30°发出 VT$_4$ 的触发脉冲 $u_{g4}$,B、C 两相类似。

触发脉冲分布、各晶闸管的导通区域及 A 相负载上输出的电压波形如图 5-12 所示。对应于触发脉冲可确定各管导通区间。VT$_1$ 从 $u_{g1}$ 发出触发脉冲开始导通,$u_A$ 过零变负时关断；$VT_4$ 从 $u_{g4}$ 发出触发脉冲时导通，$u_A$ 过零变正时关断。B、C 两相类似。

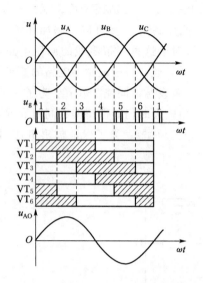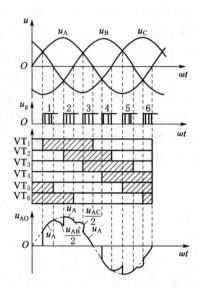

图 5-11　三相三线交流调压电路 $\alpha=0°$ 时的波形　　　图 5-12　三相三线交流调压电路 $\alpha=30°$ 时的波形

同样由导通区间可计算各相负载所获得的电压，以 A 相正半周为例，各区间晶闸管的导通情况、负载电压如表 5-1 所示。

表 5-1　各区间晶闸管的导通和负载电压情况

| $\omega t$ | $0°\sim30°$ | $30°\sim60°$ | $60°\sim90°$ | $90°\sim120°$ | $120°\sim150°$ | $150°\sim180°$ |
| --- | --- | --- | --- | --- | --- | --- |
| 晶闸管导通情况 | $VT_5,VT_6$ | $VT_5,VT_6,VT_1$ | $VT_6,VT_1$ | $VT_6,VT_1,VT_2$ | $VT_1,VT_2$ | $VT_1,VT_2,VT_3$ |
| $u_{AO}$ | 0 | $u_A$ | $u_{AB}/2$ | $u_A$ | $u_{AC}/2$ | $u_A$ |

A 相负半周各时域输出电压与正半周反向对称，B、C 两相各时域电压分析方法同上。

归纳 $\alpha=30°$ 时的导通特点如下：每个晶闸管持续导通 $150°$；有的区间由两个晶闸管同时导通构成两相流通回路，有的区间由 3 个晶闸管同时导通构成三相流通回路。

③ 触发角 $\alpha=60°$

$\alpha=60°$ 的情况具体分析与 $\alpha=30°$ 相似。触发脉冲分布、各晶闸管的导通区域及 A 相负载上输出的电压波形如图 5-13 所示。此处将电源的半个周期分为以下 3 个区间。

在 $0°\sim60°$ 区间内，因 $u_A>0$，$VT_4$ 关断，$VT_1$ 无触发脉冲也不导通，A 相负载电压 $u_{AO}=0$。

在 $60°\sim120°$ 区间内，当 $\omega t=60°$ 时，$u_C$ 过零使 $VT_5$ 关断，而 $VT_6$ 仍维持前一个区间的导通状态。在 $\omega t=60°$ 时触发 $VT_1$ 导通，使得 $VT_1$、$VT_6$ 同时导通，A 相负载电压 $u_{AO}=u_{AB}/2$。

在 $120°\sim180°$ 区间内，当 $\omega t=120°$ 时，$u_B$ 过零使 $VT_6$ 关断，同时 $VT_2$ 触发导通，此时 $VT_1$、$VT_2$ 同时导通，A 相负载电压 $u_{AO}=u_{AC}/2$。当 $\omega t=180°$ 时，$u_A=0$，$VT_1$ 关断，$VT_3$ 触发导通，此时 $VT_2$、$VT_3$ 同时导通，A 相正半周期结束。

归纳 $\alpha=60°$ 时的导通特点如下：在任何时刻有两相的晶闸管导通，第三相中的两个晶闸管都不导通。电流从电源的其中一相流出,从另一相回到电源,每个晶闸管导通 120°。

　　④ 触发角 $\alpha = 90°$

　　如果仍用 $\alpha = 30°$ 和 $\alpha = 60°$ 时的导通区间分析,认为正半周或负半周结束就意味着相应晶闸管的关断,那么,就得到错误的导通区间。因为出现了这样一种情况:有的区间只有一个晶闸管导通,显然这是不可能的,因为一个晶闸管不能构成回路。

　　下面分析 $\alpha = 90°$ 时的正确导通区间,以 $\mathrm{VT_1}$ 的通断为例。

　　首先假设触发脉冲 $u_g$ 有足够的宽度:大于 60°。则在触发 $\mathrm{VT_1}$ 时,$\mathrm{VT_6}$ 还有触发脉冲,由于此时 $u_A > u_B$,$\mathrm{VT_6}$ 可以和 $\mathrm{VT_1}$ 一起导通,由 AB 两相构成回路,电流通路为:$\mathrm{VT_1} \to \mathrm{A}$ 相负载 $\to \mathrm{B}$ 相负载 $\to \mathrm{VT_6}$,只要 $u_A > u_B$,$\mathrm{VT_1}$、$\mathrm{VT_6}$ 就能维持导通,直到 $u_A < u_B$,$\mathrm{VT_1}$、$\mathrm{VT_6}$ 才能同时关断。同样,当 $u_{g2}$ 到来时,$\mathrm{VT_1}$ 的触发脉冲 $u_{g1}$ 还存在,又由于 $u_A > u_C$ 使得 $\mathrm{VT_2}$ 和 $\mathrm{VT_1}$ 能随正压一起触发导通,构成 AC 相回路……如此下去,可以知道每个晶闸管导通后,与前一个触发的晶闸管一起构成回路导通 60° 后关断,然后又与新触发的下一个晶闸管一起构成回路,再导通 60° 后关断。

　　触发脉冲分布、各晶闸管的导通区域及 A 相负载上输出的电压波形如图 5-14 所示。从波形图可知,负载电压 $u_{AO}$ 是正、负半周波形反向对称的。对交流电源而言,$\alpha < 90°$ 时,导通相的电流是连续的,$\alpha = 90°$ 是电源电流连续与断续的临界状态。每个晶闸管导通 120°,每个区间有两个晶闸管导通。

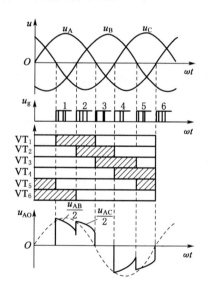 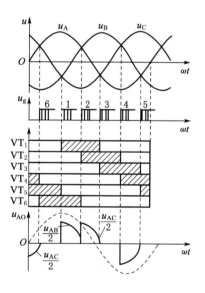

图 5-13　三相三线交流调压电路 $\alpha = 60°$ 时的波形　　图 5-14　三相三线交流调压电路 $\alpha = 90°$ 时的波形

　　⑤ 触发角 $\alpha = 120°$

　　同 $\alpha = 90°$ 的情况一样,仍然假设触发脉冲脉宽大于 60°。

　　如图 5-15 所示为 $\alpha = 120°$ 时触发脉冲分布、各晶闸管的导通区域及 A 相负载上输出的电压波形。触发 $\mathrm{VT_1}$ 时,$\mathrm{VT_6}$ 的触发脉冲仍未消失,而这时有 $u_A > u_B$,于是 $\mathrm{VT_1}$ 与 $\mathrm{VT_6}$ 一起由于正压导通,构成 AB 相回路,导通维持到 $u_A < u_B$ 又同时关断。而触发 $\mathrm{VT_2}$ 时,又由于 $\mathrm{VT_1}$ 的触发脉冲还未消失,于是 $\mathrm{VT_2}$ 与 $\mathrm{VT_1}$ 一起导通,又构成 AC 相回路,到 $u_A < u_C$ 时,$\mathrm{VT_1}$、$\mathrm{VT_2}$ 又同时关断……如此下去,每个晶闸管与前一个触发的晶闸管一起导通 30°

后关断,等到下一个晶闸管触发再与之一起构成回路并导通 30°。

归纳 $\alpha = 120°$ 时的导通特点如下:每个晶闸管触发后导通 30°,关断 30°,再触发导通 30°;各区间要么由两个晶闸管导通构成回路,要么没有晶闸管导通。

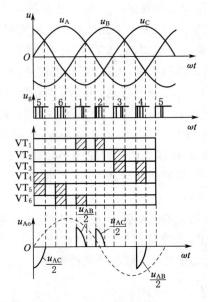

图 5-15 三相三线交流调压电路 $\alpha = 120°$ 时的波形

⑥ 触发角 $\alpha \geqslant 150°$ 时

$\alpha \geqslant 150°$ 以后,负载上没有交流电压输出。以 VT$_1$ 的触发为例,当 $u_{g1}$ 发出时,尽管 VT$_6$ 的触发脉冲仍存在,但电压已过了 $u_A > u_B$ 区间,这样,VT$_1$ 与 VT$_6$ 即使有脉冲也没有正向电压,其他的晶闸管没有触发脉冲,更不可能导通,因此从电源到负载构不成通路,输出电压为零。

综上所述,星形连接三相三线交流调压电路,在电阻性负载情况下,$\alpha = 0°$ 时调压电路输出全电压,$\alpha$ 增大则输出电压减小,$\alpha = 150°$ 时输出电压为零。触发角 $\alpha$ 由 0° 至 150° 变化,则输出电压从最大到零连续变化。此外,随着 $\alpha$ 的增大,电流的不连续程度增加,每相负载上的电压已不是正弦波,但正、负半周对称。

(2)电感性负载的工作情况

单相交流调压电路在阻感负载下的工作情况,前面已做了较详细的分析,三相交流调压电路在电感性负载下的情况要比前者复杂得多。

当三相星形连接的负载为阻感负载时,交流调压输出的波形既与 $\alpha$ 角有关,也与负载的阻抗角 $\varphi$ 有关。当 $\alpha \leqslant \varphi$ 时,晶闸管全导通,输出完整的正弦交流波形,此刻输出电压电流的有效值最大。只有当 $\alpha > \varphi$ 时,才能对输出交流电压和电流进行调节。具体分析可参照单相交流调压电路的分析方法。从实验可知,当三相交流调压电路带电感性负载时,同样要求触发脉冲为宽脉冲。

### 5.1.3.4 斩控式三相交流调压电路

三相交流斩控调压电路通常由三个单相交流斩控调压电路组成,基本工作原理的分析过程与单相交流斩控调压电路相似,这里不再赘述。

## 5.2　交交变频电路

交交变频电路是把电网频率的交流电直接变换成可调频率的交流电的变流电路。因为没有中间直流环节,因此属于直接变频电路。采用晶闸管的交交变频电路,也称为周波变流器(cycloconvertor)。周波变流器采用晶闸管作为开关器件,控制方式为相控。近年来出现的矩阵式变频电路也是一种直接变频电路,电路所用的开关器件是全控型的,控制方式是斩控。

### 5.2.1　晶闸管单相交交变频电路

交交变频电路广泛用于大功率交流电动机调速传动系统,实际使用的主要是三相输出交交变频电路。单相输出交交变频电路是三相输出交交变频电路的基础。因此本节首先介绍单相输出交交变频电路的构成、工作原理、控制方法及输入输出特性,然后再介绍三相输出交交变频电路。

为了叙述简便,把单相输出和三相输出交交变频电路分别称为单相和三相交交变频电路。

#### 5.2.1.1　电路构成和工作原理

图 5-16 是单相交交变频电路的基本原理图和输出电压波形。电路由 P 组和 N 组的晶闸管变流电路反并联构成,与直流电动机可逆调速用的四象限变流电路完全相同。变流器 P 和 N 都是相控整流电路,P 组工作时,负载电流 $i_o$ 为正,N 组工作时,$i_o$ 为负。两组变流器按一定的频率交替工作,负载就得到该频率的交流电。改变两组变流器的切换频率,就可以改变输出频率 $\omega_o$。改变变流电路工作时的控制角 $\alpha$,就可以改变交流输出电压的幅值。

根据控制角 $\alpha$ 变化方式的不同,有方波交交变频电路和正弦波交交变频电路之分。

方波交交变频电路工作时保持晶闸管触发角恒定不变,其控制简单,但其输出波形为矩形波,低次谐波大。如果 P 组和 N 组变流器工作期间 $\alpha$ 角不变,则输出电压 $u_o$ 为矩形波交流电压,如图 5-16 (b)所示。当 P 组变流器工作时,N 组封锁;当 N 组变流器工作时 P 组封锁,以实现无环流控制。由于变流器具有电流单向流通的特点,因此,当负载电流为正时,正组变流器工作;当负载电流为负时,N 组变流器工作。

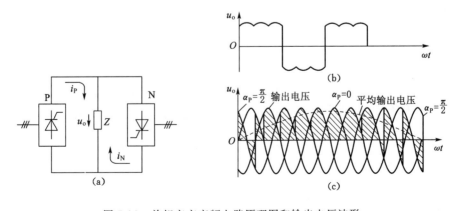

图 5-16　单相交交变频电路原理图和输出电压波形

正弦波交交变频电路的主电路与方波交交变频电路的主电路相同,但正弦波交交变频电路的输出电压平均值按正弦规律变化,克服了方波交交变频电路输出波形谐波成分大的缺点,故它比前一种更为实用。为了使输出电压 $u_o$ 的波形接近正弦波,可以按正弦规律对 $\alpha$ 角进行调制。如图 5-16(c)波形所示,可在半个周期内让 P 组变流器的 $\alpha$ 角按正弦规律从 $90°$ 逐渐减小到 $0°$ 或某个值,然后再逐渐增大到 $90°$。这样,每个控制间隔内的平均输出电压就按正弦规律从零逐渐增至最高,再逐渐减小到零,如图中虚线所示。另外半个周期可对 N 组变流器进行同样的控制。

#### 5.2.1.2 整流与逆变工作状态

交交变频电路的负载可以是阻感负载、电阻负载、阻容负载或交流电动机负载。这里以阻感负载为例来说明电路的整流工作状态与逆变工作状态,这种分析也适用于交流电动机负载。

如果把交交变频电路理想化,忽略变流电路换相时输出电压的脉动分量,就可把电路等效成图 5-17(a)所示的正弦波交流电源和二极管的串联。其中交流电源表示变流电路可输出交流正弦电压,二极管体现了变流电路电流的单向流动特征。

假设负载阻抗角为 $\varphi$,即输出电流滞后输出电压 $\varphi$ 角。另外,两组变流电路在工作时采取直流可逆调速系统中的无环流工作方式,即一组变流电路工作时,封锁另一组变流电路的触发脉冲。图 5-17(b)给出了一个输出周期内负载电压、电流波形及正反两组变流电路的电压、电流波形。在负载电流正半周 $t_1 \sim t_3$ 区间,只能是 P 组变流电路工作,N 组电路被封锁。其中在 $t_1 \sim t_2$ 阶段,输出电压和电流均为正,故 P 组变流电路工作在整流状态,输出功率为正。在 $t_2 \sim t_3$ 阶段,输出电压已反向,但输出电流仍为正,P 组变流电路工作在逆变状态,输出功率为负。

在负载电流负半周 $t_3 \sim t_5$ 区间,N 组变流电路工作,P 组电路被封锁。其中在 $t_3 \sim t_4$ 阶段,输出电压和电流均为负,N 组变流电路工作在整流状态,在 $t_4 \sim t_5$ 阶段,输出电流为负而电压为正,N 组变流电路工作在逆变状态。

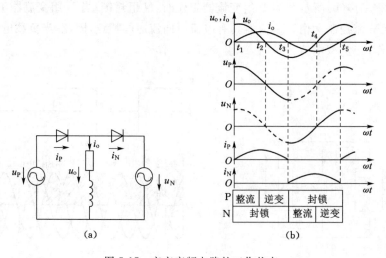

图 5-17　交交变频电路的工作状态

阻感负载时正弦型交交变频电路输出电压和电流波形如图 5-18 所示。如果考虑无环流工作方式下负载电流过零的死区时间,一周期的波形可分为 6 段:第 1 段 $i_o<0$、$u_o>0$,为 N 组逆变;第 2 段电流过零,为无环流死区;第 3 段 $i_o>0$、$u_o>0$,为 P 组整流;第 4 段 $i_o>0$、$u_o<0$,为 P 组逆变;第 5 段又是无环流死区;第 6 段 $i_o<0$、$u_o<0$,为 N 组整流。

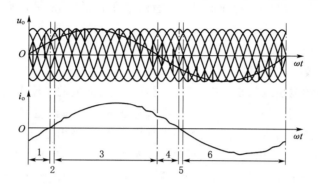

图 5-18　阻感负载时正弦型交交变频电路输出电压和电流波形

可以看出,在阻感负载的情况下,在一个输出周期内交交变频电路有 4 种工作状态。哪组变流电路工作是由输出电流的方向决定的,与输出电压极性无关。变流电路工作在整流状态还是逆变状态,则是根据输出电压方向与输出电流方向是否相同来确定的。

### 5.2.1.3　输出正弦波电压的调制方法

要实现交交变频电路输出电压波形正弦化,必须不断改变晶闸管的触发角 $\alpha$,其方法很多,但应用最为广泛的是余弦交点控制法。这里主要介绍余弦交点法,该方法的基本思想是使构成交交变频电路的各变流器的输出电压尽可能接近理想正弦波形,使实际输出电压波形与理想正弦波之间的偏差最小。

设 $U_{do}$ 为 $\alpha=0$ 时整流电路的理想空载电压,在负载电流连续的条件下,控制角为 $\alpha$ 时变流电路的输出电压为:

$$\overline{u}_o=U_{do}\cos \alpha \tag{5-14}$$

对交交变频电路来说,每次控制时 $\alpha$ 角都是不同的,式(5-14)中的 $\overline{u}_o$ 表示每次控制间隔内输出电压的平均值。

设要得到的正弦波输出电压为:

$$u_o=U_{om}\sin \omega_0 t \tag{5-15}$$

比较式(5-14)和式(5-15),应使

$$\cos \alpha=\frac{U_{om}}{U_{do}}\sin \omega_0 t=\gamma\sin \omega_0 t \tag{5-16}$$

式中,$\gamma$ 称为输出电压比,$\gamma=\dfrac{U_{om}}{U_{do}}(0\leqslant\gamma\leqslant1)$。

因此可得:

$$\alpha=\arccos(\gamma\sin \omega_0 t) \tag{5-17}$$

上式就是用余弦交点法求交交变频电路 $\alpha$ 角的基本公式。利用此公式,通过微处理器可以很方便地实现准确计算和控制。

如果在一个控制周期内,控制角 $\alpha$ 根据式(5-17)确定,则每个控制间隔输出电压的平均值按正弦规律变化。若要改变变频电路输出电压幅值,只要改变 $\alpha$ 角即可。

图 5-19 给出了不同输出电压比 $\gamma$ 下,交交变频电路输出电压在一个周期内移相触发角 $\alpha$ 的变化规律。图中,$\alpha=\arccos(\gamma\sin\omega_0 t)=\dfrac{\pi}{2}-\arcsin(\gamma\sin\omega_0 t)$。可以看出,$\alpha$ 角是 $90°$ 为中心前后变化的,当输出电压比 $\gamma$ 很小,即输出电压较低时,$\alpha$ 只在离 $90°$ 很近的范围内变化。

#### 5.2.1.4 输入输出特性

(1) 输出上限频率

交交变频电路的输出电压是由许多段电网电压拼接而成的。输出电压一个周期内拼接的电网电压段数越多,就可使输出电压波形越接近正弦波。每段电网电压的平均持续时间是由变流电路的脉波数决定的。因此,当输出频率增高时,输出电压一周期所含电网电压的段数就减少,波形畸变就严重。电压波形畸变以及由此产生的电流波形畸变和转矩脉动是限制输出频率提高的主要因素。就输出波形畸变和输出上限频率的关系而言,很难确定一个明确的界限。当然,构成交交变频电路的两组变流电路的脉波数越多,输出上限频率就越高。就常用的 6 脉波三相桥式电路而言,一般认为,输出上限频率不高于电网频率的 $1/3\sim$ $1/2$。电网频率为 $50\ \mathrm{Hz}$ 时,交交变频电路的输出上限频率约为 $20\ \mathrm{Hz}$。

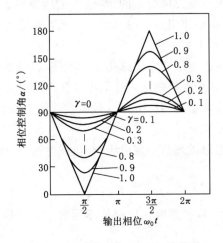

图 5-19  不同 $\gamma$ 时 $\alpha$ 和 $\omega_0 t$ 的关系

(2) 输入功率因数

交交变频电路采用的是相位控制方式,因此其输入电流的相位总是滞后于输入电压,需要电网提供无功功率。从图 5-19 可以看出,在输出电压的一个周期内,$\alpha$ 角是以 $90°$ 为中心前后变化的。输出电压比 $\gamma$ 越小,半周期内 $\alpha$ 的平均值越靠近 $90°$,位移因数越低。另外,负载的功率因数越低,输入功率因数也越低。而且不论负载功率因数是滞后的还是超前的,输入的无功电流总是滞后的。

图 5-20 给出了以输出电压比 $\gamma$ 为参变量时输入位移因数和负载功率因数的关系。输入位移因数也就是输入的基波功率因数,其值通常略大于输入功率因数。因此,图 5-20 也大体反映了输入功率因数和负载功率因数的关系。可以看出,即使负载功率因数为 1 且输出电压比 $\gamma$ 也为 1,输入功率因数仍小于 1,随着负载功率因数的降低和 $\gamma$ 的减小,输入功率因数也随之降低。

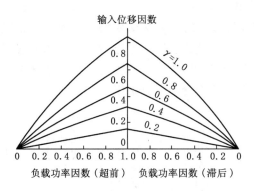

图 5-20　单相交交变频电路的位移因数

（3）输出电压谐波

交交变频电路输出电压的谐波频谱是非常复杂的,它既和电网频率 $f_i$ 以及变流电路的脉波数有关,也和输出频率 $f_o$ 有关。

对于采用三相桥式电路的交交变频电路来说,输出电压中所含主要谐波的频率为

$$6f_i \pm f_o, 6f_i \pm 3f_o, 6f_i \pm 5f_o \cdots$$
$$12f_i \pm f_o, 12f_i \pm 3f_o, 12f_i \pm 5f_o \cdots$$

另外,采用无环流控制方式时,由于电流方向改变时死区的影响,将使输出电压中增加 $5f_o, 7f_o$ 等次谐波。

（4）输入电流谐波

单相交交变频电路的输入电流波形和可控整流电路的输入波形类似,但是其幅值和相位均按正弦规律被调制。和可控整流电路输入电流的谐波相比,交交变频电路输入电流的频谱要复杂得多,但各次谐波的幅值要比可控整流电路的谐波幅值小。采用三相桥式电路的交交变频电路输入电流谐波频率为

$$f_{in} = \left| (6k \pm 1) f_i \pm 2l f_o \right| \tag{5-18}$$

式中,$k = 1, 2, 3 \cdots$；$l = 0, 1, 2 \cdots$

### 5.2.2　晶闸管三相交交变频电路

交交变频电路主要应用于大功率交流电机调速系统,这种系统使用的是三相交交变频电路。三相交交变频电路是由三组输出电压相位各差 120° 的单相交交变频电路组成的,因此上一节的许多分析和结论对三相交交变频电路都是适用的。

#### 5.2.2.1　电路接线方式

三相交交变频电路主要有两种接线方式,即公共交流母线进线方式和输出星形连接方式。

（1）公共交流母线进线方式

图 5-21 是公共交流母线进线方式的三相交交变频电路简图。它由三组彼此独立的、输出电压相位相互错开 120° 的单相交交变频电路构成,它们的电源进线通过进线电抗器接在公共的交流母线上。因为电源进线端公用,所以三组单相交交变频电路的输出端必须隔离。为此,交流电动机的三个绕组必须拆开,共引出六根线。这种电路主要用于中等容量的交流调速系统。

（2）输出星形连接方式

图 5-22 是输出星形连接方式的三相交交变频电路简图。三组单相交交变频电路的输出端是星形连接,电动机的三个绕组也是星形连接,电动机中性点不和变频电路中性点接在一起,电动机只引出三根线即可。因为三组单相交交变频电路的输出联接在一起,其电源进线就必须隔离,因此三组单相交交变频器分别用三个变压器供电。

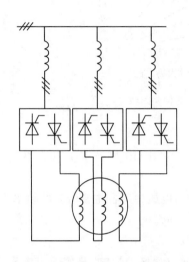

图 5-21　公共交流母线进线
三相交交变频电路简图

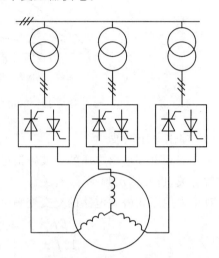

图 5-22　输出星形连接方式
三相交交变频电路简图

#### 5.2.2.2　实用电路结构

两组晶闸管变流器构成的交流/交流直接变频电路,通常仅用于获得较低输出频率的三相大功率变频、变压电源。这种变频、变压电源对交流电动机供电,可实现交流电力传动的四象限运行。

图 5-23 所示的是由三相半波整流电路构成的三相交交变频电路原理图。其中每相变频电路都由两组反并联的三相半波整流电路组成,有环流电抗器。每组变频电路输出电压的脉波数为 3。

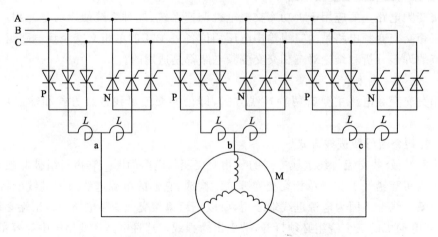

图 5-23　三相半波变流电路构成的三相交交变频电路

　　图 5-24 所示的是三相桥式变流电路构成的公共交流母线进线三相交交变频电路原理图。其中每相变频电路都由两组反并联的三相桥式变流电路组成,无环流电抗器。每组变频电路输出电压的脉波数为 6,因此交流输出电压的谐波含量要小一些。

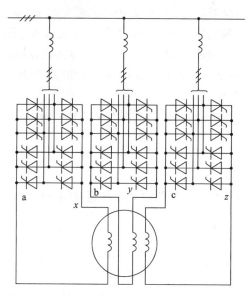

图 5-24　三相桥式变流电路构成的公共交流母线进线三相交交变频电路

　　图 5-25 所示的是三相桥式变流电路构成的输出星形连接方式三相交交变频电路原理图。由于变频电路输出端中点不和负载中点相连接,所以在构成三相变频电路的六组桥式电路中,至少要有不同输出相的两组桥中的四个晶闸管同时导通才能构成回路,形成电流。和整流电路一样,同一组桥内的两个晶闸管靠双触发脉冲保证同时导通。而两组桥之间则是靠各自的触发脉冲有足够的宽度,以保证同时导通。

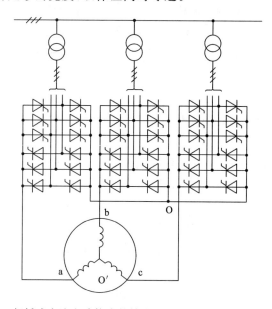

图 5-25　三相桥式变流电路构成的输出星形连接方式三相交交变频电路

### 5.2.3 矩阵式变频电路

矩阵式变频电路的优点是输出电压为正弦波,输出频率不受电网频率的限制;输入电流也可控制为正弦波且和电压同相,功率因数为 1,也可控制为需要的功率因数;能量可双向流动,适用于交流电机的四象限运行;不通过中间直流环节而直接实现变频,效率较高。

图 5-26(a)是矩阵式变频电路的主电路拓扑图。三相输入电压为 $u_a$、$u_b$ 和 $u_c$,三相输出电压为 $u_u$、$u_v$ 和 $u_w$。9 个开关器件组成 $3 \times 3$ 矩阵,因此该电路被称为矩阵式变频电路,也被称为矩阵变换器。图中每个开关都是矩阵中的一个元素,采用双向可控开关,图 5-26(b)给出了应用较多的一种开关单元。

对单相交流电压 $u_s$ 进行斩波控制,即进行 PWM 控制时,如果开关频率足够高,则其输出电压 $u_o$ 为:

$$u_o = \frac{t_{on}}{T_c} u_s = D u_s \tag{5-19}$$

式中,$T_c$ 为开关周期;$t_{on}$ 为一个开关周期内开关导通时间;$D$ 为占空比。

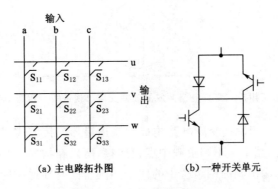

(a)主电路拓扑图        (b)一种开关单元

图 5-26    矩阵式变频电路

利用对开关 $S_{11}$、$S_{12}$ 和 $S_{13}$ 的控制构造输出电压 $u_u$ 时,为了防止输入电源短路,在任何时刻只能有一个开关接通。考虑到负载一般是阻感负载,负载电流具有电流源性质,为使负载不致开路,在任一时刻必须有一个开关接通。因此,u 相输出电压 $u_u$ 和各相输入电压的关系为:

$$u_u = \sigma_{11} u_a + \sigma_{12} u_b + \sigma_{13} u_c \tag{5-20}$$

式中,$\sigma_{11}$、$\sigma_{12}$ 和 $\sigma_{13}$ 为一个开关周期内开关 $S_{11}$、$S_{12}$ 和 $S_{13}$ 的导通占空比。由上面的分析可知:

$$\sigma_{11} + \sigma_{12} + \sigma_{13} = 1 \tag{5-21}$$

用同样的方法控制图 5-26(a)矩阵第 2 行和第 3 行的各开关,可以得到类似于式(5-20)的表达式。把这些公式写成矩阵的形式,即

$$\begin{bmatrix} u_u \\ u_v \\ u_w \end{bmatrix} = \begin{bmatrix} \sigma_{11} & \sigma_{12} & \sigma_{13} \\ \sigma_{21} & \sigma_{22} & \sigma_{23} \\ \sigma_{31} & \sigma_{32} & \sigma_{33} \end{bmatrix} \begin{bmatrix} u_a \\ u_b \\ u_c \end{bmatrix} \tag{5-22}$$

可缩写为:

$$u_o = \sigma u_i \tag{5-23}$$

式中

$$\boldsymbol{u}_o = \begin{bmatrix} u_u & u_v & u_w \end{bmatrix}^T$$

$$\boldsymbol{u}_i = \begin{bmatrix} u_a & u_b & u_c \end{bmatrix}^T$$

$$\boldsymbol{\sigma} = \begin{bmatrix} \sigma_{11} & \sigma_{12} & \sigma_{13} \\ \sigma_{21} & \sigma_{22} & \sigma_{23} \\ \sigma_{31} & \sigma_{32} & \sigma_{33} \end{bmatrix}$$

$\boldsymbol{\sigma}$ 称为调制矩阵,它是时间的函数,每个元素在每个开关周期中都是不同的。

阻感负载的负载电流具有电流源的性质,负载电流的大小是由负载的需要决定的,在矩阵式变频电路中,9 个开关的通断情况决定后,即 $\sigma$ 矩阵中各元素确定后,输入电流 $i_a$、$i_b$、$i_c$ 和输出电流 $i_u$、$i_v$、$i_w$ 的关系也就确定了。实际上,各相输入电流都分别是各相输出电流按照相应的占空比相加而成的,即

$$\begin{bmatrix} i_a \\ i_b \\ i_c \end{bmatrix} = \begin{bmatrix} \sigma_{11} & \sigma_{12} & \sigma_{13} \\ \sigma_{21} & \sigma_{22} & \sigma_{23} \\ \sigma_{31} & \sigma_{32} & \sigma_{33} \end{bmatrix} \begin{bmatrix} i_u \\ i_v \\ i_w \end{bmatrix} \tag{5-24}$$

写成缩写形式即为:

$$\boldsymbol{i}_i = \boldsymbol{\sigma}^T \boldsymbol{i}_o \tag{5-25}$$

式中
$$\boldsymbol{i}_i = \begin{bmatrix} i_a & i_b & i_c \end{bmatrix}^T$$
$$\boldsymbol{i}_o = \begin{bmatrix} i_u & i_v & i_w \end{bmatrix}^T$$

式(5-22)和式(5-24)即是矩阵式变频电路的基本输入输出关系式。

对一个实际系统来说,输入电压和所需要的输出电流是已知的。设其分别为:

$$\begin{bmatrix} u_a \\ u_b \\ u_c \end{bmatrix} = \begin{bmatrix} U_{im}\cos\omega_i t \\ U_{im}\cos\left(\omega_i t - \dfrac{2\pi}{3}\right) \\ U_{im}\cos\left(\omega_i t - \dfrac{4\pi}{3}\right) \end{bmatrix} \tag{5-26}$$

$$\begin{bmatrix} i_u \\ i_v \\ i_w \end{bmatrix} = \begin{bmatrix} I_{om}\cos(\omega_o t - \varphi_o) \\ I_{om}\cos\left(\omega_o t - \dfrac{2\pi}{3} - \varphi_o\right) \\ I_{om}\cos\left(\omega_o t - \dfrac{4\pi}{3} - \varphi_o\right) \end{bmatrix} \tag{5-27}$$

式中,$U_{im}$ 和 $I_{om}$ 为输入电压和输出电流的幅值;$\omega_i$ 和 $\omega_o$ 为输入电压和输出电流的角频率;$\varphi_o$ 为相应于输出频率的负载阻抗角。

变频电路希望的输出电压和输入电流分别为

$$\begin{bmatrix} u_u \\ u_v \\ u_w \end{bmatrix} = \begin{bmatrix} U_{om}\cos\omega_o t \\ U_{om}\cos\left(\omega_o t - \dfrac{2\pi}{3}\right) \\ U_{om}\cos\left(\omega_o t - \dfrac{4\pi}{3}\right) \end{bmatrix} \tag{5-28}$$

$$\begin{bmatrix} i_a \\ i_b \\ i_c \end{bmatrix} = \begin{bmatrix} I_{im}\cos(\omega_i t - \varphi_i) \\ I_{im}\cos\left(\omega_i t - \dfrac{2\pi}{3} - \varphi_i\right) \\ I_{im}\cos\left(\omega_i t - \dfrac{4\pi}{3} - \varphi_i\right) \end{bmatrix} \tag{5-29}$$

式中，$U_{om}$和$I_{im}$分别为输出电压和输入电流的幅值；$\varphi_i$为输入电流滞后于输入电压的相位角。当期望的输入功率因数为1时，$\varphi_i = 0$。把式(5-26)至式(5-29)代入式(5-22)和式(5-24)，可得：

$$\begin{bmatrix} U_{om}\cos \omega_o t \\ U_{om}\cos\left(\omega_o t - \dfrac{2\pi}{3}\right) \\ U_{om}\cos\left(\omega_o t - \dfrac{4\pi}{3}\right) \end{bmatrix} = \boldsymbol{\sigma} \begin{bmatrix} U_{im}\cos \omega_i t \\ U_{im}\cos\left(\omega_i t - \dfrac{2\pi}{3}\right) \\ U_{im}\cos\left(\omega_i t - \dfrac{4\pi}{3}\right) \end{bmatrix} \tag{5-30}$$

$$\begin{bmatrix} I_{im}\cos(\omega_i t) \\ I_{im}\cos\left(\omega_i t - \dfrac{2\pi}{3}\right) \\ I_{im}\cos\left(\omega_i t - \dfrac{4\pi}{3}\right) \end{bmatrix} = \boldsymbol{\sigma}^{T} \begin{bmatrix} I_{om}\cos(\omega_o t - \varphi_o) \\ I_{om}\cos\left(\omega_o t - \dfrac{2\pi}{3} - \varphi_o\right) \\ I_{om}\cos\left(\omega_o t - \dfrac{4\pi}{3} - \varphi_o\right) \end{bmatrix} \tag{5-31}$$

如能求得满足式(5-30)和式(5-31)的调制矩阵$\boldsymbol{\sigma}$，就可得到式中所希望的输出电压和输入电流。

从上面的分析可以看出，要使矩阵式变频电路能够很好地工作，有两个基本问题必须解决：首先要解决的问题是如何求取理想的调制矩阵$\boldsymbol{\sigma}$，其次就是在开关切换时如何实现既无交叠又无死区。

## 5.3 晶闸管交流调功电路和交流电力电子开关

### 5.3.1 晶闸管交流调功电路

晶闸管相控交流调压电路控制简便，输出电压基本上可连续调节，但却使输出的正弦波形出现缺角，产生谐波，尤其在深度调节状态下，产生较大的谐波。为了克服这种缺点，可采用通断控制方式。通断控制方式不是在每个电源周期都对输出电压波形进行控制，而是在设定的周期内，使晶闸管开通几个周波，再断开几个周波，通过改变通断的周波数来改变负载上的交流平均功率。因此通断控制的装置也称为交流调功器。交流调功器的开关对外界的电磁干扰较小，几乎不产生谐波。

交流调功电路在电路结构上与相控交流调压电路完全一样，只是控制方式不同。交流调功电路采用过零触发方式，即在交流电源过零时刻触发导通晶闸管，使负载端得到完整的正弦波。现以单相交流调功电路为例说明其工作原理，输出电压波形如图5-27所示。设电源的周期为$T$，电压有效值为$U$，通断控制周期$T_c = MT$。在一个控制周期内，电子开关导通时间为$NT$（$N \leqslant M$，均为正整数），关断时间为$(M-N)T$。通过改变晶闸管导通的周期数$N$，可以达到调节输出功率的目的。

由图5-27可看出，交流功率控制器的输出电压有效值可按下式计算：

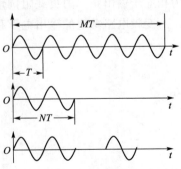

图 5-27 单相交流调功
电路输出电压波形

$$U_o = \sqrt{\frac{N}{M}} U \tag{5-32}$$

如果负载为电阻,输出功率为:

$$P_o = \frac{U_o^2}{R} = \frac{N}{M} \cdot \frac{U^2}{R} = \frac{N}{M} P_e \tag{5-33}$$

式中,$P_e = U^2/R$ 为设定周期 $T_c$ 内全部周波导通时电路输出的功率,即输入电压全部加在负载上的输出功率。

从式(5-33)可看出,在输入电压及负载一定时,调节 $M$ 或 $N$ 均可调节负载输出的平均功率。调功电路的通、断方式很多,但只要接通周期数和断开周期数的比值不变,输出电压有效值和输出功率也不变。

交流调功电路在温度调节等领域得到较多的应用,但不适用于电力传动、照明等控制对象。

### 5.3.2　晶闸管交流电力电子开关

电力电子器件可以构成专门用于通断电路的无触点开关,称为电力电子开关。交流电力电子开关就是把反并联的晶闸管或单个双向晶闸管串联在交流电路中,起接通和断开电路的作用,从而代替传统电路中有触点的机械开关。与传统机械开关相比,交流电力电子开关具有响应速度快、寿命长、控制功率小、灵敏度高、节能、无噪声等优点,因此被广泛应用于各种交流电动机的频繁启动、正反转控制、软启动以及电容器的通断控制等场合。

交流电力电子开关在电路形式上与交流调功电路类似,但其控制方式或控制目的完全不同。交流调功电路用来控制电路的接通和断开,其目的是控制电路输出的平均功率,控制方式有明确的控制周期;而交流无触点开关只是根据控制功能的需要,以接通和断开电路为目的,因此它没有明确控制周期,它的开关频率通常也比交流调功电路低得多。

交流电力电子开关按其接通模式不同,可分为任意接通模式和过零接通模式。采用任意接通模式时,可以在任意时刻接通电路;采用过零接通模式时,只允许在交流电过零时接通电路。

图 5-28 是一种简单的单相交流电力电子开关电路,电路中 $VT_1$、$VT_2$ 是大功率晶闸管,$VD_1$、$VD_2$ 是小功率二极管,S 是控制开关。

当 S 闭合时,在电源电压正半周,$VT_1$ 为正向电压,电源通过 $VD_2$、S 向 $VT_1$ 的门极提供触发电流,$VT_1$ 导通。当流过 $VT_1$ 的电流过零时,$VT_1$ 关断。如果接电阻性负载,$VT_1$ 关断恰在电源电压的过零点;如果接电感性负载,$VT_1$ 在电源电压过零以后才关断。$VT_1$ 关断后,$VT_2$ 为正向电压,电源通过 $VD_1$ 和 S 为 $VT_2$ 提供触发电流,使 $VT_2$ 导通,电流过零时 $VT_2$ 关断。综上分析可知,$VT_1$ 和 $VT_2$ 交替导通,若忽略晶闸管的开通时间,切换点就是电流的过零点,电路相当于一个处于接通状态的开关。如果 S 断开,晶闸管得不到触发电流,不能导通,电力电子开关为阻断状态,相当于开关为断开状态。通过对 S 的操作控制,实现以微小电流控制通断大电流的功能。

图 5-29 是采用双向晶闸管的单相交流电力电子开关电路,由双向晶闸管 VT 实现对负载电流的通断控制。在控制开关 S 闭合时,双向晶闸管触发导通,负载上获得交流电能;如果 S 断开,VT 因门极开路而不能导通,负载得不到电压,相当于交流开关断开。

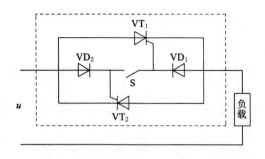
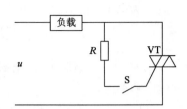

图 5-28  晶闸管交流电力电子开关原理图　　图 5-29  双向晶闸管交流电力电子开关原理图

　　上述的晶闸管交流电子开关属于任意接通模式,其优点是电路结构简单。在施加主回路电压后,任意时刻都可以闭合控制开关 S,使电力电子开关由阻断状态转为导通状态。如果控制开关 S 在交流电压瞬时值较高时闭合,负载电压的突变可形成较大的电流上升率,对电力电子设备产生不良的影响。为避免这种现象的发生,可采用过零触发电路,启动电子开关时,使晶闸管只能在电源电压的过零点触发。

　　图 5-30 所示为采用光耦的过零触发双向电力电子开关,图中 $VT_4$ 为双向晶闸管,是主电路开关器件。1、2 为输入端,连接控制信号;3、4 为输出端,与负载串联后接交流电源。$R_6$、$C$ 为阻容吸收电路。

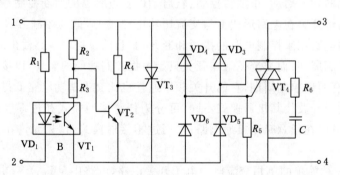

图 5-30  过零触发的双向电力电子开关

　　在 3、4 所接交流电源电压较大时,$VD_3 \sim VD_6$ 桥式整流输出电压较大,即使光敏三极管 $VT_1$ 导通,也不能使原来导通的 $VT_2$ 截止,导通的 $VT_2$ 短路 $VT_3$ 门极,使 $VT_3$ 不能触发导通,双向晶闸管 $VT_4$ 无触发电流不能导通,输出端 3、4 不通。

　　只有在 3、4 所接交流电源电压过零点附近的一个很小的区域,当输入端 1、2 有控制信号输入时,发光二极管 $VD_1$ 发光,光敏三极管 $VT_1$ 导通,使原来导通的 $VT_2$ 截止。$VD_3 \sim VD_6$ 桥式整流输出电压经过 $R_4$ 向 $VT_3$ 提供门极电流,$VT_3$ 导通,通过电阻 $R_5$ 提供双向晶闸管 $VT_4$ 的触发信号,使双向晶闸管 $VT_4$ 导通,从而使输出端 3、4 接通。当输入端 1、2 无控制信号输入时,光敏三极管 $VT_1$ 截止,$VT_2$ 导通,$VT_3$ 截止,$VT_4$ 截止,输出端 3、4 不通,相当于开关断开。

## 思考题与习题

1. 调光台灯由相控单相交流调压电路供电。该台灯可看成电阻负载,在 $\alpha=0$ 时输出功率为最大值,试求功率为最大输出功率的 $80\%,50\%$ 时的控制角 $\alpha$。

2. 相控单相交流调压电路,带阻感性负载,稳态运行情况下控制角 $\alpha$ 的移相范围是多大才能保证正常调压? 若控制角 $0\leqslant\alpha\leqslant\varphi$,试问电路能否工作?

3. 相控单相交流调压器,电源为工频 220 V,阻感负载,其中 $R=0.5\ \Omega,L=2\ mH$。试求:

(1) 控制角 $\alpha$ 的变化范围;

(2) 负载电流的最大有效值;

(3) 最大输出功率及此时电源侧的功率因数;

(4) 当控制角 $\alpha=90°$ 时,晶闸管电流有效值,晶闸管导通角和电源侧功率因数。

4. 斩控单相交流调压电路的控制方式可分为哪两大类? 具体如何实现?

5. 晶闸管相控直接变频电路的最高输出频率是多少? 制约其输出频率提高的主要因素是什么?

6. 相控式交交变频电路的主要优、缺点是什么? 其主要用途是什么?

7. 相控式三相交交变频电路有哪两种接线方式? 它们有什么区别?

8. 如何控制交交变频器的正反组晶闸管,才能获得按正弦规律变化的平均电压?

9. 试述矩阵式变频电路的基本原理和优缺点。

10. 晶闸管反并联的单相交流调压电路,电源为工频 220 V,负载电阻 $R=5\ \Omega$。如晶闸管开通 100 个电源周期,关断 80 个电源周期,求:

(1) 输出电压有效值;

(2) 输出平均功率;

(3) 单个晶闸管的电流有效值。

11. 采用相位控制的交流调压电路和采用通断控制的交流调功电路各有什么特点? 适用于什么负载?

# 第6章　PWM 控制技术

PWM(pulse width modulation)控制就是对脉冲的宽度进行调制的技术,即通过对一系列脉冲的宽度进行调制,来等效地获得所需要的波形(包括形状和幅值)。

在直流/直流变换电路的直流斩波的控制方式小节中,已给出相关概念,但并未进行详细介绍。实际上,PWM 控制技术在逆变电路中的应用较为广泛,对逆变电路的影响也最为深刻。现在大量应用的逆变电路中,绝大部分都是 PWM 型逆变电路。可以说 PWM 控制技术正是有赖于在逆变电路中的应用,才发展得比较成熟,从而确定了它在电力电子技术中的重要地位。在本书的前述章节中,仅介绍了逆变电路的基本拓扑和工作原理,而没有涉及 PWM 控制技术。实际上,离开了 PWM 控制技术,对逆变电路的介绍也就不完整。近年来,PWM 控制技术在整流电路中也开始得到越来越广泛的研究和应用,并显示出突出的优越性。

本章将对 PWM 相关的基础理论及在逆变电路、直流变换电路和整流电路中的应用进行介绍,结合前述章节的知识构成较为完整的知识体系。

## 6.1　PWM 控制的基本原理

在采样控制理论中有一个重要结论:冲量相等而形状不同的窄脉冲加在具有惯性的环节上时,其效果基本相同。这里,冲量指窄脉冲的面积;效果基本相同,是指惯性环节的输出响应波形基本相同。如果把各输出波形进行傅立叶变换分析,其低频段非常接近,仅在高频段略有差异。如图 6-1(a)～图 6-1(c)所示的三个窄脉冲其形状不同,其中图 6-1(a)为矩形脉冲,图 6-1(b)为三角形脉冲,图 6-1(c)为正弦半波脉冲,但它们与时间轴围成的面积(即冲量)都等于 1,根据冲量等效原理,当它们分别加在具有惯性的同一个环节上时,其输出响应基本相同。当窄脉冲变为图 6-1(d)的单位脉冲函数 $\delta(t)$ 时,环节的响应即为该环节的脉冲过渡函数。

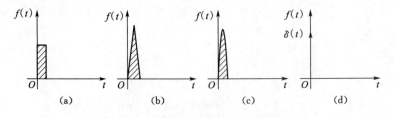

图 6-1　形状不同而冲量相同的各种窄脉冲

若分别将如图 6-1 所示的电压窄脉冲加在一阶惯性环节($RL$ 电路)上,如图 6-2(a)所示,图中 $e(t)$ 为电压窄脉冲,其波形与冲量分别如图 6-1 所示,为电路的电源输入。其输出

电流 $i(t)$ 对不同窄脉冲时的响应波形如图 6-2(b) 所示。从波形可以看出，在 $i(t)$ 的上升段，$i(t)$ 的形状略有不同，但其下降段则几乎完全相同。脉冲越窄，各 $i(t)$ 响应波形的差异也越小。如果周期性地施加上述脉冲，则响应 $i(t)$ 也是周期性的。用傅立叶级数分解后将可看出，各 $i(t)$ 在低频段的特性将非常接近，仅在高频段有所不同。

如果用一系列等幅不等宽的脉冲来代替一个特定波形，如正弦半波（如图 6-3 所示）。将正弦半波分成 $N$ 等分，可将正弦半波看成 $N$ 个相连的脉冲序列所组成的波形，这些波形宽度相等，但幅值不等。若把上述脉冲序列利用相同数量的等幅而不等宽的矩形脉冲代替，使矩形脉冲的中点和相应正弦半波部分的中点重合，且使矩形脉冲和相应的正弦半波部分面积（冲量）相等，就得到图 6-3 (b) 所示的脉冲序列，该序列就是 PWM 波形。从图中可以看出，各个脉冲的幅值相等，而宽度是按正弦半波规律变化的。根据面积等效原理，PWM 波形和正弦半波是等效的。

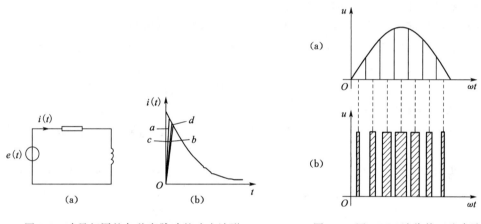

图 6-2　冲量相同的各种窄脉冲的响应波形　　　图 6-3　用 PWM 波代替正弦半波

若对于整个正弦波采用同样的方法产生 PWM 波形，这种和正弦波等效的 PWM 波形的脉冲宽度是按正弦规律变化的，因而也称为 SPWM(sinusoidal PWM) 波形。

PWM 波形可分为等幅 PWM 波和不等幅 PWM 波。由直流电源产生的 PWM 波通常是等幅 PWM 波，如直流斩波电路、PWM 逆变电路、PWM 整流电路等，这些电路中的 PWM 波都是由直流电源产生，由于直流电源电压幅值基本恒定，因此 PWM 波是等幅的。输入电源是交流的电路，则多为不等幅 PWM 波，如 PWM 交流调压电路、矩阵式变频电路等。不管是等幅 PWM 波还是不等幅 PWM 波，都是基于面积等效原理来进行控制的，其本质是相同的。

PWM 波形生成的方法较多，常见有计算法、调制法和跟踪控制法。其中，调制法在实际中应用最广。

## 6.2　逆变电路的 PWM 控制

PWM 控制技术在逆变电路中的应用十分广泛，目前中小功率的逆变电路几乎都采用 PWM 技术，逆变电路是 PWM 控制技术最为重要的应用场合。PWM 逆变电路可分为电压型和电流型两种，目前实际应用的 PWM 逆变电路几乎都是电压型电路，波形产生方法常见有调制法和计算法,其中以调制法应用最广;而电流型逆变电路多采用跟踪控制法产生波形。

根据目标波形的频率、幅值和半周期脉冲数,准确计算 PWM 波各脉冲宽度和间隔,据此控制逆变电路开关器件的通断,就可得到所需 PWM 波形,这种方法称之为计算法。计算法的缺点是计算过程烦琐,当输出正弦波的频率、幅值或相位变化时,结果都要变化。

与计算法相对应的是调制法,即把希望输出的波形作为调制信号,把接受调制的信号作为载波,通过信号波的调制得到所期望的 PWM 波形。通常采用等腰三角波或锯齿波作为载波,等腰三角波应用最多,其中任一点水平宽度和高度呈线性关系且左右对称;与任一平缓变化的调制信号波相交,在交点控制器件通断,就得宽度正比于信号波幅值的脉冲,符合 PWM 的要求。调制信号波为正弦波时,得到的就是 SPWM 波;调制信号不是正弦波,而是其他所需波形时,也能得到等效的 PWM 波。

跟踪控制法是把希望输出的波形作为指令信号,把实际电流或电压波形作为反馈信号,通过两者的瞬时值比较来决定逆变电路各器件的通断,使实际的输出跟踪指令信号变化,常用的有滞环比较方式和三角波比较方式。

本节结合单相逆变电路和三相逆变电路对相关控制方法及有关知识进行介绍。

### 6.2.1 单相逆变电路的 PWM 控制

图 6-4 是采用 IGBT 作为开关器件的单相桥式电压型逆变电路,采用调制法产生 SPWM 波形。

设负载为阻感负载,工作时 $V_1$ 和 $V_2$ 通断互补,$V_3$ 和 $V_4$ 通断也互补。具体控制规律如下:在输出电压的 $u_o$ 正半周,$V_1$ 通,$V_2$ 断,$V_3$ 和 $V_4$ 交替通断,由于负载电流比电压滞后,在电压正半周,电流有一段为正,一段为负。在负载电流为正的区间,$V_1$ 和 $V_4$ 导通时,负载电压 $u_o$ 等于直流电压 $U_d$;$V_4$ 关断时,负载电流通过 $V_1$ 和 $VD_3$ 续流,$u_o=0$;在负载电流为负的区间,$i_o$ 为负,实际上从 $VD_1$ 和 $VD_4$ 流过,仍有 $u_o=U_d$,$V_4$ 断,$V_3$ 通后,$i_o$ 从 $V_3$ 和 $VD_1$ 续流,$u_o=0$,$u_o$ 总可得到 $U_d$ 和零两种电平。同理,在输出电压 $u_o$ 的负半周,让 $V_2$ 保持通,$V_1$ 保持断开,$V_3$ 和 $V_4$ 交替通断,$u_o$ 可得 $-U_d$ 和零两种电平。

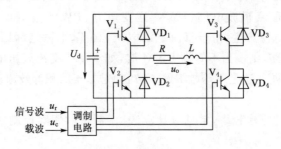

图 6-4 单相桥式 PWM 逆变电路

控制 $V_3$ 和 $V_4$ 通断的方法如图 6-5 所示。调制信号 $u_r$ 为正弦波,载波 $u_c$ 在 $u_r$ 的正半周为正极性的三角波,在 $u_r$ 的负半周为负极性的三角波。在 $u_c$ 和 $u_r$ 的交点时刻控制 IGBT 的通断。在 $u_r$ 的正半周,$V_1$ 保持通,$V_2$ 保持断,当 $u_r>u_c$ 时使 $V_4$ 通,$V_3$ 断,$u_o=U_d$;当 $u_r<u_c$ 时使 $V_4$ 断,$V_3$ 通,$u_o=0$。在 $u_r$ 的负半周,$V_1$ 保持断,$V_2$ 保持通,当 $u_r<u_c$ 时使

$V_3$ 通，$V_4$ 断，$u_o = -U_d$；当 $u_r > u_c$ 时使 $V_3$ 断，$V_4$ 通，$u_o = 0$。这样，就得到了 SPWM 波形 $u_o$。图中的虚线 $u_{of}$ 表示 $u_o$ 的基波分量。像这种在 $u_r$ 的半个周期内三角波载波只在正极性或负极线一种极性范围内变化，所得到的 PWM 波形也只在单个极性范围内变化的控制方式称为单极性 PWM 控制方式。

和单极性 PWM 控制方式相对应的是双极性控制方式。图 6-4 的单相桥式逆变电路在采用双极性控制方式时的波形如图 6-6 所示。采用双极性方式时，在 $u_r$ 半个周期内，三角波载波不再是单极性的，三角波载波有正有负，所得 PWM 波也有正有负。在 $u_r$ 一个周期内，输出 PWM 波只有 $\pm U_d$ 两种电平，而不像单极性控制时还有零电平。仍在调制信号 $u_r$ 和载波信号 $u_c$ 的交点控制器件通断。在 $u_r$ 正负半周，对各开关器件的控制规律相同，即当 $u_r > u_c$ 时，给 $V_1$ 和 $V_4$ 以导通信号，给 $V_2$ 和 $V_3$ 关断信号，这时如 $i_o > 0$，则 $V_1$ 和 $V_4$ 通，如 $i_o < 0$，$VD_1$ 和 $VD_4$ 通，不管哪种情况都是输出电压 $u_o = U_d$。当 $u_r < u_c$ 时，给 $V_2$ 和 $V_3$ 导通信号，给 $V_1$ 和 $V_4$ 关断信号，如 $i_o < 0$，$V_2$ 和 $V_3$ 通，如 $i_o > 0$，$VD_2$ 和 $VD_3$ 通，不管哪种情况都是输出电压 $u_o = -U_d$。

可以看出，单相桥式电路既可采取单极性调制，也可采用双极性调制，由于对于开关器件通断控制的规律不同，它们的输出波形也有较大的差别。

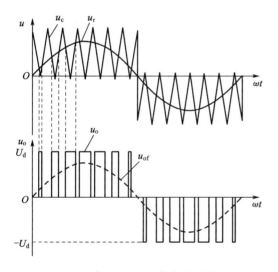

图 6-5　单极性 PWM 控制方式波形

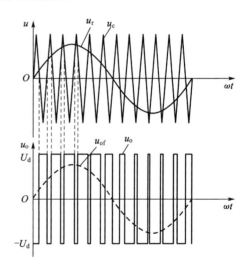

图 6-6　双极性 PWM 控制方式波形

在 PWM 控制电路中，载波信号频率 $f_c$ 与调制信号频率 $f_r$ 之比 $N = f_c / f_r$ 称为载波比。根据载波和信号波是否同步及载波比的变化情况，PWM 调制方式分为异步调制和同步调制两种。

异步调制是指载波信号和调制信号不同步的调制方式。在异步调制方式中，通常保持载波信号频率 $f_c$ 固定不变，当调制信号频率 $f_r$ 变化时，载波比 $N$ 是变化的。在信号波的半周期内，PWM 波的脉冲个数不固定，相位也不固定，正负半周期的脉冲不对称，半周期内前后 1/4 周期的脉冲也不对称。当 $f_r$ 较低时，$N$ 较大，一周期内脉冲数较多，脉冲不对称的不利影响都较小，当 $f_r$ 增高时，$N$ 减小，一周期内的脉冲数减少，PWM 脉冲不对称的影响就变大。因此，在采用异步调制方式时，希望采用较高的载波频率，以使在信号波频率较高时仍能保持较大的载波比。

同步调制是指载波比 $N$ 等于常数，并在变频过程中使载波和信号波保持同步。在基本同步调制方式中，$f_r$ 变化时 $N$ 不变，信号波一周期内输出脉冲数固定，脉冲相位也是固定的。为使一相的 PWM 波正负半周镜对称，$N$ 一般取奇数。当逆变电路输出频率很低时，同步调制时的载波频率 $f_c$ 也很低。$f_c$ 过低时由调制带来的谐波不易滤除。当负载为电动机时也会带来较大的转矩脉动和噪声，若逆变电路输出频率 $f_r$ 很高时，同步调制时的载波频率 $f_c$ 会过高，使开关器件难以承受。

为了克服上述缺点，可以采用分段同步调制的方法。即把逆变电路的输出频率 $f_r$ 范围划分为若干个频段，每个频段内保持 $N$ 恒定，不同频段 $N$ 不同。在 $f_r$ 高的频段采用较低的 $N$，使载波频率不致过高，在 $f_r$ 低的频段采用较高的 $N$，使载波频率不致过低而对负载产生不利影响。对于单相逆变电路而言，各频段的载波比取奇数为宜；对于三相逆变电路而言，各频段的载波比取 3 的整数倍且为奇数为宜。

图 6-7 给出了分段同步调制的一个例子，各频段的载波比标在图中，为防止 $f_c$ 在切换点附近来回跳动，采用滞后切换的方法。图中切换点处的实线表示输出频率增高时的切换频率，虚线表示输出频率降低时的切换频率，前者略高于后者而形成滞后切换。在不同的频率段内，载波频率的变化范围基本一致，$f_c$ 在 $1.4 \sim 2.0$ kHz 之间。

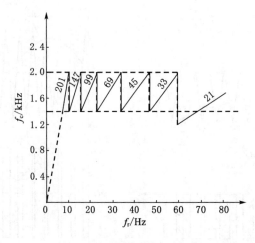

图 6-7　分段同步调制方式举例

同步调制比异步调制复杂，但用微机控制时容易实现。可在低频输出时采用异步调制方式，高频输出时切换到同步调制方式，这样把两者的优点结合起来，和分段同步方式效果接近。在用微机控制生成 SPWM 波形时，通常有查表法和实时计算法。查表法是根据不同的目标波形参数计算出各开关器件的通断时刻，把计算结果保存在 EPROM 中，运行时查表读出需要的数据进行实时控制。这种方法适用于计算量较大、在线计算困难的场合，但所需内存容量往往较大。实时计算法是不进行离线计算，而是在运行时进行在线计算求得所需的数据。这种方法适用于计算量不大的场合。实际所用的方法往往是上述两种方法的结合。即先离线进行必要的计算存入内存，运行时再进行较为简单的在线计算。这样既可保证快速性，又不会占用大量的内存。

按 SPWM 基本原理，在正弦波和载波（常用三角波或锯齿波）的自然交点时刻控制开关器件的通断，这种生成 SPWM 波形的方法称为自然采样法。正弦波在不同相位角时的值不同,因而与载波相交所得到的脉冲宽度也不同。另外,当正弦波频率变化或幅值变化时,各脉冲的宽度也相应变化,要准确生成 SPWM 波形,就需要准确计算出正弦波与载波的交点。

图 6-8 以三角波为载波,表示出用自然采样法生成 SPWM 波形的方法。图中取三角波的相邻两个正峰值之间为一个周期,为了简化计算,可设置三角波峰值为标幺值 1。

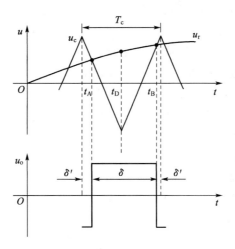

图 6-8　自然采样法

设正弦调制信号波

$$u_r = M\sin \omega_r t \tag{6-1}$$

式(6-1)中,$M$ 称为调制度,$0 \leqslant M \leqslant 1$;$\omega_r$ 为信号波角频率。

由图中可以看出,在三角波载波的一个周期内,下降段和上升段各和正弦调制波有一个交点,若以正弦波上升段的过零点为时间起始点,则这两个交点对应的时刻分别为 $t_A$ 和 $t_B$。在同步调制方式下,使正弦调制波上升段的过零点和三角波下降段过零点重合并把该时刻作为零时刻。同时,把该点所在的三角波周期作为正弦调制波一周期内的第一个三角波周期,则在第 $n$ 个周期的三角波方程可表示为:

$$u_c = \begin{cases} 1 - \dfrac{4}{T_c}\Big[t - \Big(n - \dfrac{5}{4}\Big)T_c\Big] & \Big(n - \dfrac{5}{4}\Big)T_c \leqslant t < \Big(n - \dfrac{3}{4}\Big)T_c \\[3mm] -1 + \dfrac{4}{T_c}\Big[t - \Big(n - \dfrac{3}{4}\Big)T_c\Big] & \Big(n - \dfrac{3}{4}\Big)T_c \leqslant t < \Big(n - \dfrac{1}{4}\Big)T_c \end{cases} \tag{6-2}$$

这样,正弦调制波和第 $n$ 个周期三角波的交点时刻 $t_A$ 和 $t_B$ 可分别由下式求得:

$$1 - \frac{4}{T_c}\Big[t_A - \Big(n - \frac{5}{4}\Big)T_c\Big] = M\sin \omega_r t_A \tag{6-3}$$

$$-1 + \frac{4}{T_c}\Big[t_B - \Big(n - \frac{3}{4}\Big)T_c\Big] = M\sin \omega_r t_B \tag{6-4}$$

给定 $T_c$ 和 $M$ 后,求解上述两式即可求得 $t_A$ 和 $t_B$。脉冲宽度可表示为:

$$\delta = t_B - t_A \tag{6-5}$$

式(6-3)和(6-4)都是超越方程。

自然采样法是最基本的调制生成方法,所得到的 SPWM 波形很接近正弦波。但自然采样法中要求解复杂的超越方程,在采用微机控制技术时需要花费大量的计算时间,难以在实时控制中在线计算,因而在工程上实际应用不多。

规则采样法是一种工程实用方法,效果接近自然采样法,计算量小得多。图 6-9 为规则采样法说明图。取三角波两个正峰值之间为一个采样周期 $T_c$。在自然采样法中,每个脉冲中点不和三角波一周期中点(即负峰点)重合。规则采样法使两者重合,每个脉冲中点为相应三角波中点,计算大为简化。三角波负峰时刻 $t_D$ 对信号波采样得 D 点,过 D 作水平线和三角波交于 A、B 点,在 A 点时刻 $t_A$ 和 B 点时刻 $t_B$ 控制器件的通断,脉冲宽度 δ 和用自然采样法得到的脉冲宽度非常接近。

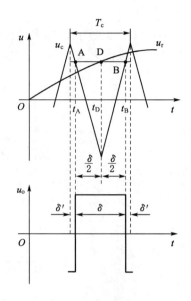

图 6-9  规则采样法

设正弦调制信号波

$$u_r = M\sin \omega_r t \qquad (6\text{-}6)$$

式中,$M$ 称为调制度,$0 \leqslant M \leqslant 1$;$\omega_r$ 为信号波角频率。

从图 6-9 中可得如下关系式:

$$\frac{1+M\sin \omega_r t_D}{\delta/2} = \frac{2}{T_c/2} \qquad (6\text{-}7)$$

因此可得:

$$\delta = \frac{T_c}{2}(1+M\sin \omega_r t_D) \qquad (6\text{-}8)$$

在三角波一周期内,脉冲两边间隙宽度:

$$\delta' = \frac{1}{2}(T_c-\delta) = \frac{T_c}{4}(1-M\sin \omega_r t_D) \qquad (6\text{-}9)$$

对于三相桥式逆变电路来说,应该形成三相 SPWM 波形。通常三相的三角波载波公用,三相调制波相位依次差 120°,同一三角波周期内三相的脉宽分别为 $\delta_U$、$\delta_V$ 和 $\delta_W$,脉冲两边的间隙宽度分别为 $\delta'_U$、$\delta'_V$ 和 $\delta'_W$,同一时刻三相正弦调制波电压之和为零,由式(6-8)得:

$$\delta_U + \delta_V + \delta_W = \frac{3T_c}{2} \qquad (6\text{-}10)$$

同样,由式(6-9)可得:

$$\delta'_U + \delta'_V + \delta'_W = \frac{3T_c}{4} \qquad (6\text{-}11)$$

利用以上两式可简化生成三相 SPWM 波形时的计算。

### 6.2.2  三相桥式逆变电路的 PWM 控制

图 6-10 是三相桥式 PWM 逆变电路,这种电路都是采用双极性控制方式。U、V、和 W 三相的 PWM 控制通常共用一个三角波载波 $u_c$,三相的调制信号 $u_{rU}$、$u_{rV}$ 和 $u_{rW}$ 依次相差 120°。

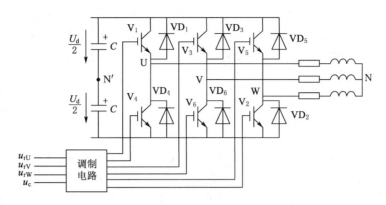

图 6-10　三相桥式 PWM 型逆变电路

U、V、和 W 各相功率器件的控制规律相同,现以 U 相为例来说明。当 $u_{rU} > u_c$ 时,给上桥臂 $V_1$ 导通信号,给下桥臂 $V_4$ 关断信号,$u_{UN'} = U_d/2$,当 $u_{rU} < u_c$ 时,给下桥臂 $V_4$ 导通信号,给上桥臂 $V_1$ 关断信号,$u_{UN'} = -U_d/2$;$V_1$ 和 $V_4$ 的驱动信号始终是互补的。当给 $V_1$($V_4$)加导通信号时,可能是 $V_1$($V_4$)导通,也可能是 $VD_1$($VD_4$)导通。这要由阻感负载中电流的方向来决定,这和单相桥式 PWM 逆变电路在双极性控制时的情况相同。V 相及 W 相的控制方式都和 U 相相同。电路的波形如图 6-11 所示。

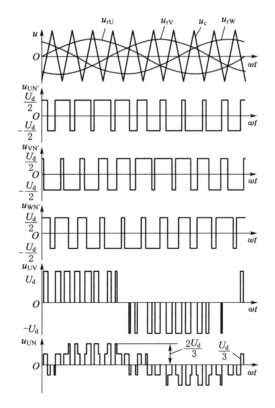

图 6-11　三相桥式 PWM 逆变电路波形

可以看出,$u_{UN'}$、$u_{VN'}$ 和 $u_{WN'}$ 的 PWM 波形只有 $\pm U_d/2$ 两种电平,图中的线电压 $u_{UV}$ 的波

形可由 $u_{UN'} - u_{VN'}$ 得出。可以看出,当桥臂 1 和 6 通时,$u_{UV} = U_d$,当 3 和 4 通时,$u_{UV} = -U_d$,当桥臂 1 和 3 或桥臂 4 和 6 通时,$u_{UV} = 0$。因此,逆变器的输出线电压 PWM 波由 $\pm U_d$ 和 0 三种电平构成。图 6-10 中的负载相电压 $u_{UN}$ 可由下式求得:

$$u_{UN} = u_{UN'} - \frac{u_{UN'} + u_{VN'} + u_{WN'}}{3} \tag{6-12}$$

从波形图和上式可以看出,负载相电压 PWM 波由 $(\pm 2/3)U_d$、$(\pm 1/3)U_d$ 和 0 共 5 种电平组成。

在电压型逆变电路的 PWM 控制中,同一相上下两臂的驱动信号都是互补的。但实际上为防止上下臂直通造成短路,在上下两桥臂通、断切换时要留一小段上下臂都施加关断信号的死区时间。死区时间的长短主要由器件关断时间来决定,死区时间会给输出 PWM 波带来影响,使其稍稍偏离正弦波。

除了用调制法产生 PWM 波形,还可由计算法产生 PWM 波形,如特定谐波消去法(Selected harmonic elimination PWM-SHEPWM)就是一种具有代表性的计算法。

三相桥式 PWM 逆变电路结构如图 6-10 所示。图 6-12 是三相桥式 PWM 逆变电路中 $u_{UN'}$ 的波形。

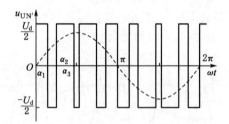

图 6-12　特定谐波消去法的输出 PWM 波形

图 6-12 中,在输出电压半周期内,器件通、断各 3 次(不包括 0 和 π 时刻),共 6 个开关时刻可控。实际上,为减少谐波并简化控制,要尽量使波形对称。首先,为消除偶次谐波,使波形正负两半周期镜像对称,即

$$u(\omega t) = -u(\omega t + \pi) \tag{6-13}$$

其次,为消除谐波中余弦项,使波形在半周期内前后 1/4 周期以 π/2 为轴线对称,即

$$u(\omega t) = u(\pi - \omega t) \tag{6-14}$$

同时满足式(6-13)和式(6-14)的波形称为四分之一周期对称波形,用傅立叶级数表示为:

$$u(\omega t) = \sum_{n=1,3,5,\cdots}^{\infty} A_n \sin n\omega t \tag{6-15}$$

式中,$A_n = \dfrac{4}{\pi} \displaystyle\int_0^{\frac{\pi}{2}} u(\omega t) \sin n\omega t \, d\omega t$。

因为图 6-12 的波形是 1/4 周期对称的,所以在一个周期内的 12 个开关时刻(不包括 0 和 π 时刻)中,能独立控制 $\alpha_1$、$\alpha_2$ 和 $\alpha_3$ 共 3 个时刻。该波形的 $A_n$ 为:

$$A_n = \frac{4}{\pi} \left[ \int_0^{\alpha_1} \frac{U_d}{2} \sin n\omega t \, d\omega t + \int_{\alpha_1}^{\alpha_2} \left( -\frac{U_d}{2} \sin n\omega t \right) d\omega t + \right.$$

$$\int_{\alpha_2}^{\alpha_3}\frac{U_d}{2}\sin n\omega t\,\mathrm{d}\omega t+\int_{\alpha_3}^{\frac{\pi}{2}}\left(-\frac{U_d}{2}\sin n\omega t\right)\mathrm{d}\omega t\bigg]$$

$$=\frac{2U_d}{n\pi}(1-2\cos n\alpha_1+2\cos n\alpha_2-2\cos n\alpha_3) \tag{6-16}$$

式中 $n=1,3,5,\cdots$ 式 (6-16) 中含有 $\alpha_1$、$\alpha_2$ 和 $\alpha_3$ 三个可以控制的变量,根据需要确定基波分量 $A_1$ 的值,再令两个不同的 $A_n=0$,就可以建立三个方程,联立可求得 $\alpha_1$、$\alpha_2$ 和 $\alpha_3$。这样,即可消去两种特定频率的谐波。通常在三相对称电路的线电压中,相电压所含的 3 次谐波相互抵消,可考虑消去 5 次和 7 次谐波,得如下联立方程:

$$\begin{cases} A_1=\dfrac{2U_d}{\pi}(1-2\cos\alpha_1+2\cos\alpha_2-2\cos\alpha_3) \\[2mm] A_5=\dfrac{2U_d}{5\pi}(1-2\cos5\alpha_1+2\cos5\alpha_2-2\cos5\alpha_3)=0 \\[2mm] A_7=\dfrac{2U_d}{7\pi}(1-2\cos7\alpha_1+2\cos7\alpha_2-2\cos7\alpha_3)=0 \end{cases} \tag{6-17}$$

对于给定的基波幅值 $A_1$,解方程可得 $\alpha_1$、$\alpha_2$ 和 $\alpha_3$。$A_1$ 变,$\alpha_1$、$\alpha_2$ 和 $\alpha_3$ 也相应改变。

上面是在输出电压的半周期内器件导通和关断各三次的情况。一般来说,如果在输出电压半周期内器件通、断各 $k$ 次,考虑 PWM 波四分之一周期对称,$k$ 个开关时刻可控,除用一个控制基波幅值,可消去 $k-1$ 个频率的特定谐波,$k$ 越大,开关时刻的计算越复杂。

除了计算法、调制法两种 PWM 波形生成方法,跟踪控制方法也是一种常用的 PWM 波形生成方法,常用滞环比较和三角波比较两种方式。跟踪型 PWM 变流电路中,有电流跟踪型与电压跟踪型两种,其中电流跟踪型应用最多。

图 6-13 给出了采用滞环比较方式的 PWM 电流跟踪控制单相半桥式逆变电路原理图。图 6-14 给出了其输出电流波形。如图 6-13 所示,把指令电流 $i^*$ 和实际输出电流 $i$ 的偏差 $i^*-i$ 作为滞环比较器的输入,比较器输出控制器件 $V_1$ 和 $V_2$ 的通断。设 $i$ 的正方向如图 6-13 所示,当 $V_1$(或 $VD_1$)通时,$i$ 增大,$V_2$(或 $VD_2$)通时,$i$ 减小。通过环宽为 $2\Delta I$ 的滞环比较器的控制,$i$ 就在 $i^*+\Delta I$ 和 $i^*-\Delta I$ 的范围内,呈锯齿状地跟踪指令电流 $i^*$。滞环环宽对跟踪性能的影响:环宽过宽时,开关频率低,跟踪误差大;环宽过窄时,跟踪误差小,但开关频率过高,甚至会超过开关器件的允许频率范围,开关损耗随之增大。和负载串联的电抗器 $L$ 可起限制电流变化率的作用。$L$ 大时,$i$ 的变化率小,对指令电流的跟踪变慢。$L$ 小时,$i$ 的变化率大,开关频率过高。

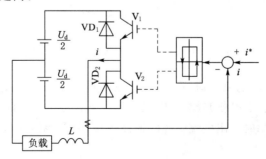

图 6-13　滞环比较方式电流跟踪控制示意图

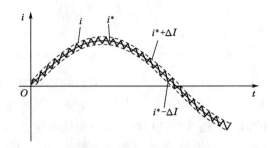

图 6-14　滞环比较方式的指令电流和输出电流

　　图 6-15 是采用滞环比较方式的三相电流跟踪型 PWM 逆变电路,它由相同的 3 个单相半桥电路组成,三相电流指令信号 $i_U^*$、$i_V^*$、$i_W^*$ 依次相差 120°。图 6-16 给出了该电路输出的线电压和线电流的波形。可以看出,在线电压的正半周和负半周内,都有极性相反的脉冲输出,这将使输出电压中的谐波分量增大,也使负载的谐波损耗增加。

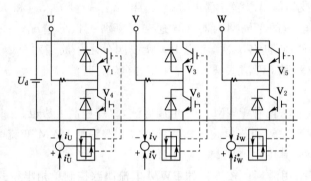

图 6-15　三相电流跟踪型 PWM 逆变电路

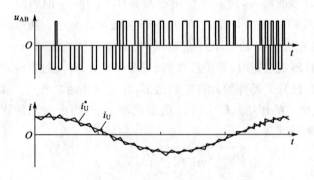

图 6-16　三相电流跟踪型 PWM 逆变电路输出波形

　　采用滞环比较方式的电流跟踪型 PWM 变流电路有如下特点:① 硬件电路简单;② 实时控制,电流响应快;③ 不用载波,输出电压波形中不含特定频率的谐波;④ 和计算法及调制法相比,相同开关频率时输出电流中高次谐波含量多;⑤ 闭环控制,是各种跟踪型 PWM 变流电路的共同特点。

　　图 6-17 给出了一个采用滞环比较方式实现电压跟踪控制的例子。把指令电压 $u^*$ 和输

出电压 $u$ 进行比较,滤除偏差信号中的谐波,滤波器的输出送入滞环比较器,由比较器输出控制开关通断,从而实现电压跟踪控制。因输出电压是 PWM 波形,其中含有大量的高次谐波,故必须用适当的滤波器滤除。和电流跟踪控制电路相比,只是把指令和反馈从电流变为电压。

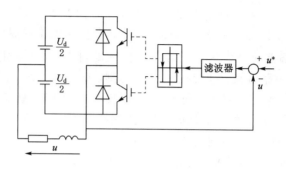

图 6-17　电压跟踪控制电路示例

当上述电路的指令信号 $u^* =0$ 时,输出 $u$ 为频率较高的矩形波,相当于一个自励振荡电路。$u^*$ 为直流信号时,$u$ 产生直流偏移,变为正负脉冲宽度不等,正宽负窄或正窄负宽的矩形波。当 $u^*$ 为交流信号时,只要其频率远低于上述自励振荡频率,从 $u$ 中滤除由器件通断产生的高次谐波后,所得的波形就几乎和 $u^*$ 相同,从而实现电压跟踪控制。

图 6-18 是采用三角波比较方式的电流跟踪型 PWM 逆变电路原理图。和前面所介绍的调制法不同的是,这里并不是把指令信号和三角波直接进行比较,而是通过闭环来进行控制的。从图中可以看出,把指令电流 $i_U^*$、$i_V^*$ 和 $i_W^*$ 和实际输出电流 $i_U$、$i_V$、$i_W$ 进行比较,求出偏差,通过放大器 A 放大后,再和三角波进行比较,产生 PWM 波形。放大器 A 通常具有比例积分特性或比例特性,其系数直接影响着逆变电路的电流跟踪特性。

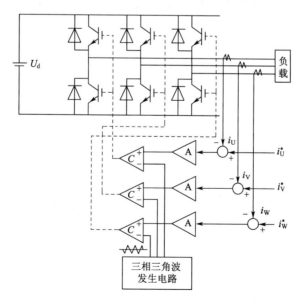

图 6-18　三角波比较方式电流跟踪型逆变电路

在这种三角波比较控制方式中,功率开关器件的开关频率固定,即等于载波频率,这给高频滤波器设计提供了方便。为了改善输出电压波形,三角波载波常用三相三角波信号。和滞环比较控制方式相比,这种控制方式输出电流所含谐波少,因此常用于对谐波和噪声要求严格的场合。

除上述滞环比较方式和三角波比较方式外,PWM 跟踪控制还有一种定时比较方式。这种方式不用滞环比较器,而是设置一个固定的时钟。以固定采样周期对指令信号和被控量采样,并根据二者偏差的极性来控制开关器件通断,使被控制量跟踪指令信号。以图 6-13 的单相半桥逆变电路为例,在时钟信号到来时刻,如 $i<i^*$,令 $V_1$ 通、$V_2$ 断,使 $i$ 增大;如 $i>i^*$,令 $V_1$ 断、$V_2$ 通,使 $i$ 减小。每个采样时刻的控制作用都使实际电流与指令电流的误差减小。采用定时比较方式时,器件最高开关频率为时钟频率的 1/2,和滞环比较方式相比,电流误差没有一定的环宽,控制的精度低一些。

PWM 逆变电路可以使输出电压、电流接近正弦波,但由于使用载波对正弦波信号调制,也产生了和载波有关的谐波分量。这些谐波分量的频率和幅值是衡量 PWM 逆变电路性能的重要指标之一,因此有必要对 PWM 波形进行谐波分析。以同步调制可看成异步调制的特殊情况,因此只分析异步调制方式即可。采用异步调制时,不同信号波周期的 PWM 波形是不同的,因此无法直接以信号波周期为基准进行傅立叶分析。以载波周期为基础,再利用贝塞尔函数推导出 PWM 波的傅立叶级数表达式,分析过程相当复杂,这里只给出典型分析结果的频谱图,从中可以对其谐波分布情况有一个基本认识。

图 6-19 给出了不同调制度时的单相桥式 PWM 逆变电路在双极性调制方式下输出电压的频谱图。其中所包含的谐波角频率为:

$$n\omega_c \pm k\omega_r \tag{6-18}$$

式中,$n=1,3,5,\cdots$ 时,$k=0,2,4,\cdots$ $n=2,4,6,\cdots$ 时,$k=1,3,5,\cdots$

可以看出,PWM 波中不含低次谐波,只含有角频率为 $\omega_c$ 及其附近的谐波以及 $2\omega_c$、$3\omega_c$ 等及其附近的谐波。在上述谐波中,幅值最高影响最大的是角频率为 $\omega_c$ 的谐波分量。

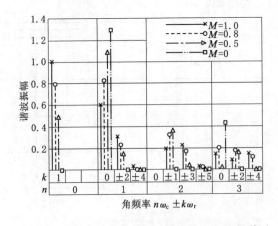

图 6-19　单相 PWM 桥式逆变电路输出电压频谱图

三相桥式 PWM 逆变电路采用公用载波信号和不同调制度时的输出线电压的频谱图如图 6-20 所示。在输出线电压中,所包含的谐波角频率为:

$$n\omega_c \pm k\omega_r \tag{6-19}$$

式中

$$n=1,3,5,\cdots 时, k=3(2m-1)\pm 1, m=1,2,\cdots$$

$$n=2,4,6,\cdots 时, k=\begin{cases} 6m+1, m=0,1,\cdots \\ 6m-1, m=1,2,\cdots \end{cases}$$

图 6-20 给出了不同调制度 $M$ 时的三相桥式 PWM 逆变电路在双极性调制方式下输出电压的频谱图。和单相电路相比较,共同点是都不含低次谐波,一个较显著的区别是载波角频率 $\omega_c$ 整数倍的谐波被消去了,谐波中幅值较高的是 $\omega_c \pm 2\omega_r$ 和 $2\omega_c \pm \omega_r$。

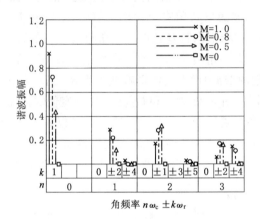

图 6-20　三相桥式 PWM 逆变电路输出线电压频谱图

上述分析都是在理想条件下进行的。在实际电路中,由于采样时刻的误差以及为避免同一相上下桥臂直通而设置的死区的影响,谐波的分布情况将更为复杂。一般来说,实际电路中的谐波含量比理想条件下要多一些,甚至还会出现少量的低次谐波。

从上述分析中可以看出,SPWM 波中谐波主要是角频率为 $\omega_c$、$2\omega_c$ 及其附近的谐波。一般情况下 $\omega_c \gg \omega_r$,所以 PWM 波形中所含的主要谐波的频率要比基波频率高得多,是很容易滤除的。载波频率越高,SPWM 波形中谐波频率就越高,所需滤波器的体积就越小。另外,一般的滤波器都有一定的带宽,如按载波频率设计滤波器,载波附近的谐波也可滤除。如滤波器设计为低通滤波器,且按载波角频率 $\omega_c$ 来设计,则角频率为 $2\omega_c$、$3\omega_c$ 等及其附近的谐波也就同时被滤除了。

当调制信号波不是正弦波而是其他波形时,上述分析也有很大的参考价值。在这种情况下,对生成的 PWM 波形进行谐波分析后,可发现其谐波由两部分组成:一部分是对信号波本身进行谐波分析所得的结果,另一部分是由于信号波对载波的调制而产生的谐波。后者的谐波分布情况和 SPWM 波的谐波分析一致。

由上述内容可知,用正弦波信号对三角波载波信号进行调制时,只要载波比足够高,所得到的 PWM 波中不含低次谐波,只含和载波频率有关的高次谐波。但输出波形中所含谐波的多少并不是 PWM 波形优劣的唯一标志,提高逆变电路的直流利用率、减少开关次数也是很重要的。直流电压利用率是指逆变电路输出交流电压基波最大幅值 $U_{1m}$ 和直流电压 $U_d$ 之比。提高直流电压利用率可提高逆变器的输出能力;减少器件的开关次数可以降低开关损耗。

对于正弦波调制的三相PWM逆变电路,在调制度$M$为1时,输出相电压的基波幅值为$U_d/2$,输出线电压的基波幅值为$(\sqrt{3}/2)U_d$,即直流电压利用率仅为86.6%。这个值是比较低的,其原因是正弦调制信号的幅值不能超过三角波幅值,实际电路工作时,考虑到功率器件的开通和关断都需要时间,如不采取其他措施,调制度不可能达到1。采用这种调制方法实际能得到的直流电压利用率比0.866还要低。

采用梯形波作为调制信号,可有效提高直流电压利用率。当梯形波幅值和三角波幅值相等时,梯形波所含的基波分量幅值已超过了三角波幅值。采用这种调制方法时,决定功率开关器件通断的方法和用正弦波作为调制信号波时完全相同。图6-21给出了梯形波调制方法的原理及波形。梯形波的形状用三角化率$s=U_t/U_{to}$描述,$U_t$为以横轴为底时梯形波的高,$U_{to}$为以横轴为底边把梯形两腰延长后相交所形成的三角形的高。$s=0$时梯形波变为矩形波,$s=1$时梯形波变为三角波。梯形波含低次谐波,PWM波含同样的低次谐波,低次谐波(不包括由载波引起的谐波)产生的波形畸变率为$\delta$。当三角化率$s$不同时,$\delta$和直流电压利用率$U_{1m}/U_d$也不同。图6-22为$\delta$和$U_{1m}/U_d$随$s$变化的情况。图6-23为$s$变化时各次谐波分量幅值$U_{nm}$和基波幅值$U_{1m}$之比。从图6-22可以看出,$s=0.8$左右时,谐波含量最少,但直流利用率也较低。当$s=0.4$时,谐波含量也较少,$\delta$约为3.6%,直流电压利用率为1.03,是正弦波调制时的1.19倍,综合效果较好,图6-21即为$s=0.4$时的波形。

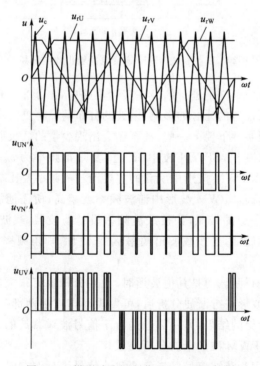

图6-21 梯形波为调制信号的PWM控制

从图6-23可以看出,用梯形波调制时,输出波形中含有5次、7次等低次谐波,这是梯形波调制的缺点。实际使用时,可以考虑当输出电压较低时用正弦波作为调制信号,使输出电压不含低次谐波;当正弦波调制不能满足输出电压的要求时,改用梯形波调制,以提高直流电压利用率。

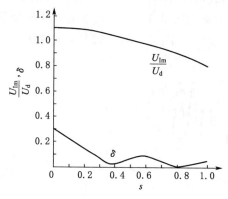

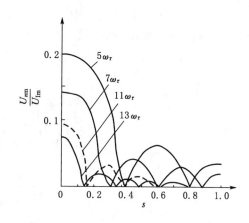

图 6-22　s 变化时的 δ 和直流电压利用率　　　　图 6-23　s 变化时的各次谐波含量

前面所介绍的各种 PWM 控制方法用于三相逆变电路时,都是对三相输出相电压分别进行控制的。这里所说的相电压是指逆变电路各输出端相对于直流电源中点的电压。实际上负载常常没有中点,即使有中点一般也不和直流电源中点相连接,因此对负载提供的是线电压。在逆变电路输出的三个线电压中,独立的只有两个。对两个线电压进行控制,适当地利用多余的一个自由度来改善控制性能,这就是线电压控制方式。线电压控制方式的目标是使输出线电压不含低次谐波的同时尽可能提高直流电压利用率,并尽量减少器件开关次数。线电压控制方式的直接控制手段仍是对相电压进行控制,但控制目标却是线电压。相对线电压控制方式,控制目标为相电压时称为相电压控制方式。

如果在相电压正弦波调制信号中叠加适当大小 3 次谐波,使之成为鞍形波,则经过 PWM 调制后逆变电路输出的相电压中也必然包含 3 次谐波,且三相的三次谐波相位相同。合成线电压时,3 次谐波相互抵消,线电压为正弦波。如图 6-24 所示,在调制信号中,基波 $u_{r1}$ 正峰值附近恰为 3 次谐波 $u_{r3}$ 的负半波,两者相互抵消。这样,就使调制信号 $u_r = u_{r1} + u_{r3}$ 成为鞍形波,其中可包含幅值更大的基波分量 $u_{r1}$,而使 $u_r$ 的最大值不超过三角波载波最大值。

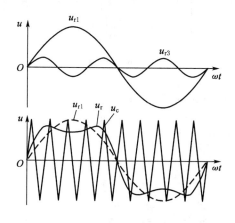

图 6-24　叠加 3 次谐波的调制信号

除可以在正弦波调制信号中叠加 3 次谐波外,还可叠加其他 3 倍频于正弦波的信号,也可叠加直流分量,都不会影响线电压。在图 6-25 的调制方式中,给正弦波信号所叠加的信号 $u_p$ 中既包含 3 倍次谐波,也包含直流分量,且 $u_p$ 的大小随正弦信号的大小而变化。

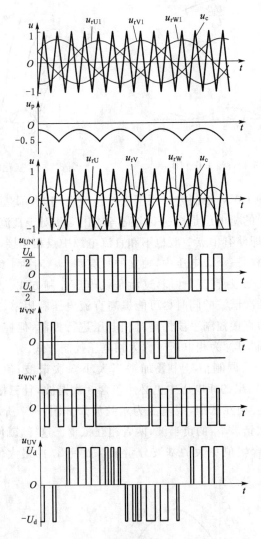

图 6-25　线电压控制方式举例

设三角波载波幅值为 1,三相调制信号的正弦分别为 $u_{rU1}$、$u_{rV1}$ 和 $u_{rW1}$,并令:

$$u_p = -\min(u_{rU1}, u_{rV1}, u_{rW1}) - 1 \tag{6-20}$$

则三相的调制信号分别为:

$$\begin{cases} u_{rU} = u_{rU1} + u_p \\ u_{rV} = u_{rV1} + u_p \\ u_{rW} = u_{rW1} + u_p \end{cases} \tag{6-21}$$

可以看出,不论 $u_{rU1}$、$u_{rV1}$ 和 $u_{rW1}$ 幅值的大小,$u_{rU}$、$u_{rV}$、$u_{rW}$ 总有 1/3 周期的值和三角波负峰值相等。在这 1/3 周期中,并不对调制信号值为 $-1$ 的相进行控制,只对其他两相进行控制,因此,这种控制方式也称为两相控制方式。这也是选择式(6-20)的 $u_p$ 作为叠加信号的一个重要原因。从图 6-25 可以看出,这种控制方式具有以下优点:① 在信号波的 1/3 周期内开关器件不动作,可使功率器件的开关损耗减少 1/3;② 最大输出线电压基波幅值为 $U_d$,和相电压控制方法相比,直流电压利用率提高了 15%;③ 输出线电压不含低次谐波,这是因为相电压中相应于 $u_p$ 的谐波分量相互抵消的缘故。这一性能优于梯形波调制方式。

这种线电压控制方式的特性是相当好的,其不足之处是控制有些复杂。

前面所介绍的 PWM 控制都是使逆变器的输出电压尽量接近正弦波(因为所用的逆变器绝大部分为电压型逆变器)。PWM 控制技术在用于交流电动机驱动的各种变频器中使用最为广泛,在交流电动机的驱动中,最终目的并非使输出电压为正弦波,而是使电动机的磁链成为圆形的旋转磁场,从而使电动机产生恒定的电磁转矩。为此,近年来发展起来一种新的 PWM 控制方法,即空间矢量 PWM(SVPWM)控制方法。这种 PWM 控制方法与传统的正弦 PWM 不同,它是从三相输出电压的整体效果出发,着眼于如何使电机获得理想圆形磁链轨迹,不但能使电流波形的谐波成分减小,使得电机转矩脉动降低,旋转磁场更逼近圆形,而且提高直流母线电压的利用率,更易于实现数字化。下面将对该算法进行简单介绍。

对于图 3-31(a)所示的电压型逆变器,采用 180°导通方式,对三相开关的导通情况进行组合,共有 8 种工作状态,即 $V_6$、$V_1$、$V_2$ 通,$V_1$、$V_2$、$V_3$ 通,$V_2$、$V_3$、$V_4$ 通,$V_3$、$V_4$、$V_5$ 通,$V_4$、$V_5$、$V_6$ 通,$V_5$、$V_6$、$V_1$ 通,$V_1$、$V_3$、$V_5$ 通,$V_2$、$V_4$、$V_6$ 通。如果把每相上桥臂开关导通用"1"表示,下桥臂开关导通用"0"表示,则上述八种工作状态可依次表示为 100、110、010、011、001、101 以及 111 和 000。从实际情况看,前六种状态有输出电压,属有效工作状态;而后两种全部是上桥臂开关导通或下桥臂开关导通,没有输出电压,称之为零工作状态。对于这种基本的逆变器,称之为 6 拍逆变器。

对于 6 拍逆变器,在每个工作周期中,六种有效工作状态各出现一次,每一种状态持续 60°。这样,在一个周期中六个电压矢量共转过 360°,形成一个封闭的正六边形,如图 6-26 所示。对于 111 和 000 这两个"零工作状态",在这里表现为位于原点的零矢量,坐落在正六边形的中心点。

如果不用 6 拍逆变器,而是采用 SVPWM 控制,就可以使交流电动机的磁通尽量接近圆形。所用的工作频率越高,交流电动机的磁通就越接近圆形。需要的电压矢量不是 6 个基本电压矢量时可以用 6 个基本电压矢量中的两个和零矢量组合实现。例如,所要的矢量为 $u_s$,就可以用如图 6-27 中所示的基本矢量 $u_1$ 和 $u_2$ 的线性组合来实现,$u_1$ 和 $u_2$ 作用时间之和小于开关周期 $T_0$,不足的时间用"零矢量"补齐。

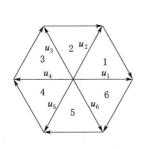

图 6-26　电压空间矢量六边形

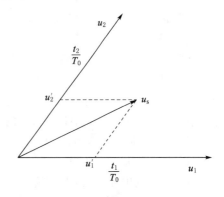

图 6-27　空间电压矢量的线性组合

## 6.3 PWM 整流电路

采用晶闸管的相控整流电路其输入电流滞后于电压,其滞后角随着触发延迟角 α 的增大而增大,位移因数也随之降低。同时,输入电流中谐波分量也相当大,因此功率因数很低。采用二极管的不控整流电路虽位移因数接近 1,但输入电流谐波很大,所以功率因数也很低。PWM 控制技术虽然首先在直流斩波逆变电路和逆变电路中发展起来,但随着以 IGBT 为代表的全控型器件的不断进步,在逆变电路中采用的 PWM 控制技术已相当成熟。出现了把逆变电路中的 SPWM 控制技术用于整流电路,形成了 PWM 整流电路。通过对 PWM 整流电路的适当控制,可使其输入电流非常接近正弦波,且和输入电压同相位,功率因数近似为 1,也称单位功率因数变流器,或高功率因数整流器。

PWM 整流器的电力电子器件开关频率都很高,因此也称为高频整流器。由于 PWM 整流电路可以看成是把逆变电路中的 SPWM 技术移植到整流电路而形成的,所以前述章节 SPWM 的有关概念也适用于 PWM 整流电路中。PWM 整流器从电路形式而言有单相、三相,有电压型和电流型等。

### 6.3.1 单相 PWM 整流电路

图 6-28 为单相半桥和全桥 PWM 整流电路。对于半桥电路来说,直流侧电容必须由两个电容串联,其中点和交流电源连接。全桥电路直流侧电容只要一个就可以。交流侧电感 $L_s$ 包括外接电抗器的电感和交流电源内部电感,是电路正常工作所必需的。电阻 $R_s$ 包括外接电抗器中的电阻和交流电源的内阻。

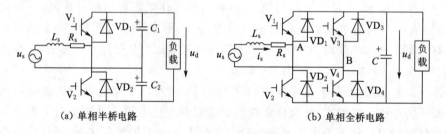

(a) 单相半桥电路　　　　　　　　　(b) 单相全桥电路

图 6-28　单相 PWM 整流电路

下面以单相全桥 PWM 整流电路为例来说明单相 PWM 整流电路的工作原理。由 SP-WM 逆变电路的工作原理可知,按照正弦信号波和三角波相比较的方法对图 6-28(b)中的 $V_1 \sim V_4$ 进行 SPWM 控制,就可在交流输入端 A、B 产生 SPWM 波 $u_{AB}$。$u_{AB}$ 中含有和正弦信号波同频率且幅值成比例的基波分量以及和三角波载波有关的高频谐波,不含低次谐波。由于 $L_s$ 的滤波作用,高次谐波电压只使交流电流 $i_s$ 产生很小的脉动,可以忽略。当正弦信号波频率和电源频率相同时,$i_s$ 也为与电源频率相同的正弦波。在交流电源电压 $u_s$ 一定时,$i_s$ 的幅值和相位仅由 $u_{AB}$ 中基波 $u_{ABf}$ 的幅值及其与 $u_s$ 的相位差决定。改变 $u_{ABf}$ 的幅值和相位,可使 $i_s$ 和 $u_s$ 同相或反相,$i_s$ 比 $u_s$ 超前 90°,或使 $i_s$ 与 $u_s$ 相位差为所需角度。图 6-29 的相量图说明了这几种情况,图中 $\dot{U}_s$、$\dot{U}_L$、$\dot{U}_R$ 和 $\dot{I}_s$ 分别为交流电源电压 $u_s$、电感 $L_s$ 上的电压 $u_L$、电阻 $R_s$ 上的电压 $u_R$ 以及交流电路 $i_s$ 的相量,$\dot{U}_{AB}$ 为 $u_{AB}$ 的相量。

图 6-29(a)中,$\dot{U}_{AB}$ 滞后 $\dot{U}_s$ 的相角为 $\delta$,$\dot{I}_s$ 和 $\dot{U}_s$ 同相,电路工作在整流状态,功率因数为

1,这是 PWM 整流电路最基本的工作状态。图 6-29(b)中,$\dot{U}_{AB}$超前 $\dot{U}_s$ 的相角为 $\delta$,$\dot{I}_s$ 和 $\dot{U}_s$ 反相,电路工作在逆变状态,说明 PWM 整流电路可实现能量正反两方向流动,既可运行在整流状态,从交流侧向直流侧输送能量,也可以运行在逆变状态,从直流侧向交流侧输送能量。而且,这两种方式都可以在单位功率因数下运行。这一特点对于需再生制动的交流电动机调速系统很重要。图 6-29(c)中,$\dot{U}_{AB}$滞后 $\dot{U}_s$ 的相角为 $\delta$,$\dot{I}_s$ 超前 $\dot{U}_s$ 90°,电路向交流电源送出无功功率,这时称为静止无功功率发生器(Static Var Generator,SVG),一般不再称为 PWM 整流电路了。在图 6-34(d)的情况下,通过对 $\dot{U}_{AB}$ 幅值和相位的控制,可以使 $\dot{I}_s$ 比 $\dot{U}_s$ 超前或滞后任一角度 $\varphi$。

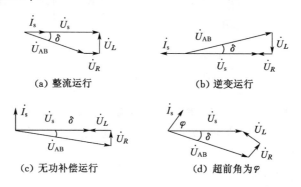

图 6-29　PWM 整流电路的运行方式相量图

对单相全桥 PWM 整流电路工作原理的进一步说明:在整流运行状态下,当 $u_s > 0$ 时,由($V_2$、$VD_4$、$VD_1$、$L_s$)和($V_3$、$VD_1$、$VD_4$、$L_s$)分别组成两个升压斩波电路,以($V_2$、$VD_4$、$VD_1$、$L_s$)为例。当 $V_2$ 通时,$u_s$ 通过 $V_2$、$VD_4$ 向 $L_s$ 储能。当 $V_2$ 关断时,$L_s$ 中的储能通过 $VD_1$、$VD_4$ 向 $C$ 充电。$u_s < 0$ 时,由($V_1$、$VD_3$、$VD_2$、$L_s$)和($V_4$、$VD_2$、$VD_3$、$L_s$)分别组成两个升压斩波电路,工作原理和 $u_s > 0$ 时类似。由于是按升压斩波电路工作,如控制不当,直流侧电容电压可能比交流电压峰值高出许多倍,对器件形成威胁。另一方面,如直流侧电压过低,例如低于 $u_s$ 的峰值,则 $u_{AB}$ 中就得不到图 6-29(a)中所需的足够高的基波电压幅值,或 $u_{AB}$ 中含有较大的低次谐波,这样就不能按需要控制 $i_s$,$i_s$ 波形会畸变。

可见,电压型 PWM 整流电路是升压型整流电路,其输出直流电压可从交流电源电压峰值附近向高调节,如要向低调节就会使性能恶化,以致不能工作。

### 6.3.2　三相 PWM 整流电路

图 6-30 是三相桥式 PWM 整流电路,这是最基本的 PWM 整流电路之一,其应用也最为广泛。图中 $L_s$、$R_s$ 的含义和图 6-28(b)的单相全桥 PWM 整流电路完全相同。工作原理和前述的单相全桥电路相似,只是从单相扩展到三相进行 SPWM 控制,在交流输入端 A、B 和 C 可得 SPWM 电压,按图 6-29(a)的相量图控制,可使 $i_a$、$i_b$、$i_c$ 为正弦波且和电压同相且功率因数近似为 1。和单相电路相同,该电路也可工作在图 6-29(b)的逆变运行状态及图 6-29(c)或图 6-29(d)的状态。

为了使 PWM 整流电路在工作时功率因数近似为 1,即要求输入电流为正弦波且和电压同相位,可以有多种控制方法。根据有没有引入电流反馈可以将这些控制方法分为两种,没有引入交流电流反馈的称为间接电流控制,引入交流电流反馈的称为直接电流控制。下面分别介绍这两种控制方法的基本原理。

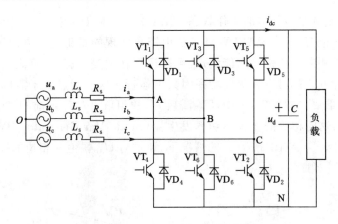

图 6-30　三相桥式 PWM 整流电路

#### 6.3.2.1　间接电流控制

间接电流控制也称为相位和幅值控制。这种方法就是按照图 6-29(a)[逆变运行时为图 6-29(b)]的相量关系来控制整流桥交流输入端电压,使得输入电流和电压同相位,从而得到功率因数为 1 的控制效果。

图 6-31 为间接电流控制的系统结构图,图中的 PWM 整流电路为图 6-30 的三相桥式电路。控制系统的闭环是整流器直流侧电压控制环。直流电压给定信号 $u_d^*$ 和实际的直流电压 $u_d$ 比较后送入 PI 调节器,PI 调节器的输出为一直流电流指令信号 $i_d$,其大小和整流器交流输入电流的幅值成正比。稳态时,$u_d = u_d^*$,PI 调节器输入为零,PI 调节器的输出 $i_d$ 和整流器负载电流大小相对应,也和整流器交流输入电流的幅值相对应。当负载电流增大时,直流侧电容 $C$ 放电而使其电压 $u_d$ 下降,PI 调节器的输入端出现正偏差,使其输出 $i_d$ 增大,$i_d$ 的增大会使整流器的交流输入电流增大,也使直流侧电压 $u_d$ 回升。达到稳态时,$u_d$ 仍和 $u_d^*$ 相等,PI 调节器输入仍恢复到零,而 $i_d$ 则稳定在新的较大的值,与较大的负载电流和较大的交流输入电流相对应。当负载电流减小时,调节过程和上述过程相反。若整流器要从整流运行变为逆变运行时,首先是负载电流反向而向直流侧电容 $C$ 充电,使 $u_d$ 抬高,PI 调节器出现负偏差,其输出 $i_d$ 减小后变为负值,使交流输入电流相位和电压相位反相,实现逆变运行。达到稳态时,$u_d$ 仍和 $u_d^*$ 相等,PI 调节器输入恢复到零,其输出 $i_d$ 为负值,并与逆变电流的大小相对应。

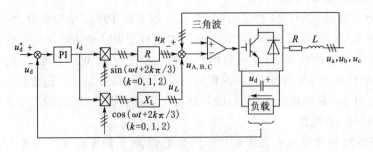

图 6-31　间接电流控制系统结构图

图 6-31 中两个乘法器均为三相乘法器的简单表示,实际上两者均由三个单相乘法器组

成。上面的乘法器是 $i_d$ 分别乘以和 a、b、c 三相相电压同相位的正弦信号,再乘以电阻 $R$,就可得到各相电流在 $R_s$ 上的压降 $u_{Ra}$、$u_{Rb}$ 和 $u_{Rc}$;下面的乘法器 $i_d$ 分别乘以比 a、b、c 三相相电压相位超前 $\pi/2$ 的余弦信号,再乘以电感 $L_s$ 的感抗,就可得到各相电流在电感 $L_s$ 上的压降 $u_{La}$、$u_{Lb}$ 和 $u_{Lc}$。各相电源相电压 $u_a$、$u_b$ 和 $u_c$ 分别减去前面求得的输入电流在电阻 $R$ 和电感 $L$ 上的压降,就可得到所需要的整流桥交流输入端各相的相电压 $u_A$、$u_B$ 和 $u_C$ 的信号,用该信号对三角波载波进行调制,得到 PWM 开关信号去控制整流桥,就可以得到需要的控制效果。对照图 6-29(a) 的相量图来分析控制系统结构图,可以对图中各环节输出的物理意义和控制原理有更为清楚的认识。

从控制系统结构图及上述分析可以看出,这种控制方法在信号运算过程中要用到电路参数 $L_s$ 和 $R_s$。当 $L_s$ 和 $R_s$ 的运算值和实际值有误差时,必然会影响到控制效果。此外,对照图 6-29(a) 可以看出,这种控制方法是基于系统的静态模型设计的,其动态特性较差。因此,间接电流控制的系统应用较少。

### 6.3.2.2　直接电流控制

在这种控制方法中,通过运算求出交流输入电流指令值,再引入交流电流反馈,通过对交流电流的直接控制而使其跟踪指令电流值,因此这种方法称为直接电流控制。直接电流控制中有不同的电流跟踪控制方法,图 6-32 给出的是一种最常用的采用电流滞环比较方式的控制系统结构图。

图 6-32 的控制系统是一个双闭环控制系统。其外环是直流电压控制环,内环是交流电流控制环。外环的结构、工作原理均和图 6-31 的间接电流控制系统相同,前面已进行了详细的分析,这里不再重复。外环 PI 调节器的输出为直流电流信号 $i_d$,$i_d$ 分别乘以和 a、b、c 三相相电压同相位的正弦信号,就得到三相交流电流的正弦指令信号 $i_a^*$、$i_b^*$ 和 $i_c^*$。可以看出,$i_a^*$、$i_b^*$ 和 $i_c^*$ 分别和各自的电源电压同相位,其幅值和反映负载电流大小的直流信号 $i_d$ 成正比,这正是整流器作单位功率因数运行时所需要的交流电流指令信号。该指令信号和实际交流电流信号比较后,通过滞环对各开关器件进行控制,便可使实际交流输入电流跟踪指令值,其跟踪误差在由滞环环宽所决定的范围内。

采用滞环电流比较的直接电流控制系统结构简单,电流响应速度快,控制运算中未使用电路参数,系统鲁棒性好,因而获得了较多的应用。

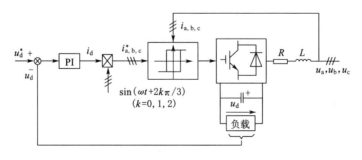

图 6-32　直接电流控制系统结构图

## 思考题与习题

1. 试说明 PWM 控制的基本原理。

2. 设图 6-3 中半周期的脉冲数为 5,脉冲幅值为相应正弦波幅值的 2 倍,试按面积等效原理来计算各脉冲的宽度。

3. 单极性和双极性 PWM 调制有什么区别? 在三相桥式 PWM 逆变电路中,输出相电压(输出端相对于直流电源中点的电压)和线电压 SPWM 波形各有几种电平?

4. 特定谐波消去法的基本原理是什么? 设半个信号波周期内有 10 个开关时刻(不含 0 和 π 时刻)可以控制,可以消去的谐波有几种?

5. 什么是异步调制? 什么是同步调制? 二者各有何特点? 分段同步调制有什么优点?

6. 什么是 SPWM 波形的规则采样法? 和自然采样法相比,规则采样法有什么优缺点?

7. 单相和三相 SPWM 波形中,所含主要谐波的频率是多少?

8. 如何提高 PWM 逆变电路的直流电压利用率?

9. 什么是电流跟踪型 PWM 变流电路? 采用滞环比较方式的电流跟踪型变流器有何特点?

10. 什么是 PWM 整流电路? 它和相控整流电路的工作原理和性能有何不同?

11. 在 PWM 整流电路中,什么是间接电流控制? 什么是直接电流控制? 为什么后者目前应用较多?

# 第7章　软开关技术

现代电力电子装置的发展趋势是小型化、轻量化,同时对装置的效率和电磁兼容性也提出了更高的要求。

通常,滤波电感、电容和变压器在装置的体积和重量中占很大比例。从"电路"和"电机学"的有关知识中可以知道,提高开关频率可以减小滤波器的参数,并使变压器小型化,从而有效地降低装置的体积和重量,因此装置小型化、轻量化最直接的途径是电路的高频化。但在提高开关频率的同时,开关损耗也随之增加,电路效率严重下降,电磁干扰也增大了,所以简单的提高开关频率是不行的。针对这些问题出现了软开关技术,它主要解决电路中的开关损耗和开关噪声问题,使开关频率可以大幅度提高。

## 7.1　软开关的基本概念

### 7.1.1　软开关技术的提出

在第4章中,我们讨论了基本直流变换器的工作原理。这些电路一般采用 PWM 控制方式,开关管工作在硬开关(hard switching)状态。图 7-1 是开关管开关时的电压($u_{ce}$)和电流($i_c$)波形。图中,$u_g$ 为开关管的驱动信号。

由于开关管不是理想器件,在开通时开关管的电压不是立即下降到零,而是有一个下降时间,同时它的电流也不是立即上升到负载电流,也有一个上升时间,在这段时间里,电流和电压有一个交叠区,产生损耗,我们称之为开通损耗(turn-on loss)。当开关管关断时,开关管的电压不是立即从零上升到电源电压,而是有一个上升时间,同时它的电流也不是立即下降到零,也有一个下降时间,这段时间里,电压和电流也有一个交叠区,产生损耗,我们称之为关断损耗(turn-off loss)。因此在开关管开关工作时,要产生开通损耗和关断损耗,统称为开关损耗(switching loss)。在一定条件下,开关管在每一个开关周期中的开关损耗是恒定的,变换器总的开关损耗与开关频率成正比,开关频率越高,总的开关损耗越大,变换器的

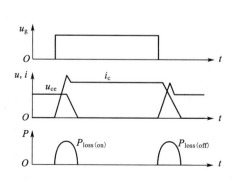

图 7-1　开关管开关时的电压和电流波形

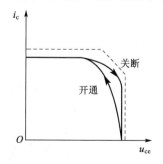

图 7-2　开关管工作在
硬开关条件下的开关轨迹

效率就越低。开关损耗的存在限制了变换器开关频率的提高，从而限制了变换器的小型化和轻量化。

开关管工作在硬开关时还会产生高的 $di/dt$ 和 $du/dt$，从而产生大的电磁干扰(electro-magnetic interference，EMI)。图 7-2 给出了接感性负载时，开关管工作在硬开关条件下的开关管的开关轨迹，图中虚线为开关管的安全工作区(safety operation area，SOA)，如果不改善开关管的开关条件，其开关轨迹很可能会超出安全区，导致开关管的损坏。

为了减小变换器的体积和重量，必须实现高频化。要提高开关频率，同时提高变换器的变换效率，就必须减小开关损耗。减小开关损耗的途径就是实现开关管的软开关(soft-switching)，因此软开关技术应运而生。

### 7.1.2 软开关技术的实现

从前面的分析可以知道，开关损耗包括开通损耗和关断损耗。图 7-3 给出了开关管实现软开关的波形图。

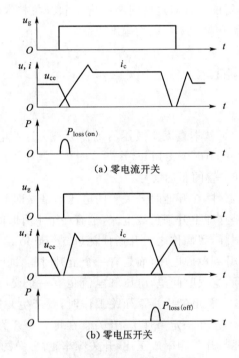

图 7-3 实现软开关的波形图

减小开通损耗有以下几种方法：

① 在开关管开通时，使其电流保持为零，或者限制电流的上升率，从而减小电流与电压的交叠区，这就是所谓的零电流开通。从图 7-3(a)可以看出，开通损耗大大减小。

② 在开关管开通前，使其电压下降到零，这就是所谓的零电压开通。从图 7-3(b)可以看出，开通损耗基本减小到零。

③ 同时做到①和②，开通损耗为零。

减小关断损耗有以下几种方法：

① 在开关管关断之前，使其电流减小到零，这就是所谓的零电流关断。从图 7-3(a)可

以看出，关断损耗基本减小到零。

②　在开关管关断时，使其电压保持为零，或者限制电压的上升率，从而减小电流与电压的交叠区，这就是所谓的零电压关断。从图 7-3(b)可以看出，关断损耗大大减小。

③　同时做到①和②，关断损耗为零。

图 7-4 给出了开关管工作在软开关条件下的开关轨迹，从图中可以看出，此时开关管的工作条件很好，不超出安全区。

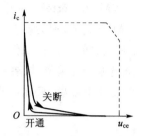

图 7-4　开关管工作在
软开关条件下的开关轨迹

### 7.1.3　软开关的分类

变换器的软开关技术实际上是利用电感和电容来对开关的开关轨迹进行整形，最早的方法是采用有损缓冲电路来实现。从能量的角度来看，它是将开关损耗转移到缓冲电路消耗掉，从而改善开关管的开关条件。这种方法没有提高变换器的变换效率，甚至效率有所降低。目前所研究的软开关技术不再采用有损缓冲电路，而是真正减小开关损耗，而不是转移开关损耗。

软开关技术一般可以分为以下几类：

(1) 全谐振型变换器，一般称之为谐振变换器(resonant converters)

该类变换器实际上是负载谐振型变换器，按照谐振元件的谐振方式，分为串联谐振变换器(series resonant converters，SRCs)和并联谐振变换器(parallel resonant converters，PRCs)两类。按负载与谐振电路的连接关系，谐振变换器可分为两类：一类是负载与谐振回路相串联，称为串联负载(或串联输出)谐振变换器(series load resonant converters，SLRCs)；另一类是负载与谐振回路相并联，称为并联负载(或并联输出)谐振变换器(parallel load resonant converters，PLRCs)。在谐振变换器中，谐振元件一直参与能量变化的过程。该变换器与负载关系很大，对负载的变化很敏感，一般采用频率调制方法。

(2) 准谐振变换器(quasi-resonant converters，QRCs)、多谐振变换器(multi-resonant converters，MRCs)

这是软开关技术的一次飞跃，这类变换器的特点是谐振元件参与能量变换的某一阶段，不是全程参与。准谐振变换器分为零电流开关准谐振变换器(zero-current-switching quasi-resonant converters，ZCS QRCs)和零电压开关准谐振变换器(zero-voltage-switching quasi-resonant converters，ZVS QRCs)。多谐振变换器一般实现开关管的零电压开关，这类变换器需要采用频率调制控制方法。

(3) 零开关 PWM 变换器(zero switching PWM converters)

它可分为零电压开关 PWM 变换器(zero-voltage-switching PWM converters)和零电流开关 PWM 变换器(zero-current-switching PWM converters)。该类变换器是在 QRCs 的基础上，加入一个辅助开关管，来控制谐振元件的谐振过程，实现恒定频率控制，即实现 PWM 控制。与 QRCs 不同的是，谐振元件的谐振工作时间与开关周期相比很短，一般为开关周期的 $1/10 \sim 1/5$。

(4) 零转换 PWM 变换器(zero transition converters)

它可分为零电压转换 PWM 变换器(zero-voltage-transition PWM converters，ZVT PWM converters)和零电流转换 PWM 变换器(zero-current-transition PWM converters，

ZCT PWM converters)。这类变换器是软开关技术的又一个飞跃。它的特点是变换器工作在 PWM 方式下,辅助谐振电路只是在主开关管开关时工作一段时间,实现开关管的软开关,在其他时间则停止工作,这样辅助谐振电路的损耗很小。

全谐振型变换器的谐振元件一直参与能量变化的过程。该变换器与负载关系很大,对负载的变化很敏感,只在一些特殊电路中使用,实际上不是真正意义上的软开关,在此不做讨论。

## 7.2  典型软开关电路分析

### 7.2.1  准谐振开关电路

在单管构成的变换器中,为了实现开关管的软开关,20 世纪 80 年代出现了准谐振变换器(quasi-resonant converter,QRCs)和多谐振变换器(multi-resonant converters,MRCs)。本节只讨论准谐振变换器的工作情况。

#### 7.2.1.1  谐振开关

提出准谐振变换器的概念是为了实现开关管的软开关,软开关方式分为零电流开关(zero-current-switching,ZCS)和零电压开关(zero-voltage-switching,ZVS)两类,因此准谐振开关变换器也可分为两类:零电流开关准谐振变换器(ZCS QRCs)和零电压开关准谐振变换器(ZVS QRCs)。

QRCs 中最关键的部分就是谐振开关(resonant switch)的概念,它是在第 4 章讨论的直流变换器的开关管中加入一个谐振电感 $L_r$ 和一个谐振电容 $C_r$ 而构成的。根据开关管与谐振电感和谐振电容的不同组合,谐振开关可分为零电流谐振开关(zero-current resonant switch)和零电压谐振开关(zero-voltage resonant switch)。

(1)零电流谐振开关

图 7-5 给出了零电流谐振开关的电路图,它有两种电路方式:L 型和 M 型,其工作原理是一样的。从图中可以看出,谐振电感 $L_r$ 是与功率开关 $S_1$ 相串联的,其基本思想是:在 $S_1$ 开通之前,$L_r$ 的电流为零;当 $S_1$ 开通时,$L_r$ 限制 $S_1$ 中电流的上升率,从而实现 $S_1$ 的零电流开通;而当 $S_1$ 关断时,$L_r$ 和 $C_r$ 谐振工作使其电流回到零,从而实现 $S_1$ 的零电流关断。因此,$L_r$ 和 $C_r$ 为 $S_1$ 提供了零电流开关的条件。

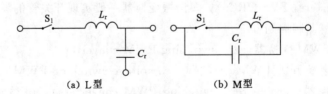

(a) L 型          (b) M 型

图 7-5  零电流谐振开关

根据功率开关 $S_1$ 是单方向导通还是双方向导通,可将零电流谐振开关分为半波模式(half-wave mode)和全波模式(full-wave mode),如图 7-6 所示。图 7-6(a)是半波模式,功率开关 $S_1$ 由一个开关 $Q_1$ 和一个二极管 $D_{Q_1}$ 相串联构成,$D_{Q_1}$ 使功率开关 $S_1$ 的电流只能单方向流动,而且为 $Q_1$ 承受反向电压,这样,谐振电感 $L_r$ 的电流只能单方向流动。图 7-6(b)是全波模式，功率开关 $S_1$ 由开关管 $Q_1$ 及其反并联二极管 $D_{Q_1}$ 构成，可以双方向流过电流，$D_{Q_1}$ 提供反向电流通路，谐振电感 $L_r$ 的电流可以双向流动，$L_r$ 和 $C_r$ 可以自由谐振工作。

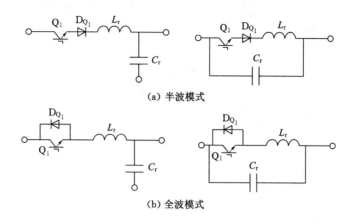

(a) 半波模式

(b) 全波模式

图 7-6　零电流谐振开关的结构图

(2) 零电压谐振开关

图 7-7 给出了零电压谐振开关的电路图，它也有两种电路方式：L 型和 M 型，其工作原理是一样的。从图中可以看出，谐振电容 $C_r$ 是与功率开关 $S_1$ 相并联的，其基本思想是：在 $S_1$ 导通时，$C_r$ 的电压为零；当 $S_1$ 开通时 $C_r$ 限制 $S_1$ 中电压的上升率，从而实现 $S_1$ 的零电压开通；而当 $S_1$ 关断时，$L_r$ 和 $C_r$ 谐振工作使 $C_r$ 的电压缓慢上升，从而实现 $S_1$ 的零电压关断。因此，$L_r$ 和 $C_r$ 为 $S_1$ 提供了零电压开关的条件。

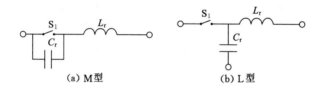

(a) M 型　　　　　　　(b) L 型

图 7-7　零电压谐振开关

同样根据功率开关 $S_1$ 是单方向导通还是双方向导通，可将零电压谐振开关分为半波模式和全波模式，如图 7-8 所示。这里的半波模式和全波模式的定义与零电流谐振开关有所不同。图 7-8(a) 是半波模式，功率开关 $S_1$ 由开关 $Q_1$ 和反并联二极管 $D_{Q_1}$ 相串联构成。可以双方向流过电流，$D_{Q_1}$ 提供反向电流通路。这样，谐振电容 $C_r$ 上的电压只能为正，不能为负。图 7-8(b) 是全波模式，功率开关 $S_1$ 由开关管 $Q_1$ 和二极管 $D_{Q_1}$ 相串联构成，$D_{Q_1}$ 使功率开关 $S_1$ 的电流只能单方向流动，而且为 $Q_1$ 承受反向电压。谐振电容 $C_r$ 的电压既可以为正，也可以为负，$L_r$ 和 $C_r$ 可以自由谐振工作。

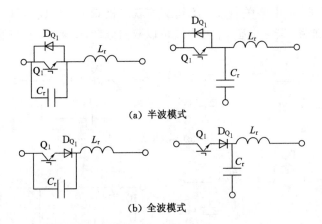

（a）半波模式

（b）全波模式

图 7-8　零电压谐振开关的结构图

#### 7.2.1.2　零电流开关准谐振电路

零电流开关准谐振变换器（ZCS QRC$_S$），这类变换器的工作原理是基本类似的，本节以 Buck ZCS QRC 全波模式为例来分析。图 7-9 给出了 Buck ZCS QRC（全波模式）的电路图，图 7-10 给出了它的主要工作波形图。

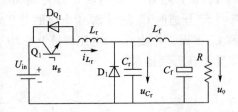

图 7-9　Buck ZCS QRC 电路图

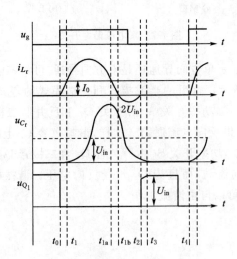

图 7-10　Buck ZCS QRC 的主要波形图

在一个开关周期 $T_s$ 中,该变换器有四种开关工作状态。分析前作如下假设:

① 所有开关管、二极管均为理想器件;

② 所有电感、电容均为理想元件;

③ $L_f \gg L_r$;

④ $L_f$ 足够大,在一个开关周期中,其电流基本保持不变,为 $I_0$。这样 $L_f$ 和 $C_f$ 以及负载电阻可以看成一个电流为 $I_0$ 的恒流源。同时给出以下物理量:

特征阻抗: $Z_r = \sqrt{L_r/C_r}$;

谐振角频率: $\omega = 1/\sqrt{L_r C_r}$;

谐振频率: $f_r = \dfrac{\omega}{2\pi} = \dfrac{1}{2\pi \sqrt{L_r C_r}}$;

谐振周期: $T_r = \dfrac{1}{f_r} = 2\pi \sqrt{L_r C_r}$。

图 7-11 给出了 Buck ZCS QRC 各阶段工作状态下的等效电路。

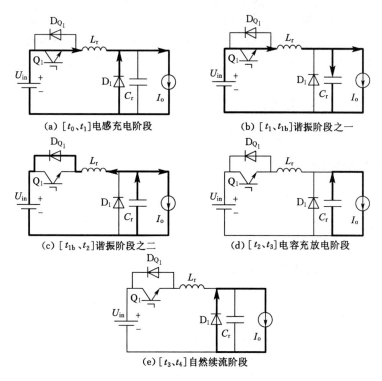

图 7-11 全波模式 Buck ZCS QRC 各个工作状态的等效电路

(1) 工作状态 1

即 $[t_0, t_1]$——电感充电阶段[见图 7-11(a)]。

在 $t_0$ 时刻之前,开关管 $Q_1$ 处于关断状态,输出滤波电感电流 $I_0$ 流过续流二极管 $D_1$。谐振电感电流 $i_{L_r}$ 为 0,谐振电容电压 $u_{C_r}$ 也为 0。

在 $t_0$ 时刻,$Q_1$ 开通,加在 $L_r$ 上的电压为 $U_{in}$,其电流从 0 线性上升,因此 $Q_1$ 是零电流开通。则有:

$$i_{L_r}(t) = \frac{U_{in}}{L_r}(t-t_0) \tag{7-1}$$

而 $D_1$ 中的电流为：

$$i_{D_1}(t) = I_o - \frac{U_{in}}{L_r}(t-t_0) \tag{7-2}$$

在 $t_1$ 时刻，$i_{L_r}$ 上升到 $I_o$，此时 $i_{D_1}=0$，$D_1$ 自然关断。工作状态 1 的持续时间为：

$$t_{01} = \frac{L_r I_o}{U_{in}} \tag{7-3}$$

（2）工作状态 2

即 $[t_1, t_2]$——谐振阶段[见图 7-11（b）、（c）]。

从 $t_1$ 时刻开始，$L_r$ 和 $C_r$ 开始谐振工作，$L_r$ 的电流和 $C_r$ 的电压的表达式为：

$$i_{L_r}(t) = I_o + \frac{U_{in}}{Z_r} \sin \omega(t-t_1) \tag{7-4}$$

$$u_{C_r}(t) = U_{in}[1 - \cos \omega(t-t_1)] \tag{7-5}$$

经过 $1/2T_r$，到达 $t_{1a}$ 时刻，$i_{L_r}$ 减小到 $I_o$，此时 $u_{C_r}$ 达到最大值 $U_{C_r \max} = 2U_{in}$。

在 $t_{1b}$ 时刻，$i_{L_r}$ 减小到 0，此时 $Q_1$ 的反并联二极管 $D_{Q_1}$ 导通，$i_{L_r}$ 继续反方向流动。在 $t_2$ 时刻，$i_{L_r}$ 再次减小到 0。在 $[t_{1b}, t_2]$ 时段，$D_{Q_1}$ 导通，$Q_1$ 中的电流为零，这时关断 $Q_1$，则 $Q_1$ 是零电流关断。

在 $t_2$ 时刻，谐振电容电压为：

$$u_{C_r}(t) = U_{in}\left[1 - \sqrt{1 - \left(\frac{Z_r I_o}{U_{in}}\right)^2}\right] \tag{7-6}$$

此工作状态的持续时间为：

$$t_{12} = \frac{1}{\omega}\left[\frac{\pi}{2}(3-M) + M \cdot \sin^{-1}\left(\frac{Z_r I_o}{U_{in}}\right)\right] \tag{7-7}$$

在式（7-7）中，$M=-1$。

（3）工作状态 3

即 $[t_2, t_3]$——电容放电阶段[见图 7-11（d）]。

在此工作状态中，由于 $i_{L_r}=0$，输出滤波电感电流 $I_o$ 全部流过谐振电容，谐振电容放电，谐振电容电压为：

$$u_{C_r}(t) = u_{C_r}(t_2) - \frac{I_o}{C_r}(t-t_2) \tag{7-8}$$

在 $t_3$ 时刻，$u_{C_r}$ 减小到 0，续流二极管 $D_1$ 导通，此工作状态的持续时间为：

$$t_{23} = \frac{C_r U_{C_r}(t_2)}{I_o} \tag{7-9}$$

（4）工作状态 4

即 $[t_3, t_4]$——自然续流阶段[见图 7-11（e）]。

在此工作状态中，输出滤波电感电流 $I_o$ 经过续流二极管 $D_1$ 续流。

在 $t_4$ 时刻，零电流开通 $Q_1$，开始下一个开关周期。

### 7.2.1.3 零电压开关准谐振电路

将零电压谐振开关应用到直流变换器中，可以得到零电压开关准谐振变换器（ZVS

QRC$_s$)，ZVS QRC$_s$ 的工作原理是基本类似的，本节以 Boost ZVS QRC 为例来分析。图 7-12 给出了 Boost ZVS QRC 半波模式的电路图，图 7-13 给出了它的主要工作波形图。

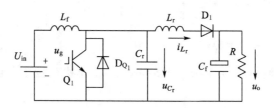

图 7-12　Boost ZVS QRC

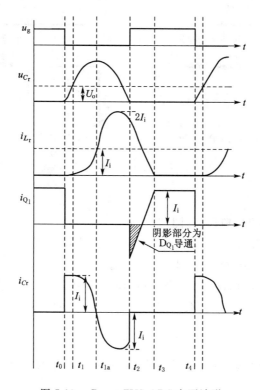

图 7-13　Boost ZVS QRC 主要波形

在一个开关周期 $T_s$ 中，该变换器有四种开关状态。分析之前，作如下假设：

① 所有开关管、二极管均为理想器件；

② 所有电感、电容均为理想元件；

③ $L_f \gg L_r$；

④ $L_f$ 足够大，在一个开关周期中，其电流基本保持不变，为 $I_i$，这样 $L_f$ 和输入电压可以看成一个电流为 $I_i$ 的恒流源；

⑤ $C_f$ 足够大，在一个开关周期中，其电压基本保持不变为 $U_o$，这样 $C_f$ 和负载电阻可以看成一个电压为 $U_o$ 的恒压源。

这里给出以下物理量的定义：

① 特征阻抗：$Z_r = \sqrt{L_r/C_r}$；

② 谐振角频率：$\omega = 1/\sqrt{L_r C_r}$；

③ 谐振频率：$f_r = \dfrac{\omega}{2\pi} = \dfrac{1}{2\pi \sqrt{L_r C_r}}$；

④ 谐振周期：$T_r = \dfrac{1}{f_r} = 2\pi \sqrt{L_r C_r}$。

图 7-14 给出了半波模式的 Boost ZVS QRC 各工作状态的等效电路。

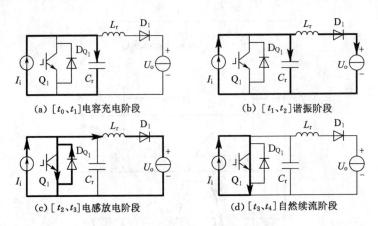

(a) $[t_0, t_1]$ 电容充电阶段　　　　　　(b) $[t_1, t_2]$ 谐振阶段

(c) $[t_2, t_3]$ 电感放电阶段　　　　　　(d) $[t_3, t_4]$ 自然续流阶段

图 7-14　半波模式 Boost ZVS QRC 各个工作状态的等效电路图

（1）工作状态 1

即 $[t_0, t_1]$——电容充电阶段[见图 7-14(a)]。

在 $t_0$ 时刻之前，开关管 $Q_1$ 导通，输入电流 $I_i$ 通过 $Q_1$ 续流。谐振电容 $C_r$ 上的电压为 0，$D_{Q_1}$ 处于关断状态，谐振电感 $L_r$ 的电流也为零。

在 $t_0$ 时刻，关断 $Q_1$，则电流 $I_i$ 从 $Q_1$ 中转移到 $C_r$ 中，给 $C_r$ 充电，其电压从 0 线性上升，由于电压是慢慢开始上升的，那么 $Q_1$ 是零电压关断。在此开关状态中，$C_r$ 的电压为：

$$u_{C_r}(t) = \frac{I_i}{C_r}(t - t_0) \tag{7-10}$$

在 $t_1$ 时刻，$u_{C_r}$ 上升到输出电压 $U_o$，工作状态 1 结束，它的持续时间为：

$$t_{01} = \frac{C_r U_o}{I_i} \tag{7-11}$$

（2）工作状态 2

即 $[t_1, t_2]$——谐振阶段[见图 7-14(b)]。

从 $t_1$ 时刻开始，$D_1$ 导通，$L_r$ 和 $C_r$ 谐振工作，谐振电感电流 $i_{L_r}$ 从零开始增加，$i_{L_r}$ 和 $u_{C_r}$ 的表达式为：

$$i_{L_r}(t) = I_i[1 - \cos \omega(t - t_1)] \tag{7-12}$$

$$u_{C_r}(t) = U_o + I_i Z_r \sin \omega(t - t_1) \tag{7-13}$$

经过 $T_r/2$，到达 $t_{1a}$ 时刻，$i_{L_r}$ 等于 $I_i$，此 $u_{C_r}$ 时达到最大值 $u_{C_r \max}$。则：

$$U_{C_r \max} = U_o + I_i Z_r \tag{7-14}$$

从 $t_{1a}$ 时刻开始，$i_{L_r}$ 大于 $I_i$，此时 $C_r$ 开始放电，其电压开始下降。

在 $t_2$ 时刻，$u_{C_r}$ 减小到 0，此时 $Q_1$ 的反并联二极管 $D_{Q_1}$ 导通，将 $Q_1$ 的电压箝在零位，此时开通 $Q_1$，则 $Q_1$ 为零电压开通。此时谐振电感电流为：

$$I_{L_r}(t_2) = I_i \left[ 1 + \sqrt{1 - \left( \frac{U_o}{I_i Z_r} \right)^2} \right] \qquad (7\text{-}15)$$

从上面的分析可知，半波模式，在此开关模态的持续时间为：

$$t_{12} = \frac{1}{\omega} \left[ \pi + \sin^{-1} \frac{U_o}{I_i Z_r} \right] \qquad (7\text{-}16)$$

（3）工作状态 3

即 $[t_2, t_3]$——电感放电阶段[见图 7-14(c)]。

在此开关状态中，$Q_1$ 开通，输入电流 $I_0$ 流经 $Q_1$，此时加在谐振电感两端的电压为 $-U_o$，那么 $i_{L_r}$ 线性减小。则：

$$i_{L_r}(t) = I_{L_r}(t_2) - \frac{U_o}{L_r}(t - t_2) \qquad (7\text{-}17)$$

在 $t_3$ 时刻，$i_{L_r}$ 减小到 0，由于 $D_1$ 的阻断作用，$i_{L_r}$ 不能反向流动，此开关状态结束，它的持续时间为：

$$t_{23} = \frac{L_r I_r(t_2)}{U_o} \qquad (7\text{-}18)$$

（4）工作状态 4

即 $[t_3, t_4]$——自然续流阶段[见图 7-14(d)]。

在此开关状态中，谐振电感 $L_r$ 和谐振电容 $C_r$ 停止工作，输入电流 $I_i$ 经过 $Q_1$ 续流，负载由输出滤波电容提供能量。

在 $t_4$ 时刻，$Q_1$ 零电压关断，开始下一个开关周期。

## 7.2.2　零开关 PWM 电路

准谐振变换器（QRCs）和多谐振变换器（MQRCs）在基本的变换器中加入谐振电感和谐振电容，实现开关管的软开关，但是这两类变换器的缺点是要采用频率调制方案。变化的频率使得变换器的高频变压器输入滤波器和输出滤波器的优化设计变得十分困难。同时，QRCs 和 MQRCs 还有一个缺陷是不易控制。优化设计这些元件，必须采用恒定频率控制，即 PWM 控制。在准谐振变换器中加入一个辅助开关管，就可以得到 PWM 控制的准谐振变换器，该类变换器在提出时，曾被命名为 PWM ZCS QRCs 和 PWM ZVS QRCs，为了区别准谐振变换器，该类变换器后来被命名为 ZCS PWM 变换器和 ZVS PWM 变换器。

ZVS PWM 变换器和 ZCS PWM 变换器的工作原理是基本类似的，以下以 ZCS PWM 为例来分析。

图 7-15 是 Buck ZCS PWM 变换器的电路图和主要波形，其中输入电源 $V_{in}$、主开关管 $Q_1$（包括反并联二极管 $D_{Q_1}$）、续流二极管 $D_1$、输出滤波电感 $L_f$、输出滤波电容 $C_f$、负载电阻 $R$、谐振电感 $L_r$ 和谐振电容 $C_r$ 构成全滤波模式的 Buck ZCS PWM。$Q_a$ 是辅助开关管，$D_{Q_a}$ 是 $Q_a$ 的反并联二极管。从图中可以看出，Buck ZCS PWM 变换器实际上是在 Buck ZCS QRC 的基础上，给谐振电容 $C_r$ 串联了一个辅助开关管 $Q_a$ 和反并二极管 $D_{Q_a}$。

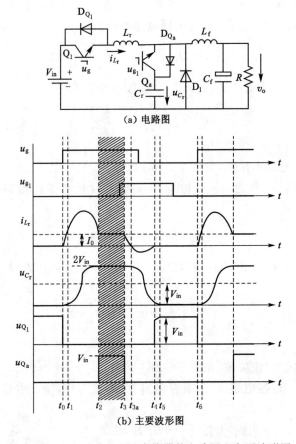

(a) 电路图

(b) 主要波形图

图 7-15　Buck ZCS PWM 变换器的电路图和主要波形图

在一个开关周期 $T_s$ 中,该变换器有六种开关状态,其等效电路如图 7-16 所示。在分析之前,作如下假设:

① 所有开关管、二极管均为理想器件;

② 所有电感、电容均为理想元件;

③ $L_f \gg L_r$;

④ $L_f$ 足够大,在一个开关周期中,其电流基本保持不变,为 $I_o$。这样 $L_f$ 和 $C_f$ 以及负载电阻可以看成一个电流为 $I_o$ 的恒流源。

这里给出以下物理量的定义:

① 特征阻抗:$Z_r = \sqrt{L_r / C_r}$;

② 谐振角频率:$\omega = 1/\sqrt{L_r C_r}$;

③ 谐振频率:$f_r = \dfrac{\omega}{2\pi} = \dfrac{1}{2\pi \sqrt{L_r C_r}}$;

④ 谐振周期:$T_r = \dfrac{1}{f_r} = 2\pi \sqrt{L_r C_r}$。

(1) 开关模态 1

即 $[t_0, t_1]$——电感充电阶段[见图 7-16(a)]。

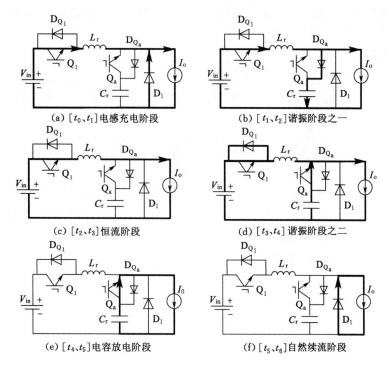

图 7-16　Buck ZCS PWM 变换器各个开关模态的等效电路

在 $t_0$ 时刻之前,主开关管 $Q_1$ 和辅助开关管 $Q_a$ 均处于关断状态,滤波电感电流 $I_o$ 通过续流二极管 $D_1$。谐振电感电流 $i_{L_r}$ 为 0,谐振电容电压 $u_{C_r}$ 也为 0。

在 $t_0$ 时刻,开通 $Q_1$,加在 $L_r$ 上的电压为 $V_{in}$,其电流从 0 开始线性上升,因此 $Q_1$ 是零电流开通。而 $D_1$ 中的电流线性下降。则:

$$i_{L_r}(t) = \frac{V_{in}}{L_r}(t - t_0) \tag{7-19}$$

$$i_{D_1}(t) = I_o - \frac{V_{in}}{L_r}(t - t_0) \tag{7-20}$$

在 $t_1$ 时刻,$i_{L_r}$ 上升到 $I_o$,此时 $i_{D_1} = 0$,$D_1$ 自然关断。开关模态 1 的持续时间为:

$$t_{01} = \frac{L_r I_o}{V_{in}} \tag{7-21}$$

(2) 开关模态 2

即 $[t_1, t_2]$——谐振阶段之一[见图 7-16(b)]。

从 $t_1$ 时刻开始,辅助二极管 $D_{Q_a}$ 自然导通,$L_r$ 和 $C_r$ 谐振工作,$L_r$ 的电流和 $C_r$ 的电压的表达式为:

$$i_{L_r}(t) = I_o + \frac{V_{in}}{L_r}\sin \omega(t - t_0) \tag{7-22}$$

$$u_{C_r}(t) = V_{in}[1 - \cos \omega(t - t_0)] \tag{7-23}$$

经过 $1/2 T_r$,到达 $t_2$ 时刻,$i_{L_r}$ 减小到 $I_o$,此时 $u_{C_r}$ 达到最大值 $u_{C_r \max} = 2V_{in}$。

(3) 开关模态 3

即 $[t_2, t_3]$——恒流阶段[见图 7-16(c)]。

在此开关模式中，辅助二极管 $D_{Q_a}$ 自然关断，谐振电容 $C_r$ 无法放电，其电压保持在最大值 $u_{C_r \max} = 2V_{in}$。谐振电感电流恒定不变，等于输出电流 $I_o$，即 $i_{L_r}(t) = I_o$。

（4）开关模式 4

即 $[t_3, t_4]$——谐振阶段之二 [见图 7-16(d)]。

在 $t_3$ 时刻，零电流开通辅助开关管 $Q_a$。$L_r$ 和 $C_r$ 开始谐振工作，$C_r$ 通过 $Q_a$ 放电。$L_r$ 的电流和 $C_r$ 的电压表达式为：

$$i_{L_r}(t) = I_o - \frac{V_{in}}{L_r} \sin \omega(t - t_3) \tag{7-24}$$

$$u_{C_r}(t) = V_{in}[1 + \cos \omega(t - t_3)] \tag{7-25}$$

在 $t_{3a}$ 时刻，$i_{L_r}$ 减小到零，此时 $Q_1$ 的反并联二极管 $D_{Q_1}$ 导通，$i_{L_r}$ 反方向流动。在 $t_4$ 时刻，$i_{L_r}$ 再次减小到零。在 $[t_{3a}, t_4]$ 时段，由于 $i_{L_r}$ 流经 $D_{Q_1}$，$Q_1$ 中的电流为零，因此可以在该时段中关断 $Q_1$，$Q_1$ 则是零电流关断。

在 $t_4$ 时刻，谐振电容电压为：

$$u_{C_r}(t_4) = V_{in} \left[ 1 - \sqrt{1 - \left( \frac{Z_r I_o}{V_{in}} \right)^2} \right] \tag{7-26}$$

此开关模态的持续时间为：

$$t_{34} = \frac{1}{\omega} \left[ \pi - \sin^{-1} \left( \frac{Z_r I_o}{V_{in}} \right) \right] \tag{7-27}$$

（5）开关模态 5

即 $[t_4, t_5]$——电容放电阶段 [见图 7-16(e)]。

在此开关模态中，由于 $i_{L_r} = 0$，输出滤波电感电流 $I_o$ 全部流过谐振电容，谐振电容放电，谐振电容电压为：

$$u_{C_r}(t) = u_{C_r}(t_4) - \frac{I_o}{C_r}(t - t_4) \tag{7-28}$$

在 $t_5$ 时刻，谐振电容电压减小到 0，$D_1$ 导通，此开关模态的持续时间为：

$$t_{45} = C_r u_{C_r}(t_4) / I_o \tag{7-29}$$

（6）开关模态 6

即 $[t_5, t_6]$——自然续流阶段 [见图 7-16(f)]。

在此开关模态中，输出滤波电感电流 $I_o$ 经过续流二极管 $D_1$ 续流，辅助开关管 $Q_a$ 零电压/零电流关断。

在 $t_6$ 时刻，零电流开通 $Q_1$，开始下一个开关周期。

### 7.2.3  零转换 PWM 电路

在 ZVS PWM 变换器和 ZCS PWM 变换器中，谐振元件虽然不是一直谐振工作，但谐振电感却串联在主功率回路中，损耗较大。同时，开关管和谐振元件的电压应力和电流应力与准谐振变换器的完全相同。为了克服这些缺陷，出现了零电压转换（zero-voltage-transition，ZVT）PWM 变换器和零电流转换（zero-current-transition，ZCT）PWM 变换器。

本节以 Boost ZVT PWM 变换器为例，分析零转换 PWM 变换器。ZVT PWM 变换器的基本思路是：为了实现主开关管的零电压关断，可以给它并联一个缓冲电容，用来限制开关管电压的上升率。而在主开关管开通时，必须要将其缓冲电容上的电荷释放为零，可以通过附加一个辅助电路来实现。而当主开关零电压开通后，辅助电路将停止工作。也就是说，辅助电路只是在主开关管将要开通之前的很短一段时间内工作,在主开关管完成零电压开通后,辅助电路立即停止工作,而不是在变换器工作的所有时间都参与工作。

Boost ZVT PWM 变换器的基本电路和主要波形如图 7-17 所示。输入直流电源 $V_{in}$、主开关管 $Q_1$、升压二极管 $D_1$、升压电感 $L_f$ 和滤波电容 $C_f$ 组成基本的 Boost 变换器,$C_r$ 是 $Q_1$ 的缓冲电容,它包括了 $Q_1$ 的结电容,$D_{Q_1}$ 是 $Q_1$ 的反并联二极管。辅助开关管 $Q_a$、辅助二极管 $D_a$ 和辅助电感 $L_a$ 构成辅助电路。

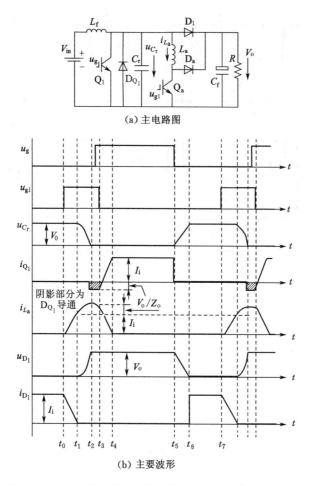

(a) 主电路图

(b) 主要波形

图 7-17  Boost ZVT PWM 变换器的基本电路及其主要波形

在一个开关周期中,该变换器有七种开关状态。在分析之前,作如下假设:

① 所有开关管、二极管均为理想器件;

② 所有电感、电容均为理想元件;

③ 升压电感 $L_f$ 足够大,在一个开关周期中,其电流基本保持不变,为 $I_i$;

④ 滤波电容 $C_f$ 足够大,在一个开关周期中,其电压基本保持不变,为 $V_o$。

图 7-18 给出了该变换器在不同开关状态下的等效电路。各开关状态的工作情况描述如下:

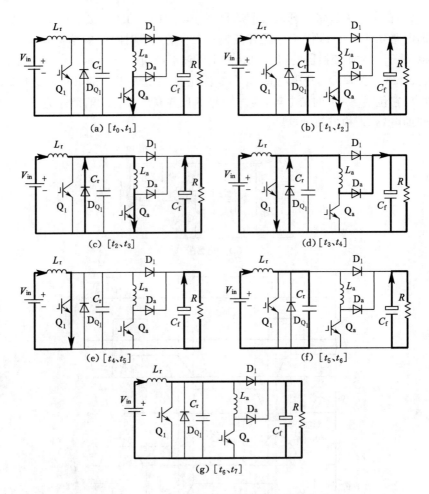

图 7-18　Boost ZVT PWM 变换器的等效电路

（1）开关模态 1

　　即$[t_0, t_1]$——[见图 7-18(a)]。

　　在 $t_0$ 时刻之前，主开关管 $Q_1$ 和辅助开关管 $Q_a$ 均处于关断状态，升压二极管 $D_1$ 导通。

　　在 $t_0$ 时刻，开通 $Q_a$，此时辅助电感电流 $i_{L_a}$ 从 0 开始线性上升，其上升斜率为 $\dfrac{\mathrm{d}i_{L_a}}{\mathrm{d}t} = \dfrac{V_o}{L_a}$，

而 $D_1$ 中的电流开始线性下降，其下降斜率为 $\dfrac{\mathrm{d}i_{D_1}}{\mathrm{d}t} = -\dfrac{V_o}{L_a}$。在 $t_1$ 时刻，$i_{L_a}$ 上升到电感电流 $I_i$，$D_1$ 电流减小到 0，$D_1$ 自然关断，开关模态 1 结束。该模态的持续时间为：

$$t_{01} = \frac{L_a I_i}{V_o} \tag{7-30}$$

（2）开关模态 2

　　即$[t_1, t_2]$——[见图 7-18 (b)]。

　　在此开关模态中，$L_a$ 开始与 $C_r$ 电容谐振，$i_{L_a}$ 继续上升，而 $C_r$ 的电压 $u_{C_r}$ 开始下降。$i_{L_a}$ 和 $u_{C_r}$ 分别为：

$$i_{L_a}(t)=I_i+\frac{V_o}{Z_a}\sin\omega(t-t_1) \qquad (7\text{-}31)$$

$$u_{C_r}(t)=V_o\cos\omega(t-t_1) \qquad (7\text{-}32)$$

式中，$\omega=\dfrac{1}{\sqrt{L_a C_r}}$；$Z_a=\sqrt{\dfrac{L_a}{C_r}}$。

当 $C_r$ 的电压下降到 0 时，$Q_1$ 的反并联二极管 $D_{Q_1}$ 导通，将 $Q_1$ 的电压箝在零位，此时辅助电感电流为 $I_{L_a}(t_2)=I_i+\dfrac{V_o}{Z_a}$，该模态持续时间为：

$$t_{12}=\frac{\pi}{2}\sqrt{L_a C_r} \qquad (7\text{-}33)$$

（3）开关模态 3

即 $[t_2,t_3]$——[见图 7-18(c)]。

在该模态中，$D_{Q_1}$ 导通，电流通过 $D_{Q_1}$ 续流，此时开通 $Q_1$ 就是零电压开通。$Q_1$ 的开通时刻应该滞后于 $Q_a$ 的开通时刻，滞后时间为：

$$t_d>t_{01}+t_{12}=\frac{L_a I_i}{V_0}+\frac{\pi}{2}\sqrt{L_a C_r} \qquad (7\text{-}34)$$

（4）开关模态 4

即 $[t_3,t_4]$——[见图 7-18(d)]。

在 $t_3$ 时刻，关断 $Q_a$，由于 $Q_a$ 关断时，其电流不为零，而且它关断后，$D_a$ 导通，$Q_a$ 上的电压立即上升到 $V_o$，因此 $Q_a$ 为硬关断。当 $Q_a$ 关断后，加在 $L_a$ 两端的电压为 $-V_o$，$L_a$ 中的能量转移到负载中，$L_a$ 中的电流线性下降，$Q_1$ 中的电流线性上升。则：

$$i_{L_a}(t)=I_{L_a}(t_2)+\frac{V_o}{L_a}(t-t_3) \qquad (7\text{-}35)$$

$$i_{Q_1}(t)=-\frac{V_o}{Z_a}+\frac{V_o}{L_a}(t-t_3) \qquad (7\text{-}36)$$

在 $t_4$ 时刻，$L_a$ 电流下降到 0，$Q_1$ 中的电流为 $I_i$。

（5）开关模态 5

即 $[t_4,t_5]$——[见图 7-18(e)]。

在此模态中，$Q_1$ 导通，$D_1$ 关断，升压电感电流流过 $Q_1$，滤波电容给负载供电，其规律与不加辅助电路的 Boost 电路完全相同。

（6）开关模态 6

即 $[t_5,t_6]$——[见图 7-18(f)]。

在 $t_5$ 时刻关断 $Q_1$，此时升压电感电流给 $C_r$ 充电，$C_r$ 的电压从 0 开始线性上升。则：

$$u_{C_r}(t)=\frac{I_i}{C_r}(t-t_5) \qquad (7\text{-}37)$$

由于存在 $C_r$，所以 $Q_1$ 零电压关断。在 $t_6$ 时刻，$C_r$ 的电压上升到 $V_o$，此时 $D_1$ 自然导通。

（7）开关模态 7

即 $[t_6,t_7]$——[见图 7-18(g)]。

该模态与不加辅助电路的 Boost 电路一样，$L_f$ 和 $V_{in}$ 给滤波电容 $C_f$ 和负载供电。在 $t_7$ 时刻，$Q_a$ 开通，开始下一开关周期。

## 思考题与习题

1. 高频化的意义是什么？为什么提高开关管频率可以减小滤波器的体积和重量？为什么提高开关频率可以减小变压器的体积和重量？

2. 软开关电路可以分为哪几类？其典型拓扑分别是什么样的？各有什么特点？

3. 何为软开关和硬开关？

4. 在 Boost ZVT PWM 电路中，辅助开关 $Q_a$ 是软开关还是硬开关，为什么？

# 第8章　电力电子的计算机仿真

## 8.1　概述

电力电子技术综合了电子电路、电机拖动、计算机控制等多学科知识,是一门实践性和应用性很强的课程。由于电力电子器件自身的开关非线性,给电力电子电路的分析带来了一定的复杂性和困难,一般常用波形分析的方法来研究。仿真技术为电力电子电路的分析提供了崭新的方法。

用于电力电子电路的仿真软件较多,其中应用较广的有 MATLAB、PSPICE、Saber 等,这些软件各有优势。早期的 MATLAB 主要用于控制系统的仿真和分析,经过不断扩展,它已经成为包含通信、电气工程、优化控制等诸多领域的科学计算软件。MATLAB 具有很好的人机对话图形界面和内容丰富的模型库,在近几年的版本中已经都包含了电力电子器件和电机的模型,可以用于电力电子电路的仿真。MATLAB 的电力电子器件使用的是宏模型,主要只是反映器件的外特性,但是它有强大的控制功能,用于系统级的仿真更方便,应用广泛。本章以 MATLAB 软件为基础,介绍基础电力电子电路的计算机仿真。

### 8.1.1　仿真工具

MATLAB 是一种适用于工程应用的各领域进行分析设计与复杂计算的科学计算软件,由美国 Mathworks 公司于 1984 年正式推出,1988 年推出 3.X(DOS)版本,1992 年推出 4.X(Windows)版本;1997 年推出 5.1(Windows)版本;2001 年推出的 MATLAB6.0 版本包含 SIMULINK,从而打通了 Matlab 进行实时数据分析、处理和硬件开发的道路。随着版本的升级,软件内容不断扩充,功能更加强大。

MATLAB 是"矩阵实验室"(Matrix Laboratory)的缩写,它是一种以矩阵运算为基础的交互式程序语言,着重针对科学计算、工程计算和绘图的需要。在 MATLAB 中,每个变量代表一个矩阵,可以有 $n*m$ 个元素,每个元素都被看作 $1 \times 1$ 的矩阵,输入算式立即可得结果,无须编译。MATLAB 具有强大而简易的作图功能,能根据输入的数据自动确定坐标绘图,能自定义多种坐标系(极坐标系、对数坐标系等),能够绘制三维坐标中的曲线和曲面,可设置不同的颜色、线形、视角等。如果数据齐全,MATLAB 通常只需要一条命令即可作图,功能丰富,可扩展性强。MATLAB 软件包括基本部分和专业扩展部分,基本部分包括矩阵的运算和各种变换、代数和超越方程的求解、数据处理和傅立叶变换及数值积分,可以满足大学理工科学生的计算需要。MATLAB 扩展部分称为工具箱,它实际上是用 MAT-LAB 的基本语句编成的各种子程序集,用于解决某一方面的问题,或实现某一类的新算法。现在已经有控制系统、信号处理、图像处理、系统辨识、模糊集合、神经元网络及小波分析等多种工具箱,并且向公式推导、系统仿真和实时运行等领域发展。

1993 年出现了 Simulink,这是基于框图的仿真平台,Simulink 挂接在 MATLAB 环境上，以 MATLAB 的强大计算功能为基础，以直观的模块框图进行仿真和计算。Simulink 提供了各种仿真工具，尤其是它不断扩展的、内容丰富的模块库，为系统的仿真提供了极大便利。在 Simulink 平台上，拖拉和连接典型模块就可以绘制仿真对象的模型框图，并对模型进行仿真。Simulink 仿真模型的可读性很强，避免了在 MATLAB 窗口使用 MATLAB 命令和函数仿真时，需要熟悉记忆大量 M 函数的麻烦。MATLAB 已经不再是单纯的"矩阵实验室"了，它已经成为一个高级计算和仿真平台。

Simulink 原本是为控制系统的仿真而建立的工具箱，在使用中易编程、易拓展，并且可以解决 MATLAB 不易解决的非线性、变系数等问题。它能支持连续系统和离散系统的仿真，支持连续离散混合系统的仿真，也支持线性和非线性系统的仿真，并且支持多种采样频率系统的仿真，也就是不同的系统能以不同的采样频率组合，这样就可以仿真较大、较复杂的系统。因此，各科学领域根据自己的仿真需要，以 MATLAB 为基础，开发了大量的专用仿真程序，并把这些程序以模块的形式都放入 Simulink 中，形成了模块库。Simulink 的模块库实际上就是用 MATLAB 基本语句编写的子程序集。现在 Simulink 模块库有三级树状的子目录，在一级目录下就包含了 Simulink 最早开发的数学计算工具箱、控制系统工具箱的内容，之后开发的信号处理工具箱（DSP Blocks）、通信系统工具箱（Comm）等也并行列入模块库的一级子目录，逐级打开模块库浏览器（Simulink Library Browser）的目录，就可以看到这些模块。

从 Simulink 4.1 版开始，有了电力系统模块库（Power System Blockset），该模块库主要由加拿大 Hydro Quebec 和 TECSIM International 公司共同开发。在 Simulink 环境下用电力系统模块库的模块，可以方便地进行电力电子电路、电机控制系统和电力系统的仿真。本书中电力电子电路的仿真就是在 MATLAB/Simulink 环境下，主要使用电力系统模块库和 Simulink 两个模块库进行。通过电力电子电路的仿真，可以学习控制系统仿真的方法和技巧，研究电路的原理和性能。

本章主要是介绍电力电子电路的仿真，因此对 MATLAB 只介绍与本书有关的内容。MATLAB 功能强大，有关 MATLAB 的书刊已经很多，如需对 MATLAB 更深入的了解，可以再参考其他专业书籍。

### 8.1.2　MATLAB/Simulink 仿真环境及方法

#### 8.1.2.1　MATLAB 仿真环境介绍

在桌面上双击 MATLAB 快捷方式图标，或者在开始菜单里点击 MATLAB 的选项，即可进入 MATLAB 环境。进入 MATLAB 环境，即打开了 MATLAB 窗口，如图 8-1 所示。

MATLAB 的操作界面由功能菜单、工具栏、工作窗口和开始按钮等组成。

默认状态下，MATLAB 的工作窗口由以下一些窗口组成。

命令窗口（Command Window）：MATLAB 的命令窗口中的">>"标志为 MATLAB 的命令提示符，"|"标志为输入字符提示符。在提示符">>"后逐行输入 MATLAB 命令，回车后，命令就能立即得到执行。命令窗口最上面的提示行是显示有关 MATLAB 的信息介绍和帮助等命令。

历史命令窗（Command History）：这个窗口用于记录用户已经操作过的各种命令，用户可以对这些历史信息进行编辑、复制和剪切等操作。

当前目录显示窗（Current Folder）：在这个窗口中，用户可以设置 MATLAB 的当前工

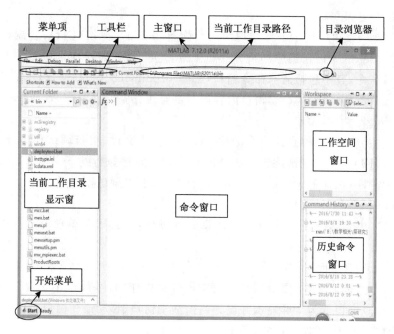

图 8-1　MATLAB 的工作环境

作目录,并展示目录中的 M 文件等。同时,用户可以对这些 M 文件进行编辑等操作。

　　工作内存浏览器(Workspace):在这个窗口中,用户可以查看工作空间中所有变量的类型、名称和大小,用户可以在这个窗口中观察、编辑和提取这些变量。

　　MATLAB 的主菜单有"File""Edit""Debug""Parallel""Desktop""Window"和"Help"七项。点击菜单命令,就会显示下拉子菜单的内容。这些菜单的内容与其他应用程序的菜单区别不大,因此只选择一些主要内容进行说明。

　　(1)"File"(文件)菜单

　　① "New":创建一个新文件,有多种文件"M-file""Figure""Model"等选项可选。选择"Model"即可进入 Simulink 环境,以绘制仿真模型方式对电路和系统仿真,这是本章介绍的主要仿真方式。

　　② "Open":打开一个名为"work"的文件夹,这是 MATLAB 默认的保存文件的地方。只要文件保存时没有另外指定文件保存的路径,MATLAB 系统就将文件保存在"work"文件夹中。

　　③ "Close Command Window":点击该项可以关闭命令窗口。

　　④ "Import Data":打开 MATLAB"work"文件夹中带有".mat"后缀的数据文件,并将数据放到工作空间(Workspace)中备用。

　　⑤ "Save workspace As…":保存工作空间(Workspace)中的数据到相应的路径文件窗口中。

　　⑥ "Set Path…":打开 MATLAB 的路径浏览器,搜索 MATLAB 所有文件的路径。

　　⑦ "Preferences…":可以打开一个 MATLAB 的参数设置对话框,供用户改变工作环境的外观和相关操作的属性。

　　⑧ "Print":打印。

（2）"Edit"（编辑）菜单

"Edit"（编辑）菜单中包括了撤销（Undo）、恢复（Redo）、剪切（Cut）、复制（Copy）、粘贴（Paste）、全选（Select A11）、删除（Delete）等命令，这些命令都要在选中目标后才能操作。另外还有窗口命令，其中包括清除命令窗口（Clear Command Window）显示的内容、清除历史命令（Clear Command History）窗口内容以及清空工作空间（Clear Workspace）。

（3）"Debug"（调试）菜单

该菜单项主要实现各种调试功能，如调试时打开 M 文件、单步调试程序（F10）、单步调试进入子函数（F11）、单步调试跳出函数（Shift＋F11）、程序执行到下一步断点（F5）、清除所有打开文件中的断点、在程序出错或报警处停止执行、退出调试模式等。

（4）"Parallel"（并行）菜单

"Parallel"（并行）菜单用于设置并行计算的计算环境，其子菜单项有选择配置、管理配置等。

（5）"Desktop"（桌面）菜单

"Desktop"（桌面）菜单主要对用户界面实现各种操作功能，如最小化命令窗口、最大化命令窗口、将命令窗口变为全屏显示并设为当前活动窗口、移动命令窗口至适于操作的位置处、调整命令窗口大小、工作区设置、各工作窗口显示等。

（6）"Window"（视窗）菜单

用来查看 MATLAB 已经打开的窗口，并选择其中某一窗口或在不同窗口之间进行切换。

（7）"Help"（帮助）菜单

"Help"（帮助）菜单用于打开 MATLAB 的帮助窗口，用鼠标点击窗口中的帮助主题或浏览器，可以得到帮助的内容。

### 8.1.2.2　Simulink 仿真环境介绍

系统仿真（Simulink）环境也称工具箱（Toolbox），是 MATLAB 最早开发的，它包括 Simulink 仿真平台和系统仿真模型库两部分，包括了连续、离散及两者混合的线性和非线性系统的仿真。Simulink 作为面向系统框图的仿真平台，它具有如下特点：

① 以调用模块代替程序的编写，以模块连成的框图表示系统，点击模块即可以输入模块参数。以框图表示的系统应包括输入（激励源）、输出（观测仪器）和组成系统本身的模块。

② 画完系统框图，设置好仿真参数，即可启动仿真。这时，会自动完成仿真系统的初始化过程，将系统框图转换为仿真的数学方程，建立仿真的数据结构，并计算系统在给定激励下的响应。

③ 系统运行的状态和结果可以通过波形和曲线观察，这和实验室中用示波器观察的效果几乎一致。

④ 系统仿真的数据可以用以"．mat"为后缀的文件保存，并且可以用其他数据处理软件进行处理。

⑤ 如果系统框图绘制不完整或仿真过程出现计算不收敛的情况，会给出一定的出错提示信息，但是这提示不一定准确。

⑥ 以框图形式对控制系统进行仿真是 Simulink 的最早功能，后来在 Simulink 的基础功能上又开发了数字信号处理、通信系统、电力系统、模糊控制等数十种模型库，Simulink

的窗口界面是工具箱共用的平台。

在 MATLAB 窗口中,启动 Simulink 有三种方法:

① 在 MATLAB 命令窗口中键入"Simulink"命令;

② 在 MATLAB 窗口的工具栏中,单击 Simulink 的快捷启动按钮;

③ 在 MATLAB 窗口左下角的"Start"菜单中,单击 Simulink 子菜单中的"Library Browser"选项。

打开 Simulink 后显示的界面如图 8-2 所示。

在界面左侧的 Simulink 库浏览窗口列出了该系统中所有安装的一个树状结构的仿真模块组,同时在右边显示了当前左边所选仿真模块组中所包含的标准模块,可以看到,整个 Simulink 工具箱是由若干个模块组构成的。

图 8-2　Simulink 模型库界面

若想创建一个模型编辑窗口,可以通过以下三种方式:

① 在 Simulink 库浏览窗口中,单击工具栏中的新建模型窗口快捷按钮"▯";

② 在 Simulink 库窗口中选择菜单命令 File→New→Model;

③ 在 MATLAB 命令窗口中选择菜单命令 File→New→Model;

弹出的无标题名称的"untitled"新建模型窗口如图 8-3 所示。空白模型编辑窗口由功能菜单、工具栏和用户模型编辑区三部分组成。

窗口的第二行是模型窗口的主菜单,第三行是工具栏,最下方是状态栏。在工具栏与状态栏之间的窗口是建立模型、修改模型及仿真的操作平台。

Simulink 模型窗口的主菜单有文件、编辑、查看、仿真、格式设定、工具与帮助七项菜单选项:

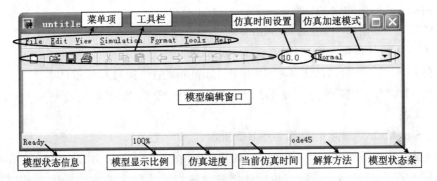

图 8-3　空白模型编辑窗口

（1）"File"（文件）菜单

① New(Ctrl＋N)：创建新的模型或模块库。

② Open(Ctrl＋O)：打开模型。

③ Close(Ctrl＋W)：关闭模型。

④ Save(Ctrl ＋S)：保存当前的模型文件（路径、子目录、文件名都不变）。

⑤ Save as：将模型文件另外保存（改变路径、子目录、文件名）。

⑥ Sources control：设置 Simulink 和 SCS 的接口。

⑦ Model properties：模型属性。

⑧ Preferences：设置命令窗口的属性。

⑨ Export to Web：输出到 Web。

⑩ Print(Ctrl＋P)：打印模型。

⑪ Print setup：打印机设置。

⑫ Exit MATLAB(Ctrl＋Q)：退出 MATLAB。

（2）"Edit"（编辑）菜单

① Can't Undo(Ctrl＋Z)：不能撤销。

② Can't Redo(Ctrl＋Y)：不能重复。

③ Cut(Ctrl＋X)：剪切当前选定的内容，并放在剪贴板上。

④ Copy(Ctrl＋C)：将当前选定的内容复制到剪贴板。

⑤ Paste(Ctrl＋V)：将剪贴板上的内容粘贴到当前光标所在位置。

⑥ Paste Duplicate Import：粘贴复制导入。

⑦ Delete(Delete)：清除选定内容。

⑧ Select all(Ctrl＋A)：全部选定。

⑨ Copy Model to Clipboard：复制模型到剪贴板。

⑩ Find(Ctrl＋F)：查找。

⑪ Explore：探测器。

⑫ Mask Parameters：封装参数。

⑬ SubSystem Parameters：子系统参数。

⑭ Block Properties：模块属性。

⑮ Create Subsystem(Ctrl＋G)：创建子系统。

⑯ Mask Subsystem(Ctrl＋M)：封装子系统。

⑰ Look Under Mask(Ctrl＋U)：查看封装子系统。

⑱ Link Options：连接选项。

⑲ Update Diagram(Ctrl＋D)：更新图表。

(3) "View"(查看)菜单

① Back：返回。

② Forward：向前。

③ Go to Parent：转到根路径。

④ Toolbar：显示或隐藏工具栏。

⑤ Status Bar：显示或隐藏状态栏。

⑥ Model Browser Options：模型浏览器选项。

⑦ Block Data Tips Options：模型数据提示参数设置。

⑧ Requirements：系统需求。

⑨ Library Browser：库浏览器。

⑩ Model Explorer(Ctrl＋H)：模型浏览器。

⑪ Sample Time Legend(Ctrl＋J)：打印时显示采样时间图例。

⑫ MATLAB Desktop：MATLAB 桌面。

⑬ Zoom In：放大模型显示比例。

⑭ Zoom Out：缩小模型显示比例。

⑮ Fit System to View：自动选择最合适的显示比例。

⑯ Normal(100％)：以正常工作比例(100％)显示模型。

⑰ Show Page Boundaries：显示页范围。

⑱ Port Values：端口值。

⑲ Remove Highlighting：取消高亮显示。

⑳ Highlight：高亮显示。

(4) "Simulation"(仿真)菜单

① Start(Ctrl ＋T)：启动或暂停仿真。

② Stop：停止仿真。

③ Configuration Parameters…(Ctrl ＋E)：设置仿真参数。

④ Normal：常规标准仿真。

⑤ Accelerator：加速仿真。

(5) "Format"(格式设定)菜单

① Font：字体选择。

② Text alignment：文字对齐方式。

③ Enable TeX Commands：使能运行 TeX 指令。

④ Show Drop Shadow：显示或隐藏模块的阴影。

⑤ Show Port Labels：显示端口标注。

⑥ Background Color：设置背景颜色。

⑦ Foreground Color：设置前景颜色。

⑧ Screen Color：设置屏幕颜色。

⑨ Show Smart Guides：显示智能引导。

⑩ Align Blocks：排列模块。

⑪ Distribute Blocks：分布模块。

⑫ Resize Blocks：重定义模块大小。

⑬ Flip Name：模块标题名称上下换位。

⑭ Flip Block(Ctrl＋1)：将模块图旋转 180°。

⑮ Rotate Block(Ctrl ＋R)：将模块图顺时针旋转 90°。

⑯ Port/Signal Displays：端口/信号线显示。

⑰ Block Displays：模块显示。

⑱ Library Link Display：库连接显示。

（6）"Tools"（工具）菜单和"Help"（帮助）菜单

由于"工具"菜单应用较少，"帮助"菜单容易看懂，故此处不作具体介绍。

模型窗口中主菜单下面是工具栏（见图 8-3），工具栏有 15 个按钮，用来执行最常用的 15 个功能，归纳起来可分为 5 类。图 8-3 所示的 Simulink 模型窗口工具栏自左到右有 15 个按钮，其功能分述如下：

① 文件管理类：文件管理类包括 4 个按钮。

按钮"🗋"：单击该按钮将创建一个新模型文件，相当于在主菜单"File"中执行"New"命令。

按钮" 📂 "：单击该按钮将打开一个已存在的模型文件，相当于在主菜单"File"中执行"Open"命令。

按钮"💾"：单击该按钮将保存模型文件，相当于在主菜单"File"中执行"Save"命令。

按钮"🖨"：单击该按钮将打印模型文件，相当于在主菜单"File"中执行"Print"命令。

② 对象管理类。

对象管理类包括以下 3 个按钮：

按钮" ✂ "：单击该按钮，将选中的模型文件剪切到剪贴板上，相当于在主菜单"Edit"中执行"Cut"命令。

按钮" 📋 "：单击该按钮，将选中的模型文件复制到剪贴板上，相当于在主菜单"Edit"中执行"Copy"命令。

按钮" 📋 "：单击该按钮，将剪贴板上的内容粘贴到模型窗口的指定位置，相当于在主菜单"Edit" 中执行"Paste"命令。

③ 命令管理类。

命令管理类包括以下两个按钮：

按钮" ↺ "：单击该按钮将撤销前次操作，相当于在主菜单"Edit"中执行"Undo Delete"命令。

按钮" ↻ "：单击该按钮将重复前次操作，相当于在主菜单"Edit"中执行"Redo Delete"命令。

④ 窗口切换类。

窗口切换类包括以下 4 个按钮：

按钮"🚚"：单击该按钮将打开 Simulink 库浏览器，相当于在主菜单项"View"中执行"Show Library Browser"命令。

按钮"📇"：单击该按钮将打开模块管理器。

按钮"📠"：单击该按钮将打开/隐藏模型浏览器。

按钮"❀"：单击该按钮将打开调试器。

⑤ 仿真控制类。

仿真控制类包括以下两个按钮：

按钮"▶"：单击该按钮将启动或暂停仿真，相当于在主菜单项"Simulation"中执行"Star/Pause"命令。

按钮"■"：单击该按钮将停止仿真，相当于在主菜单项"Simulation"中执行"Stop"命令。

文本框"10.0"：用于设置仿真时间。

下拉选项框"Normal ▼"：用于设置仿真加速模式。

### 8.1.2.3　Simulink/Power System 模块的基本操作

（1）模块的选定

模块选定（即选中）是许多其他操作如删除、剪切、复制的"前导性"操作。选中模块的方法有以下两种：

① 用鼠标左键单击待选模块，当模块的四个角处出现小黑块时，表示模块被选中。

② 如果要选择一组模块，可以按住鼠标左键拉出一个矩形虚线框，将所有要选的模块框在其中，然后松开鼠标左键，当矩形里所有模块的四个角处都出现小黑块时，表示所有模块，被同时选中。

关于模块的选取还有以下两点需说明：

① 如果在被选中模块的图标上再次单击左键，取消对该模块的选取。

② 如果想选取不连续的多个模块，但是用拖曳方框的方式又会选取到我们不想要的模块，此时可以按住"Shift"键，再按住鼠标左键来拖动一个矩形虚线框，这样一个一个地选取。

（2）模块的复制

从模块组中复制模块的操作方法是：在模块组中将鼠标箭头指向待选模块，用鼠标左键单击它，当待选模块四个角处出现小黑块时，表示已经被选中，按住鼠标左键不放，将所选模块拖动到"untitled"模型窗门里的目标位置，松开鼠标左键，则在"untitled"模型窗口里的某个位置上就有一个与待选模块完全相向的模块图标，这样就完成了从模块组中复制模块的操作。

在"untitled"模型窗口里复制模块的方法有以下两种：

① 首先选中待复制模块，运行"Edit"菜单中的"Copy"命令；然后将光标移到要粘贴的地方，按下鼠标左键；看到选定的模块恢复原状，在选定的位置上再运行"Edit"菜单中的

"Paste"命令即可。新复制的模块和原装模块的名称会自动编号,以示区别。

② 另一种简单的复制操作是先按下"ctrl"键不放,然后将鼠标移到需复制的模块上,注意鼠标指针的变化,如果多了一个小小的"加号",就表示可以复制了。把鼠标光标拖动到目的位置后,松开鼠标左键,这样就完成了复制工作。

(3) 模块的移动

模块移动操作非常简单:将光标置于待移动模块的图标上,然后按住鼠标左键不放,将模块图标拖动到目的地放开鼠标左键,模块的移动即可完成。注意:模块移动时,它与其他模块的连线也随之移动。

(4) 模块的删除

选中模块,按"Delete"键,把选定模块删除。

(5) 模块的粘贴

对选中模块的粘贴可以选择"Edit"菜单中的"Cut"命令将选定的模块移到剪贴板后,重新粘贴。

(6) 改变模块对象的大小

用鼠标选中对象模块图标,再将鼠标移到模块对象四周的控制小块处,鼠标指针将会变成双箭头的形状,此时按住鼠标左键不放,拖曳鼠标,待对象图标大小符合要求时放开鼠标左键,这样就可改变模块对象图标的大小。

(7) 改变模块对象的方向

一个标准功能模块就是一个控制环节。在绘制控制系统模型方框图即连接模块时,要特别注意模块的输入、输出口模块间的信号流向。在 Simulink/Power System 中,总是由模块的输入端口接收信号,其端口位于模块左侧;输出端口发送(出)信号,其端口位于模块右侧。但是在绘制反馈通道时则会有相反的要求,即输入端口在模块右侧,输出端口在模块左侧。这时可按以下操作步骤来实现:用鼠标选中模块对象,利用"untitled"的主菜单项"Format"下拉菜中的"Flip Block"或者"Rotate Block"命令,如果选择"Flip Block"或者直接按"Ctrl+I"键,即可将功能模块旋转 $180°$;如果选择"Rotate Block"或者直接按"Ctrl+R"键,即可将功能模块顺时针旋转 $90°$。

(8) 模块的连接

当把组成一个控制系统所需的环节模块都复制到"untitled"模型窗口后,如果不用信号线将这些模块图标连接起来,则它并不描述一个控制系统。当用信号线将各个模块图标连接成一个控制系统后,即得到所谓的系统模型。要说明模块的连接首先需要介绍信号线的使用。

信号线的作用是连接功能模块。在模型窗口里,拖动鼠标箭头,可以在模块的输入与输出之间连接信号线。为了连接两个模块的端口,可按住鼠标的左键,单击输入或输出端口,看到光标变为"+"字形以后,拖曳"+"字图形符号到另外一个端口,鼠标指针将变成双"+"字形状,然后放开鼠标左键即可。带连线的箭头表示信号的流向。

(9) 信号线的操作

对信号线的操作和对模块操作一样,也需先选中信号线(鼠标左键单击该线),被选中的信号线的两端出现两个小黑块,这样就可以对信号线进行其他操作了,如改变其粗细、对其设置标签,也可以把信号线折弯、分支,甚至删除。

① 向量信号线与线型设定:对于向量信号线,在"untitled"模型窗口里,可选中主菜单

"Format"下的"signal dimensions"命令,对模型执行完"Simulation"下的"Start"命令后,传输向量的信号线就会变粗。变粗了的线段表示该连接线上的信号为向量形式。

② 信号线的标签设置:在信号线上双击鼠标左键,即可在信号线的下部拉出一个矩形框,在矩形框内的光标处可输入该信号线的说明标签,既可输入西文字符,也可输入汉字字符。标签的信息内容如果很多,还可以用"Enter"键换行输入。如果标签信息有错或者不妥,可以重新选中再进行编辑修改。

③ 信号线折弯:选中信号线,按住"shift"键,再用鼠标左键在要折弯的地方单击一下,出现一个小圆圈,表示折点,利用折点就可以改变信号线的形状。选中信号线,将鼠标指到线段端头的小黑块上,直到箭头指针变为"O"形,按住鼠标左键。拖曳线段,即可将线段以直角的方式折弯。如果不想以直角的方式折弯,也可以在线段的任一位置将线段以任意角度折弯。

④ 信号线分支:选中信号线,按住"ctrl"键,在要建立分支的地方按住鼠标左键并拉出即可。另外一种方法是:将鼠标指到要引出分支的信号线段上,按住鼠标右键不放进行拖曳,即可拉出分支线。

⑤ 信号线的平行移动:将鼠标指到要平行移动的信号线段上,按住鼠标左键不放,鼠标指针变为十字箭头形状,沿信号线垂直方向拖曳鼠标移到目的位置,松开鼠标左键,信号线的平行移动即完成。

⑥ 信号线与模块分离:将鼠标左键选中想要分离的模块上,按住"Shift"键不放,再压住鼠标左键不放把模块拖曳到别处,即可完成模块与连接线的分离。

⑦ 信号线的删除:选定要删除的信号线,按"delete"键,即可把选中的信号线删除。

(10) 模块标题名称、内部参数的修改

在实际工程中,那些被复制的标准模块的标题名称和内部参数常常需作一定的修改。

① 标题名称的修改:模块标题名称是指标识模块图标的字符串,通常模块标题名称设置在模块图标的下方,也可以将模块标题名称设置在模块图标的上方。对用户所建模型窗口中模块标题名称进行修改的,可以用鼠标左键单击功能模块的标题,在原模块标题处显现出一个矩形框,输入新的标题,用鼠标单击窗口中的任一地方,修改工作完成。模块名字的字体、字形和大小可以通过菜单命令"Format"来改变。如果重新输入新的标题信息内容很多,可以按"Enter"键换行输入。

② 模块内部参数设置:在模型窗口中,双击待修改参数的模块图标,打开功能模块内部参数设置对话框,然后改变对话框相关栏目中的数据便可。

### 8.1.3　Simulink 模型库

在标准的 Simulink 工具箱中,包含通用模块组(Commonly Used Blocks)、连续系统模块组(Continuous)、非连续系统模块组(Discontinuities)、离散系统模块组(Discrete)、逻辑和位操作模块组(Logic and Bit Operations)、查表模块组(Lookup Tables)、数学运算模块组(Math Operations)、模型检测模块组(Model Verification)、模型扩展功能模块组(Model-Wide Utilities)、端口与子系统模块组(Ports & Subsystems)、接收器模块组(Sinks)、信号源模块组(Sources)等。电力电子电路使用的模块组有连续模块组、数学运算模块组、非线性模块组、信号与系统模块组、接收器模块组、信号源模块组和子系统模块组等。

#### 8.1.3.1 Continuous 模块组

该模块组主要用来构建连续控制系统的仿真模型,模块的详细使用方法可以查看帮助文件。模块组包括的主要模块图标如图 8-4 所示,其功能如表 8-1 所示。

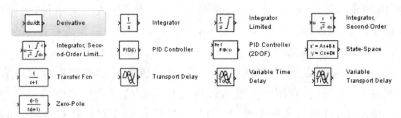

图 8-4　Continuous 模块组

表 8-1　Continuous 模块组标准模块功能

| 名　称 | 功能说明 |
| --- | --- |
| Derivative | 微分 |
| Integrator | 积分器 |
| Integrator Limited | 定积分 |
| Integrator, Second-Order | 二阶积分 |
| Integrator, Second-Order Limited | 二阶定积分 |
| PID Controller | PID 控制器 |
| PID Controller (2DOF) | PID 控制器 |
| State-Space | 状态空间 |
| Transfer Fun | 传递函数 |
| Transport Delay | 传输延时 |
| Variable Transport Delay | 可变传输延时 |
| Zero-Pole | 零-极点增益模型 |

#### 8.1.3.2 Discontinuous 模块组

Discontinuous 模块组功能基本上与连续系统模块组相对应,只不过离散系统模块库是对离散信号的处理。该模块组包括的主要模块图标如图 8-5 所示,其功能如表 8-2 所示。

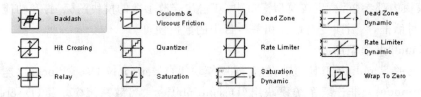

图 8-5　Discontinuous 模块组

表 8-2　Discontinuous 模块组标准模块功能

| 名　称 | 功能说明 |
| --- | --- |
| Backlash | 间隙非线性 |
| Coulomb & Viscous Friction | 库仑和黏度摩擦非线性 |

表 8-2(续)

| 名　　称 | 功 能 说 明 |
|---|---|
| DeadZone | 死区非线性 |
| Dead Zone Dynamic | 动态死区非线性 |
| Hit Crossing | 冲击非线性 |
| Quantizer | 量化非线性 |
| Rate Limiter | 静态限制信号的变化速率 |
| Rate Limiter Dynamic | 动态限制信号的变化速率 |
| Relay | 滞环比较器(限制输出值在某一范围内变化) |
| Saturation | 饱和输出(让输出超过某一值时能够饱和) |
| Saturation Dynamic | 动态饱和输出 |
| Wrap To Zero | 环零非线性 |

### 8.1.3.3　Math Operations 模块组

该模块组中的模块用来完成各种数学运算,包括加、减、乘、除以及复数计算、逻辑运算等。模块组包括的主要模块图标如图 8-6 所示,其功能如表 8-3 所示。

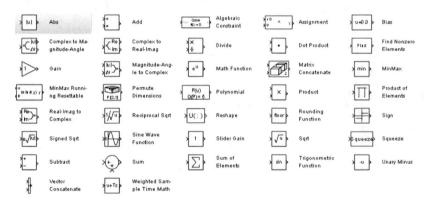

图 8-6　Math Operations 模块组

表 8-3　**Math Operations 模块组标准模块功能**

| 名　　称 | 功 能 说 明 |
|---|---|
| Abs | 取绝对值 |
| Add | 加法 |
| Algebraic Constraint | 代数约束 |
| Assignment | 赋值 |
| Bias | 偏移 |
| Complex to Magnitude-Angle | 由复数输入转为幅值和相角输出 |
| Complex to Real-Imag | 由复数输入转为实部和虚部输出 |
| Divide | 除法 |
| Dot Product | 点乘运算 |
| Find Nonzero Elements | 查找非零元素 |

表 8-3(续)

| 名　　称 | 功 能 说 明 |
|---|---|
| Gain | 比例运算 |
| Magnitude-Angle to Complex | 由幅值和相角输入合成复数输出 |
| Math Functce | 数学函数 |
| Matrix Concatenate | 矩阵级联 |
| MinMax | 最值运算 |
| MinMax Running Resettable | 最大最小值运算（带复位功能） |
| Permute Dimensions | 按维数重排 |
| Polynomial | 多项式 |
| Product | 乘运算 |
| Product of Elements | 元素乘运算 |
| Real-Imag to Complex | 由实部和虚部输入合成复数输出 |
| Reciprocal Sqrt | 平方根的倒数 |
| Reshape | 取整 |
| Rounding Function | 舍入函数 |
| Sign | 符号函数 |
| Signed Sqrt | 带符号的平方根 |
| Sine Wave Function | 正弦波函数 |
| Slider Gain | 滑动增益 |
| Sqrt | 平方根 |
| Squeeze | 删去大小为 1 的"孤维" |
| Subtract | 减法 |
| Sum | 求和运算 |
| Sum of Elements | 元素和运算 |
| Trigonometric Function | 三角函数 |
| Unary Minus | 一元减法 |
| Vector Concatenate | 向量串联 |
| Weighted Sample Time Math | 权值采样时间运算 |

### 8.1.3.4　Signal Routing 模块组

该模块组包括的主要模块图标如图 8-7 所示，其功能如表 8-4 所示。

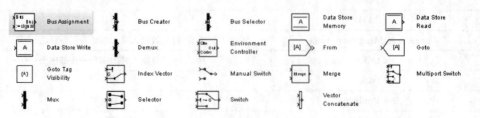

图 8-7　Signal Routing 模块组

**表 8-4　Signal Routing 模块组标准模块功能**

| 名　称 | 功 能 说 明 |
|---|---|
| Bus Assignment | 总线分配 |
| Bus Creator | 总线生成 |
| Bus Selector | 总线选择 |
| Data Store Memory | 定义数据存储空间 |
| Data Store Read | 读入数据存储空间 |
| Data Store Write | 写入数据存储空间 |
| Demux | 将一个向量信号分解成多路输出信号 |
| Environment Controller | 环境控制器 |
| From | 信号来源 |
| Goto | 信号去向 |
| Goto Tag Visibility | 传出标记符的可视化 |
| Index Vector | 索引矢量 |
| Manual Switch | 手动选择开关 |
| Merge | 信号合并 |
| Multiport Switch | 多端口开关 |
| Mux | 将多路输入信号组合成一个向量信号 |
| Selector | 信号选择器 |
| Switch | 选择开关 |
| Vector Concatenate | 矢量拼接 |

#### 8.1.3.5　Sinks 模块组

该模块组主要为显示和记录仪器仪表,用于观察信号波形或记录信号。包括的主要模块图标如图 8-8 所示,其功能如表 8-5 所示。

图 8-8　Sinks 模块组

**表 8-5　Sinks 模块组标准模块功能**

| 名　称 | 功 能 说 明 |
|---|---|
| Display | 数字显示器 |
| Floating Scope | 浮动示波器 |
| Out1 | 输出端口 |
| Scope | 示波器 |
| Stop Simulation | 停止仿真 |
| Terminator | 接收终端 |

表 8-5(续)

| 名　称 | 功 能 说 明 |
|---|---|
| To File | 将数据输出到文件中 |
| To Workspace | 将数据输出到工作空间 |
| XY Graph | 显示二维图形 |

### 8.1.3.6　Sources 模块组

该模块组包括用于产生系统的激励信号,并且可以从工作空间或".mat"文件读入信号数据。包含的主要模块图标如图 8-9 所示,其功能如表 8-6 所示。

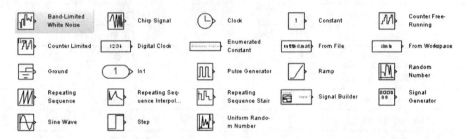

图 8-9　Sources 模块组

**表 8-6　Sources 模块组标准模块功能**

| 名　称 | 功 能 说 明 |
|---|---|
| Band-Limited White Noise | 带限白噪声 |
| Chirp Signal | 线性调频信号 |
| Clock | 显示和提供仿真时间 |
| Constant | 常数 |
| Counter Free-Running | 无限计数器 |
| Counter Limited | 有限计数器 |
| Digital Clock | 数字时钟 |
| Enumerated Constant | 枚举常量 |
| From File | 从文件读入 |
| From Workspace | 从工作空间读入数据 |
| Ground | 接地 |
| In1 | 输入接口 |
| Pulse Generator | 脉冲信号发生器 |
| Ramp | 斜坡输入 |
| Random Number | 产生正态分布的随机数 |
| Repeating Sequence | 产生规律重复的任意信号 |
| Repeating Sequence Interpolated | 重复序列内插值 |
| Repeating Sequence Stair | 重复阶梯序列 |
| Signal Builder | 信号创建器 |

表 8-6(续)

| 名　称 | 功 能 说 明 |
|---|---|
| Signal Generator | 信号发生器 |
| Sine Wave | 正弦波信号 |
| Step | 阶跃信号 |
| Uniform Random Number | 均匀分布随机数 |

### 8.1.4　电力系统模型库

电力系统(PowerSystem)仿真工具箱是在 Simulink 环境下使用的仿真工具箱,其功能非常强大,可用于电路、电力电子系统、电动机系统、电力传输等领域的仿真,它提供了一种类似电路搭建的方法,用于系统的建模。本节介绍 Simulink/PowerSystem 模块的基本操作。

在 MATLAB 命令窗口中键入"powerlib"命令或者从 Simulink 库浏览窗口中选择"SimPowerSystems"模块组,则将得到如图 8-10 所示的工具箱。

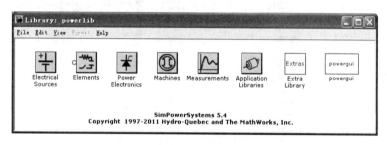

图 8-10　电力系统工具箱界面

在该工具箱中有很多模块组:电源、元件、电力电子、电机系统、测量、应用库、附加库等模块组。

#### 8.1.4.1　电源(Electrical sources)模块组

电源模块组包括:直流电压源、交流电压源、交流电流源、三相电源、三相可编程电压源、受控电压源和受控电流源等基本模块。电源模块组中各基本模块及其图标如图 8-11 所示。

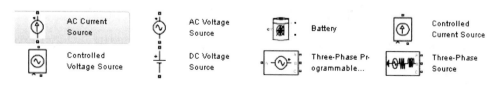

图 8-11　电源模块组

#### 8.1.4.2　测量模块组

测量模块组包括:电压表、电流表、三相电压-电流表、多用表、阻抗表和各种附加的子模块组等基本模块。测量模块组中各基本模块及其图标如图 8-12 所示。

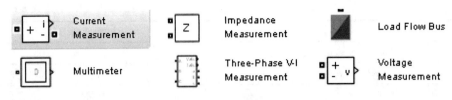

图 8-12　测量模块组

### 8.1.4.3　元件模块组

元件模块组包括各种电阻、电容和电感及各种变压器元件。元件模块组中各基本模块及其图标如图 8-13 所示。

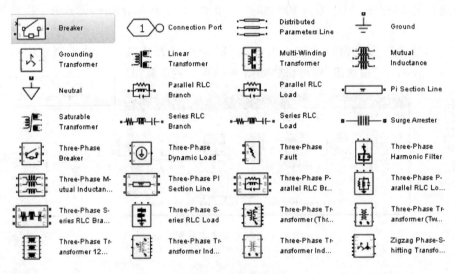

图 8-13　元件模块组

### 8.1.4.4　电力电子元件模块组

电力电子模块组包括二极管、晶闸管、MOS 场效应管、可关断晶闸管、IGBT、理想开关、三电平变流器桥等模块，此外还有一个通用变流桥。电力电子模块组中各基本模块及其图标如图 8-14 所示。

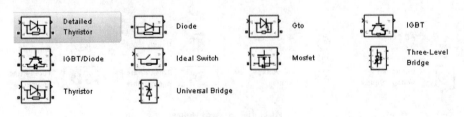

图 8-14　电力电子模块组

### 8.1.4.5　应用库模块组

应用库模块组包括分布式资源库、电力电子驱动库和柔性交流输电系统库 3 个子模块组。各子模块组及其图标如图 8-15 所示。

 Distributed Resources Library　 Electric Drives library　 Flexible AC Transmission Syst…

图 8-15　应用库模块组

#### 8.1.4.6　附加模块组

附加模块组则包括了附加的子模块组。附加子模块组又分为控制模块组、离散控制模块组、离散测量组、测量组、相位组,每个附加子模块组里又包含若干模块,在此就不一一列举。各模块组及其图标如图 8-16 所示。

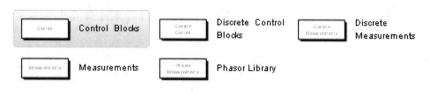

图 8-16　附加模块组

电力电子器件工作的时候都需要有正确的控制信号,产生控制信号的驱动电路是电力电子线路必有的组成部分,并且晶闸管和其他自关断电力电子器件的驱动要求不同,因此 MATLAB 在电力系统模型库附加模块组的控制模块中提供了两种驱动模型,一种是针对晶闸管电路的,另一种是适用于自关断器件电路的。MATLAB 电力电子器件模型的驱动要求与实际物理器件的驱动要求不同,实际物理器件的驱动要求信号有一定的强度,即要有一定的电压和电流,而器件模型的驱动仅仅是在于门极信号的有无,因此 MATLAB 驱动模块是原理图的宏模型。考虑到后续具体电路仿真,这里对两类典型的驱动仿真模型进行简单介绍。

（1）同步 6 脉冲发生器

同步 6 脉冲发生器(synchronized 6-pulse generator)用于产生三相桥式整流电路晶闸管的触发脉冲,在一个周期内,它产生 6 个触发信号,每个触发信号的间隔是 60°。6 脉冲发生器模块有 5 个输入端和 1 个输出端,如图 8-17 所示。

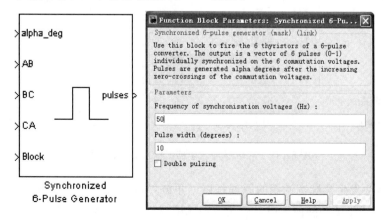

图 8-17　同步 6 脉冲发生器图标及参数设置界面

输入端"alpha_deg"用于给定移相控制角的大小,控制角的单位是"度"。控制角既可以是固定值,也可以是变化值。固定的控制角可以用常数模块来设定,变化的控制角一般由控制电路来产生。

输入端"AB""BC""CA"用于接入同步信号。同步的作用是使触发器产生的触发信号与整流主电路晶闸管需要被触发的时刻相一致,并且要保证三相桥6个晶闸管按规定的顺序依次触发。因此同步信号要与晶闸管主电路的三相电源保持一定的相位关系,这一般用同步变压器来调整。6脉冲发生器参数设置对话框如图8-17所示。三相桥式整流电路有两种触发方式,即宽脉冲触发和双脉冲触发,两种触发方式可以在对话框中勾选"Double pulsing"选项来选择。选中"Double pulsing"则为双脉冲触发,否则为宽脉冲触发方式。同时还可以设定脉冲的宽度和重复频率。在宽脉冲触发时,脉冲宽度要大于60°,重复频率应与整流器电源频率相同。

模块的第5个输入端(Block)用于控制触发脉冲的输出,在该端置"0"时,有脉冲输出;如果置"1",则没有脉冲输出,整流器也不会工作。该端可以用作过电流保护和直流可逆系统中整流器的工作状态选择。

6个晶闸管触发脉冲信号由模块的"pulse"输出端输出,使用时只要将该输出端与三相桥式整流电路模型的脉冲输入端连接即可。

(2) PWM 脉冲发生器

PWM 脉宽调制方式在逆变、直流变换、整流等变换电路的控制中使用很广泛。MATLAB 模型库提供的 PWM 脉冲发生器是一个多功能模块,它可以为 GTO、MOSFET、IGBT 等自关断器件组成的单相、两相和三相变流电路提供驱动信号,并且还可以用于双三相桥式电路(12 脉冲)的驱动,这可以在参数设置对话框中"Generator Mode"一栏选择,如图 8-18 所示。

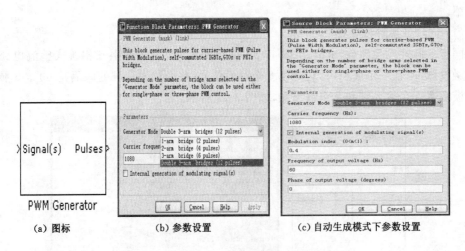

图 8-18　PWM 脉冲发生器图标及参数设置界面

PWM 脉冲发生器脉宽调制的原理是以三角波(载波)与调制波比较,在三角波与调制波的相交点处产生脉冲的前后沿。三角波的频率可以在对话框中设置,且三角波的幅值固定为1。调制波有两种产生方式,一种是由 PWM 脉冲发生器自动生成,另一种在脉冲发生器输入端由外部输入。在参数设置界面下若选中内调制信号生成模式,再进入参数设置界面时,会出现图 8-18(c)所示的参数设置界面,含有调制度、输出电压频率和输出电压相位三项参数设置栏。在采用内调制信号生成模式时,调制波固定为正弦波,即 SPWM 调制方式设置的调制度、输出电压频率和输出电压相位三项参数实际上是内部产生的调制正弦波的参数。选中内调制信号生成方式后,模块的输入端不用连接。当选择外部输入调制信号时,调制波的频率和相位则由外部输入的信号波形决定,但是外部输入的信号波形幅值不能大于1。

## 8.2　典型电力电子器件的仿真分析

### 8.2.1　晶闸管的仿真模型及仿真实例

晶闸管是可控整流电路常用的整流器件,在模型库中晶闸管模型有两种,一种是较详细的模型,其模型名为 detailed thyristor,可设置参数较多;另一种是简化的模型,模型名为 thyristor,参数设置较简单。双击模型图标则弹出模型参数的对话框,在对话框中可以设置的晶闸管模型参数见表 8-7。

**表 8-7　晶闸管模型参数**

| 参数名 | 单　位 | 备　注 |
|---|---|---|
| 导通电阻 $R_{on}$ | Ω(欧姆) | |
| 内部电感 $L_{on}$ | H(亨利) | |
| 门槛电压 $V_f$ | V(伏特) | |
| 初始电流 $I_c$ | A(安培) | |
| 擎住电流 $I_1$ | A(安培) | 简单模型没有 |
| 关断时间 $T_q$ | s(秒) | 简单模型没有 |
| 缓冲电阻 $R_s$ | Ω(欧姆) | |
| 缓冲电容 $C_s$ | F(法拉) | |

晶闸管模型在晶闸管承受正向电压($V_{ak}>0$),且门极有正的触发脉冲信号($g>0$)时晶闸管导通。触发脉冲的宽度要使阳极电流 $I_{ak}$ 能大于设定的晶闸管擎住电流 $I_1$,晶闸管才能正常导通,否则在导通过程中,如果在阳极电流还小于擎住电流时,门极信号已经为零($g=0$),则晶闸管仍要转向关断。

导通的晶闸管在阳极电流下降到零($I_{ak}=0$),或者晶闸管承受反向电压时晶闸管关断,但是晶闸管承受反向电压的时间应大于设置的关断时间 $T_q$,否则,尽管门极信号为零,晶闸管还可能导通,因为关断时间是表示晶闸管内载流子复合的时间,是晶闸管阳极电流减少为零后到晶闸管能再次施加正向电压而不会误导通的一段时间间隔。

晶闸管模型的导通和关断与实际晶闸管器件有差别,一是只要门极信号大于零同时满足正向电压条件晶闸管就能导通;二是阳极电流下降到零($I_{ak}=0$)后晶闸管才能关断,而不是阳极电流下降到维持电流以下晶闸管就关断。

晶闸管的简单模型没有擎住电流和关断时间这两项参数,因此在较复杂的电路仿真中使用较为方便。关于初始电流、缓冲电阻和缓冲电容的设置要求与二极管相同。

含晶闸管模型的电路仿真,仿真算法宜采用 Ode23tb 或 Ode15s。

下面以晶闸管工作过程仿真为例,详细说明仿真的步骤及方法。

(1) 步骤一:建立仿真模型

① 进入 MATLAB 环境,打开 Simulink 仿真平台,如图 8-19 所示。在 MATLAB 的菜单栏上点击"File",选择"New",在拉出菜单中选择"Model",新建一个空白仿真平台,此时弹出一个名为"untitled"的空白仿真平台,可以在"File"菜单下给文件命名。

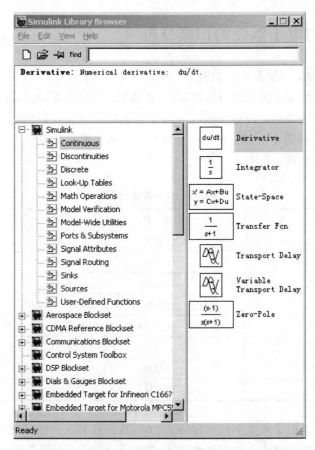

图 8-19　Simulink 仿真平台

② 提取电路元件模块。从仿真平台左侧的模型库浏览器中逐级打开子模型库,选取适合的模块,将其拖拉到仿真平台上。本例中只用到 Simulink 与 SimPowerSystems 两个模型组,分别在他们的下拉选项中找到所需器件,用鼠标左键点击所需的元件不放,然后直接拉到 Model 平台中。具体模型及其路径如表 8-8 所示。

表 8-8　仿真元件提取路径

| 元件名称 | 提 取 路 径 |
|---|---|
| 触发脉冲 | Simulink/Sources/Pulse Generator |
| 电源 | Sim Power Systems/Electrical Sources/ DC Voltage Source |

表 8-8(续)

| 元件名称 | 提 取 路 径 |
|---|---|
| 示波器 | Simulink/Sinks/Scope |
| 接地端子 | Sim Power Systems/Elements/Ground |
| 信号分解 | Simulink/Signal Routing/Demux |
| 电压测量 | Sim Power Systems/Measurements/Voltage Measurement |
| 电流测量 | Sim Power Systems/Measurements/Current Measurement |
| 负载 | Sim Power Systems/Elements/Series RLC Branch |
| Thyristor | Sim Power Systems/Power Electronics/Thyristor |

③ 元件的复制、粘贴。有时候相同的模块在仿真中需要多次用到,这时可以进行复制、粘贴,即用一个虚线框复制整个仿真模型。还有一个常用方便的方法是在选中模块的同时按下"Ctrl"键拖拉鼠标,选中的模块上会出现一个小"＋"号,继续按住鼠标和"Ctrl"键不动,移动鼠标就可以将模块拖拉到模型的其他地方复制出一个相同的模块,同时该模块名后会自动加"1",因为在同一仿真模型中,不允许出现两个名字相同的模块。

④ 元件连接。将元件的位置调整好后,就可以进行连线操作,具体做法是移动鼠标到一个器件的连接点上,会出现一个"十"字形的光标,按住鼠标左键不放,一直到所要连接另一个器件的连接点上,放开左键,这样线就连好了,如果想要连接分支线,可以要在需要分支的地方按住"Ctrl"键,然后按住鼠标左键就可以拉出一根分支线了。在连接示波器时会发现示波器只有一个接线端子,这时可以参照下面示波器的参数调整方法增加端子。在调整元件位置的时候,有时会遇到有些元件需要改变方向才更方便于连线,这时可以选中要改变方向的模块,使用"Format"菜单下的"Flip Block"和"Rotate Block"两条命令,前者进行水平方向翻转,后者进行垂直方向旋转,也可以用"Ctrl＋R"来进行 90°旋转。同时双击模块旁的文字可以改变模块名。单击菜单栏中的"Edit/Signal Properties"命令可以刷新模型。模块的颜色也可以在激活模块后,点击右键,在"Background Color"中选择自己喜欢的颜色。

连接好的电路图如图 8-20 所示。

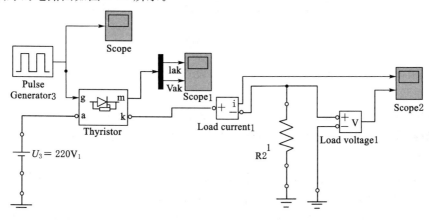

图 8-20　普通晶闸管仿真图

（2）步骤二：模型参数设置

设置模型参数是保证仿真准确和顺利进行的重要一步，有些参数是由仿真任务规定的，如本例仿真中的电源电压与电阻值等，有些参数是需要通过仿真来确定的。设置模型参数可以双击模块图标弹出参数设置对话框，然后按框中提示输入，若有不清楚的地方可以借助帮助来看相关功能。

本例中，参数设置如下：

a. 脉冲发生器的参数设置。双击脉冲发生器，会弹出一个对话框，改变需要的参数后如图 8-21 所示。其中参数行中从第一个开始分别为幅值、周期、脉宽、脉冲延迟时间（控制角）。

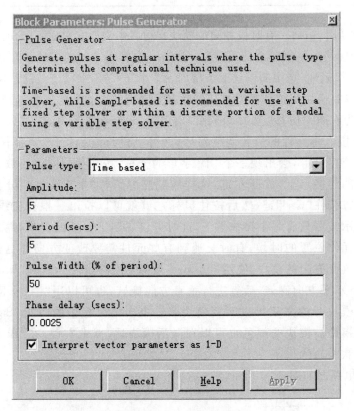

图 8-21　脉冲发生器的参数设置

b. 直流电源设置。打开电源设置对话框，设置直流电源电压为 200 V，直接在参数行输入数字即可。

c. Thyristor 的参数设置。这里采用默认设计，当需要改变的时候也可以另外设置。

d. 负载参数的设置。这里只是用到电阻负载，所以先将类型设置为电阻模式，再设置电阻值 $R=1$ Ω。

e. 示波器参数设置。在模块放置后，示波器只有一个连接端子，当需要增加示波器的接线端子时，具体做法是双击示波器，弹出的对话框如图 8-22 所示。

单击工具栏中第二个小图标，即打印机图标的旁边的图标。弹出示波器设置对话框如图 8-23 所示。

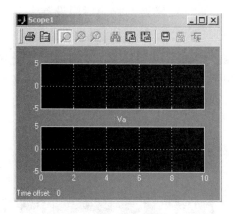

图 8-22　示波器参数设置

图 8-23　示波器设置

只要在"Number of axes"项中把 1 改成所需要的端子数字就可以,本例用到两个端子,故把数值改成 2。在"Time range"中可以设置一个数值,也即显示时间,所设置的是横坐标,也就是模型仿真时间。

(3) 步骤三:设置仿真参数

在仿真开始前还必须首先设置仿真参数。在菜单中选择"Simulation",在下拉菜单中选择"Simulation parameters",在弹出的对话框中可设置的项目很多,主要有开始时间(Start time)、终止时间(Stop time)、仿真类型(Type)(包括步长和求解电路的数值方法)以及相对误差、绝对误差等。步长、解法和误差的选择对仿真运行的速度影响很大,步长太长计算容易发散,步长太小运算时间太长,本例中使用 ode23tb 算法。仿真参数设置界面如图 8-24 所示。

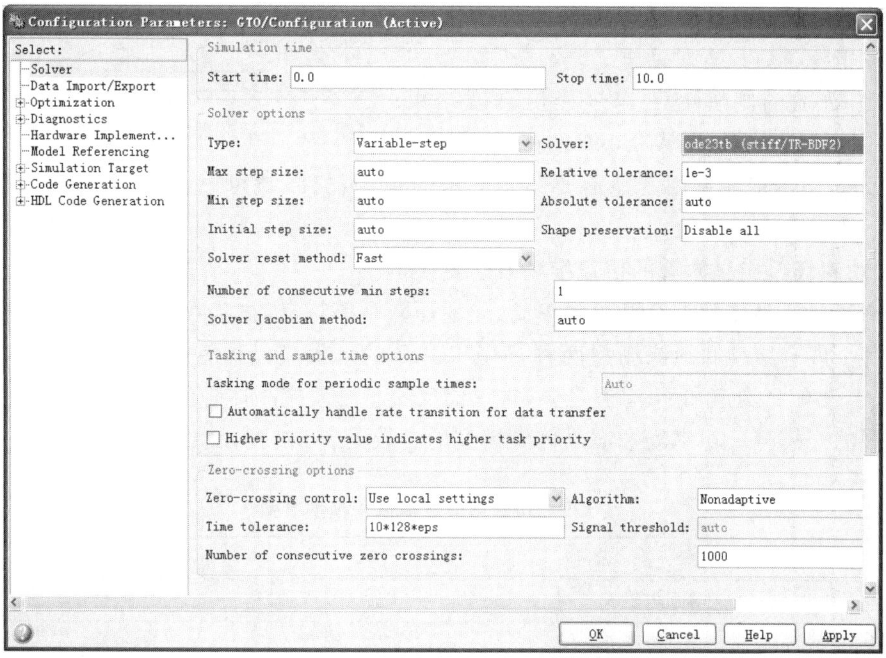

图 8-24　仿真参数设置界面

为了得到更好的波形效果,本例中把仿真的开始时间设置为 4,结束时间设置为 10。

(4)步骤四:启动仿真

参数设置完毕后就可以开始仿真。点击运行按钮"▶"开始仿真。在屏幕下方的状态栏上可以看到仿真的进程。若要中途停止仿真可以点击"■"按钮。在仿真完毕之后即可以通过双击示波器来观察仿真的结果。

本例的仿真波形如图 8-25、图 8-26 所示。

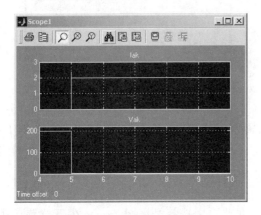

图 8-25　晶闸管仿真波形

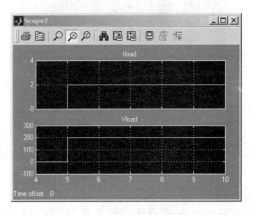

图 8-26　负载仿真波形

如果在一开始观察不到示波器的波形,可以点击工具栏上的望远镜形状的图标,会自动给定一个合适的坐标,观察到需要的波形。如果想改变纵坐标,可以单击右键,选择弹出快捷菜单中的"Axes properties"命令,出现如图 8-27 所示示波器的纵坐标参数设置对话框。

至此,普通晶闸管的工作过程仿真就结束了。按照同样的方法,再从"SimPower systems/Power Electronics"中调用其他需要仿真的电力电子器件,就可以观察和分析所需要的波形了。

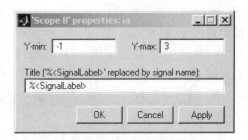

图 8-27　示波器纵坐标参数设置对话框

### 8.2.2　功率场效应晶体管的仿真模型及仿真实例

功率场效应晶体管具有开关频率高、导通压降小等特点,在实际使用中使用广泛。场效应晶体管一般有结型和绝缘栅型两种,MATLAB 的场效应晶体管模型其实并不区分这两种模型,也没有 P 沟道和 N 沟道之分,它仅仅反映了场效应晶体管的开关特性,是场效应晶体管通用的宏模型。功率场效应晶体管模型的参数见表 8-9 所示。

表 8-9　功率场效应晶体管模型参数

| 参 数 名 | 单 位 |
| --- | --- |
| 导通电阻 $R_{on}$ | Ω(欧姆) |
| 内部电感 $L_{on}$ | H(亨利) |
| 内接二极管电阻 $R_d$ | Ω(欧姆) |

表 8-9(续)

| 参　数　名 | 单　位 |
| --- | --- |
| 初始电流 $I_c$ | A(安培) |
| 缓冲电阻 $R_s$ | Ω(欧姆) |
| 缓冲电容 $C_s$ | F(法拉) |

　　功率场效应晶体管工作电路的仿真如图 8-28 所示,仿真元件的提取路径基本与表 8-8 中仿真元件的提取路径相同,只需从电力电子器件库中提取"MOSFET"替换"Thyristor"即可。

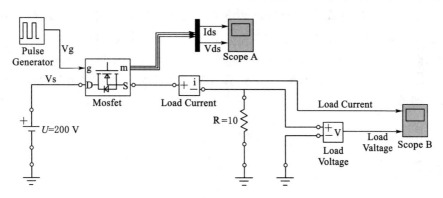

图 8-28　功率场效应晶体管仿真图

　　MOSFET 仿真元件参数采用默认值。脉冲发生器的周期设置为 0.01 s,幅值设置为 15 V,50% 的占空比,直流电压幅值设置为 200 V,负载设置为纯电阻,阻值为 10 Ω。

　　为了更好地观测仿真波形,将仿真结束时间设置为 0.1。运行仿真电路,可以得到仿真之后的各种波形如图 8-29 所示。

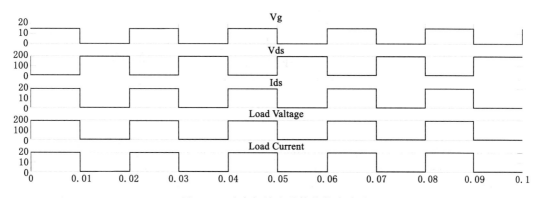

图 8-29　功率场效应晶体管仿真波形

　　由图 8-29 可以看出,脉冲发生器产生的脉冲 $V_g$ 为高电平期间,MOSFET 导通,负载承受电源电压 200 V,负载流过电流与 MOSFET 流过电流相同(20A)。当脉冲发生器产生的脉冲 $V_g$ 为低电平期间,Mosfet 承受电源电压 200 V,负载电压为 0 V,负载与 Mosfet 流过电流均为 0 A,表明此时 Mosfet 处于截止状态。与理论分析的电路工作状态一致。

### 8.2.3 绝缘栅双极型晶体管的仿真模型及仿真实例

绝缘栅双极型晶体管(IGBT)结合了场效应晶体管和电力晶体管的优点,具有驱动功率小、开关速度快、通流能力强的特点,目前已经成为中小功率电力电子设备的主导器件。绝缘栅双极型晶体管的模型参数同表 8-9 所示。

IGBT 模型在集射极间电压为正($V_{ce} > 0$),且有门极信号($g > 0$)时导通,即使集射极间电压为正($V_{ce} > 0$),但是门极信号为零($g = 0$),IGBT 也要关断。如果 IGBT 集射极间电压为负($V_{ce} < 0$),则管子处在关断状态,但对于商品 IGBT 来说,因为其内部已并联了反向二极管,所以在 IGBT 集射极间电压为负时也反向导通。IGBT 在关断时,有电流下降和电流拖尾两段时间,在下降时间内电流减小到关断前的 10%,再经过一段电流的拖尾时间,IGBT 才完全关断。IGBT 的电流下降时间和拖尾时间可以在参数对话框中设置。IGBT 模型也已经连接了 $RC$ 缓冲电路,缓冲电阻和电容的设置与其他器件相同。

绝缘栅双晶体管仿真示例采用与功率场效应晶体管相同结构的仿真图,如图 8-30 所示。仿真元件的提取路径也相同,只需从电力电子器件库中提取 IGBT/Diode 模型替换 MOSFET 即可。

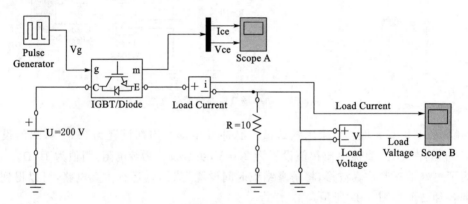

图 8-30　IGBT 仿真图

仿真时的主要参数设置如下:"IGBT/Diode"仿真元件参数采用默认值。脉冲发生器的周期设置为 0.01 s,幅值设置为 15 V,50% 的占空比;直流电压幅值设置为 200 V;负载设置为纯电阻,阻值为 10 Ω;仿真结束时间设置为 0.1。运行仿真电路,可以得到仿真之后的各种波形如图 8-31 所示。

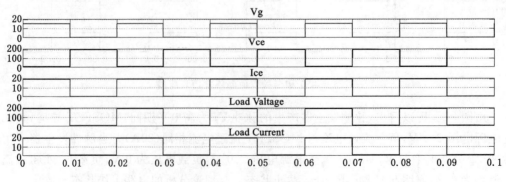

图 8-31　IGBT 仿真波形

由图 8-31 可以看出，IGBT 仿真波形与 MOSFET 仿真波形相似，门极脉冲 $V_g$ 为高电平期间，IGBT 导通；门极脉冲 $V_g$ 为低电平期间，IGBT 关断并承受电源电压 200 V。

# 8.3　整流电路的仿真

### 8.3.1　单相桥式全控整流电路的仿真

单相桥式全控整流电路仿真图由交流电源、晶闸管、负载、触发元件及测量元件等组成。在交流电源正半周触发晶闸管 $VT_1$ 和 $VT_4$，在交流电源的负半周触发晶闸管 $VT_2$ 和 $VT_3$，在负载上可以观测到方向不变的直流电，改变晶闸管的控制角可以调节输出直流电压和电流的大小。

电路的仿真过程如下：

#### 8.3.1.1　仿真模型建立

① 首先建立一个仿真模型的新文件。启动 MATLAB，进入 Simulink 后，建立仿真模型的新文件，在仿真模型文件上可以绘制电路的仿真模型，同时也可以再给文件命名。

② 提取电路元器件模块。通过模型库浏览器，在模型库中提取适合的模块放到仿真平台上，提取元器件模块的路径见表 8-10。

表 8-10　仿真元件提取路径

| 序　号 | 元器件名称 | 提取元器件位置 |
|---|---|---|
| 1 | 交流电源 | Simpower systems / Electrical Sourse / AC Voltage sourse |
| 2 | 晶闸管 | Simpower systems /Power Electronics /Detailed Thyristor |
| 3 | RLC 串联电路 | Simpower systems /Elements /Series RLC Branch |
| 4 | 脉冲触发器 | Simpower systems /Extera Library /Control Blocks / Synchronized 6-Pulse Generator |
| 5 | 电流测量 | Simpowersystems /Measurements /Current Measurement |
| 6 | 电压测量 | Simpowersystems /Measurements / Voltage Measurement |
| 7 | 平均值计算 | Simpower systems /Extera Library / Measurements /Mean Value |
| 8 | 常数模块 | Simulink / Sources / Constant |
| 9 | 信号分解 | Simulink /Signal Routing / Demus |
| 10 | 信号综合 | Simulink /Signal Routing /Mux |
| 11 | 示波器模型 | Simulink /Sinks /Scope |
| 12 | 终端 | Simulink /Sinks /Terminator |

在 Simulink 模型库中没有专门的单相桥式整流器触发模型，这里使用同步 6 脉冲发生器来分别产生晶闸管 $VT_1$、$VT_2$、$VT_3$ 和 $VT_4$ 的触发脉冲。用电压测量模块测量电源电压作为脉冲发生器的同步信号，从 AB 端子接入，脉冲发生器的 BC、CA 输入端和 Block 输入端用常数模块设置为"0"；脉冲发生器产生的 6 路触发信号通过信号分解模块分解后，选择正确相位的触发信号分别触发 $VT_1$、$VT_4$ 和 $VT_2$、$VT_3$。整流器的负载选用 RLC 串联电

路,可以通过参数设置来改变电阻、电感和电容的组合。

③ 将电路元器件模块按单相整流的原理图连接起来组成仿真电路。首先要对各元器件进行布局和连线。一个良好的布局面板,更有利于阅读系统模型及方便调试。连线完毕后的仿真图如图 8-32 所示。

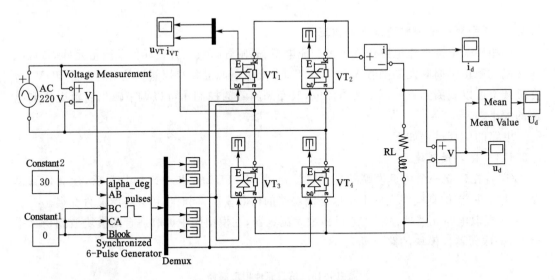

图 8-32 单相桥式全控电路仿真图

### 8.3.1.2 仿真模型参数设置

设置模型参数是保证仿真准确和顺利的重要一步,有些参数是由仿真任务规定的,如本例仿真中的电源电压、电阻值等,有些参数是需要通过仿真来确定的。设置模型参数可以双击模块图标弹出参数设置对话框,然后按框中提示输入。在本例中,参数设置如下:

① 交流电压源 AC,电压为 220 V,频率为 50 Hz,初始相位为 0。在电压设置中要输入的是电压峰值,在该栏中键入 220 * sqr(2),若选择了对话框最后的测量项 Measurement,则电压数据可以通过多路测量仪 multimeter 进行观察。

② 晶闸管 $VT_1 \sim VT_4$ 直接使用了模型的默认参数,也可以另外设置。

③ 负载 $RLC$,$R$ 的值为 2 ,$L$ 的值为 0,$C$ 的值为 inf。

④ 同步 6 脉冲发生器的同步频率与电源频率相同,为 50 Hz,脉冲的宽度取 15°。

### 8.3.1.3 系统仿真参数设置

在菜单中选择"Simulation",在下拉菜单中选择"Simulation parameters",在弹出的对话框中可设置开始时间、终止时间、仿真类型(包括步长和解电路的数值方法)以及相对误差、绝对误差等。本例的仿真参数设置如图 8-33 所示。

### 8.3.1.4 仿真及分析

在参数设置完毕后即可开始仿真。在菜单 Simulation 下选择 Start,或直接点击工具栏的仿真开始图标立即开始仿真,在屏幕下方的状态栏上可以看到仿真的进程。

(1)电阻性负载仿真波形

图 8-34 为电阻性负载的仿真波形图。图 8-34(a)为控制角 $\alpha = 0°$ 时的负载电压、电流仿

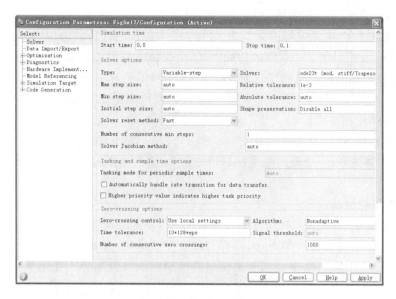

图 8-33　仿真参数设置

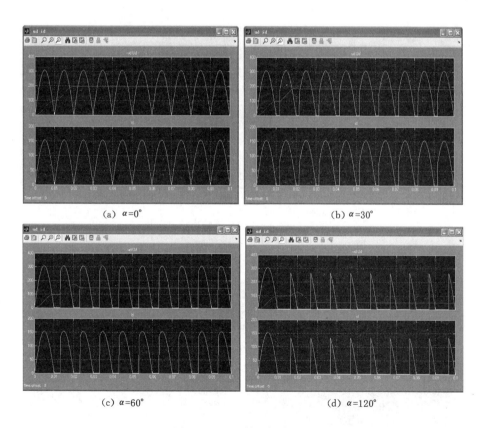

（a）α=0°　　　　　　　　　　　　　（b）α=30°

（c）α=60°　　　　　　　　　　　　　（d）α=120°

图 8-34　整流输出仿真波形

真波形图,其中电压波形含有瞬时值和平均值两个波形。从仿真波形可以看出,负载两端的电压和通过负载的电流都是脉动的直流,反映了电源的交流电经过整流后变成了直流电,实现了整流功能。因为是电阻负载,整流后的电压和电流波形相同,但是纵坐标的标尺不同,电压的峰值为 311 V,电流的峰值为 155 A,与 $I_m=U_m/R$ 的计算结果相同。

图 8-34(b)为控制角 $\alpha=30°$ 时的负载电压、电流仿真波形图。从仿真波形可以看出,负载电压、电流波形已随控制角的变化而发生了变化,除了仿真启动的第 1 个半周 0.01 s(因为启动瞬间 $t=0$ 时已经产生了第 1 个脉冲,故此时波形为正弦半波外),其他波形与 $\alpha=30°$ 时理论分析的结论相吻合。

图 8-34(c)、(d)图分别为控制角 $\alpha=60°$ 和 $\alpha=120°$ 时的负载电压、电流仿真波形图。比较图 8-34 的仿真波形,不难看出随着控制角的增大,输出电压的平均值在减小,输出电流也随之下降。

(2) 阻感负载仿真波形

将负载设置为 $RL$ 类型,$R=0.1\ \Omega$,$L=0.01\ H$,并将仿真时间设置为 0.5 s,进行仿真。图 8-35 为 $\alpha=30°$ 时的仿真波形图,图 8-36 为 $\alpha=60°$ 时的仿真波形图。由仿真波形不难看出,负载电压波形出现负值,并且随着控制角的增加电压负值部分也在增加,输出平均电压也随之减小。阻感负载在启动时电流有个上升过程,在经过数个周期后才进入稳态,并且电流上升过程与电阻值和电感值有关。

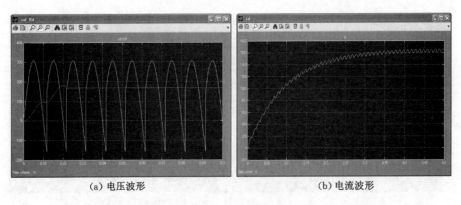

|(a)电压波形|(b)电流波形|

图 8-35  $\alpha=30°$ 时的整流输出仿真波形

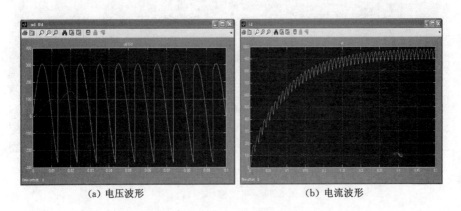

|(a)电压波形|(b)电流波形|

图 8-36  $\alpha=60°$ 时的整流输出仿真波形

### 8.3.2　三相半波可控整流电路的仿真

三相半波可控整流电路仿真图由交流电源、晶闸管、负载、触发模块及测量元件等组成。电路的仿真过程如下：

#### 8.3.2.1　仿真模型建立

启动 MATLAB，进入 Simulink 后新建一个仿真模型的新文件，并布置好各元器件，如图 8-37 所示。

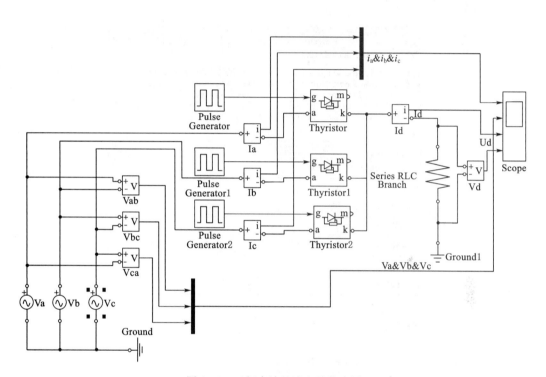

图 8-37　三相半波整流电路仿真图

#### 8.3.2.2　模型参数设置

（1）交流电源参数设置

电压峰值设置为 $220\sqrt{2}$ V，可以表示为 220 * sqrt(2)，频率为 50 Hz。要注意初相角的设置，a 相的电压源初相角设为 0，b 相的电压源初相角设为 $-120°$，c 相的电压源初相角设为 $-240°$。

（2）负载参数设置

电阻设为 1，电感为 0，电容无穷大 inf。

（3）脉冲参数设置

本例中有三个触发脉冲，均由 Pulse Generator 仿真模型产生。由电路原理可知触发角依次相差 $120°$。因为电源电压频率为 50 Hz，故周期设置为 0.02 s，脉宽可设为 2，幅值设为 5。延迟角的设置要特别注意，在三相电路中，触发延时时间并不是直接从 $\alpha$ 换算过来，由于 $\alpha$ 角的零位定在自然换相角，所以在计算相位延时时间时要增加 $30°$ 相位。因此当 $\alpha=0°$ 时，延时时间应设为 0.003 3。其计算可按以下公式：$t=(\alpha+30)T/360$。

触发角 $\alpha=0°$ 时,延迟时间依次设置为:0.00167,0.00837,0.01507。

触发角 $\alpha=30°$ 时,延迟时间依次设置为:0.0033,0.01,0.0167。

触发角 $\alpha=45°$ 时,延迟时间依次设置为:0.00417,0.01087,0.01757。

触发角 $\alpha=60°$ 时,延迟时间依次设置为:0.005,0.0117,0.0184。

（4）晶闸管参数设置

如图 8-38 所示。

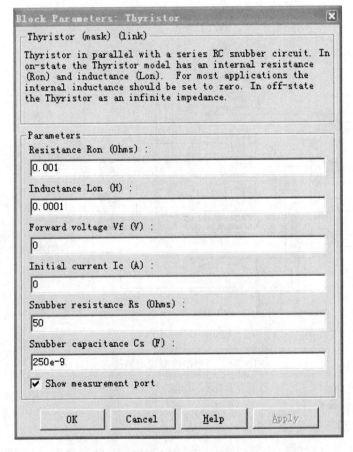

图 8-38　晶闸管仿真参数设置

### 8.3.2.3　仿真参数设置

选择算法为 ode23tb,stop time 设为 0.1。

### 8.3.2.4　仿真及结果分析

设置好后,即可开始仿真。点击仿真开始控件,仿真完成后就可以通过示波器来观察仿真的结果。

（1）电阻性负载

图 8-39 是控制角分别取 0°、30°、45°和 60°时的仿真结果。由仿真波形不难看出,随着控制角的增加,整流输出电压在减小。

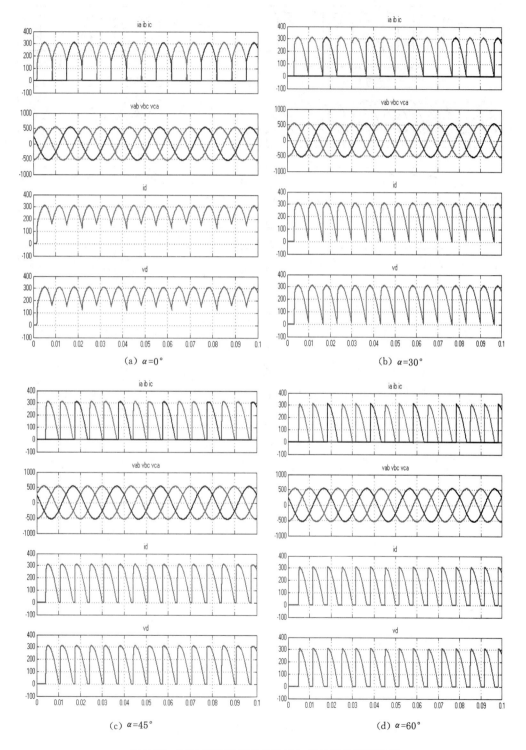

图 8-39　三相半波可控整流电路电阻负载仿真波形图

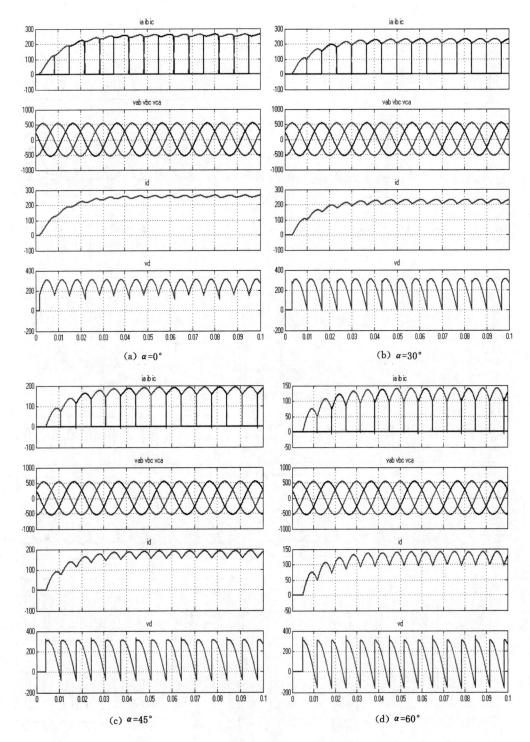

图 8-40　三相半波可控整流电路阻感负载仿真波形图

（2）阻感负载

图 8-40 是控制角分别取 0°、30°、45°和 60°时的仿真结果。

仿真负载的参数为电阻 $R=1$，$L=0.01\text{H}$。由仿真波形不难看出，随着控制角的增加，整流输出电压在减小，在 $\alpha>45°$后，整流输出电压瞬时值出现负值。并且随着控制角的增加，负载电流也在减小。

# 8.4　方波逆变电路的仿真

### 8.4.1　单相全桥电压型方波逆变器的仿真

单相全桥电压型逆变器又称 H 桥电压逆变器，常用做直流电动机的可逆运行，单相全桥电压型方波逆变器仿真电路如图 8-41 所示。图中的开关器件可以是电力晶体管、电力场效应晶体管和 IGBT 等。逆变器从控制方式上区分有双极式调制、单极式调制和受限单极式调制三种。

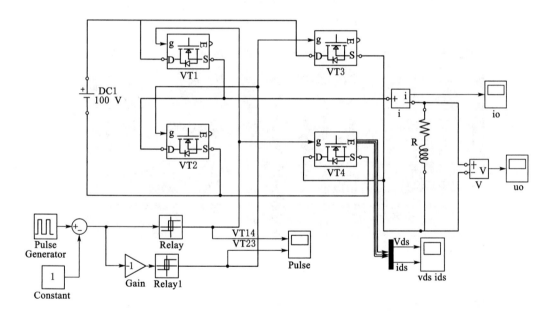

图 8-41　单相全桥电压型方波逆变器的仿真图

本例中，开关器件 VT1、VT2、VT3、VT4 为四个 MOSFET 器件，且 VT1 和 VT4 的栅极由同一路信号驱动，VT2 和 VT3 的栅极由另一路信号驱动，它们成对导通。栅极驱动信号由驱动电路产生，驱动电路由方波发生器 Pulse Generator、延迟器 Relay 和倒相器 Gain 等模块组成。方波发生器 Pulse Generator 与常数模块 Contant 给出的信号相叠加后，产生正半波幅值为 1，负半波幅值为 −1 的方波信号。若方波信号处于正半轴，经延迟模块 Relay 的输出为"1"，触发 VT1 和 VT4 导通，同时，方波信号在倒相后使延迟模块 Relayl 的输出为"0"，使 VT2 和 VT3 关断；如果方波信号处于负半周，则 VT1 和 VT4 关断，VT2 和 VT3 导通，对 MOSFET 进行控制，并且 VT1、VT4 和 VT2、VT3 的工作状态是互补的。

　　仿真模型中设置方波发生器幅值为 2，周期为 0.002 s，当占空比大于 50％时为正向逆变，当占空比小于 50％时为反向逆变。负载为阻感负载，设置 $R=10\ \Omega,L=0.001\mathrm{H}$，设置电感电流初始值为 5 A。直流电源电压设置为 100 V，MOSFET 采用默认设置，设置仿真时间为 0.01 s。图 8-42、图 8-43、图 8-44 分别为占空比为 20％、50％和 80％时的仿真波形图。

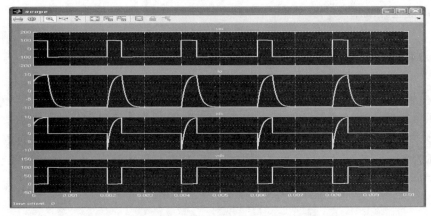

图 8-42　占空比为 20％时的仿真波形

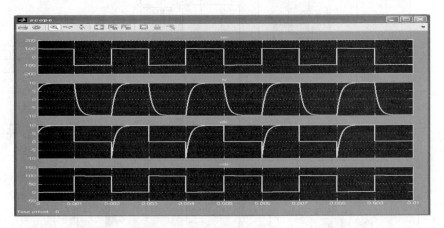

图 8-43　占空比为 50％时的仿真波形

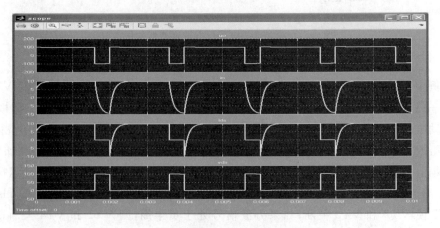

图 8-44　占空比为 80％时的仿真波形图

图中由上至下的顺序,波形分别为负载电压、负载电流、VT4 的 $i_{DS}$ 和 VT4 的 $u_{DS}$。由仿真波形可以看出,在 VT1、VT4 导通期间,负载获得正向电压,幅值为电源电压幅值,电流按指数规律正向增大直到稳态电流;在 VT2、VT3 导通期间,负载获得反向电压,幅值为电源电压幅值,电流按指数规律反向增大直到稳态电流,此时,VT1、VT4 承受反向电源电压。占空比大于 50%时,VT1、VT4 导通时间长,负载承受正向电压和流过正向电流的时间也相应增加。

### 8.4.2 三相桥式电压型方波逆变器的仿真

三相桥式电压型方波逆变器的仿真电路如图 8-45 所示。与单相全桥电压型方波逆变器的仿真过程基本相同。主要仿真模块有功率场效应晶体管 VT1、VT2、VT3、VT4、VT5 和 VT6,方波发生器 Pulse Generator1、Pulse Generator2 和 Pulse Generator3,直流电压源 DC1 和 DC2,阻感负载 $RL1$、$RL2$ 和 $RL3$ 等。

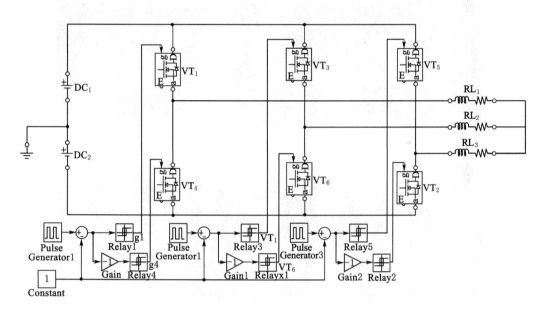

图 8-45 三相桥式电压型方波逆变器的仿真图

仿真时模型主要参数设置如下:MOSFET 采用默认设置。方波发生器幅值设置为 2,周期设置为 0.03 s,采用 50%的占空比,为使三相逆变器输出电压对称,需要将三个方波发生器的相位设置成依次相差 120°,本例通过 Pulse Generator 的相位延迟设置来实现,即 Pulse Generator1 的相位延迟设置为 0s,Pulse Generator2 的相位延迟设置为 0.01s,Pulse Generator3 的相位延迟设置为 0.02 s。直流电源 DC1 和 DC2 的电压值均设置为 100 V。负载采用三相对称阻感负载,$R=10\ \Omega$,$L=0.01\ H$。三相驱动信号产生电路与单相全桥电压型方波逆变器仿真电路中的驱动信号电路相同。设置仿真时间为 0.1 s。

通过在合适位置添加电压测量模块、电流测量模块和示波器,可以观测所需观测的仿真波形。本例的仿真波形如图 8-46 所示。

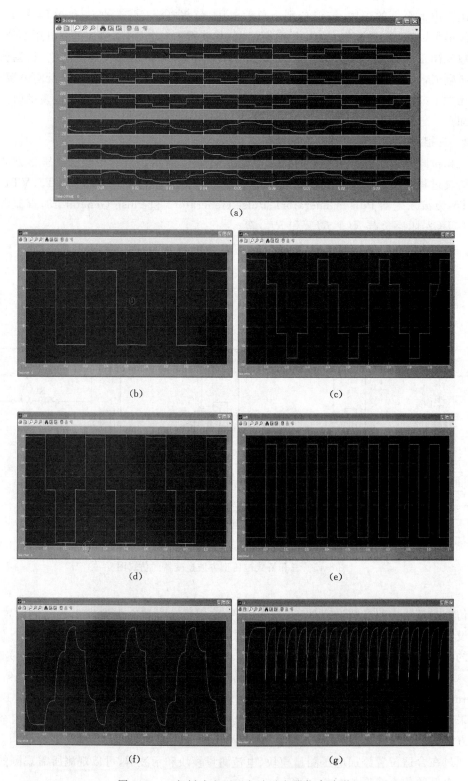

图 8-46 三相桥式电压型方波逆变器仿真波形

图 8-46(a)图为三相负载的相电压 $u_{UN}$、$u_{VN}$ 和 $u_{WN}$ 以及三相负载的相电流 $i_U$、$i_V$ 和 $i_W$
波形,图 8-46(b)为逆变器 U 相输出端至电源中点的电压 $u_{UN'}$ 的波形,图 8-46(c)为逆变器
U 相输出端至三相负载中点的电压 $u_{UN}$ 的波形,图 8-46(d)为 UV 两相间的线电压 $u_{UV}$ 的波
形,图 8-46(e)是电压 $u_{NN'}$ 的波形,图 8-46(f)是 A 相负载电流 $i_U$ 的波形,图 8-46(g)是直流
母线电流 $i_d$ 的波形。

由图 8-46(a)可以看出三相负载电压对称,电流也对称。由图 8-46(b)可以看出 $u_{UN'}$ 波
形为幅值为 DC 幅值的矩形波,VT1 开通时,$u_{UN'}$ 为 DC1 的电压值,VT4 导通时 $u_{UN'}$ 为 DC2
的电压值。由图 8-46(c)可以看出 $u_{UN}$ 的波形满足 $u_{UN}＝u_{UN'}－u_{NN'}$ 计算公式。由图 8-46(d)
可以看出波形满足线电压计算公式 $u_{UV}＝u_{UN'}－u_{VN'}$。由图 8-46(e)可以看出 $u_{NN'}$ 的频率为
$u_{UN}$ 频率的 3 倍,$u_{NN'}$ 的幅值为 $u_{UN'}$ 幅值的 1/3,即 33.3 V。图 8-46(f)所示负载电流的波形
取决于负载的 $R$ 和 $L$ 的值。由图 8-46(g)可以看出 $i_d$ 是脉动的。

## 8.5　PWM 逆变电路的仿真

### 8.5.1　单相全桥电压型 PWM 逆变器的仿真

单相全桥电压型逆变器可采用 PWM 方式调制,本例以 SPWM 调试方式实现单相全桥
电压型 PWM 逆变器的仿真,其仿真电路如图 8-47 所示。

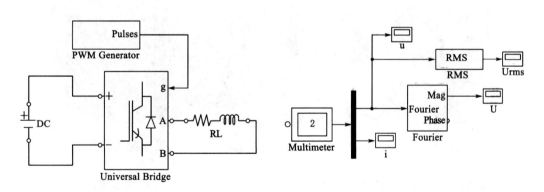

图 8-47　单相全桥电压型 PWM 逆变器的仿真图

本例中,采用的主要仿真模块有通用桥式电路模块,PWM 发生器、直流电源、$RLC$ 串联
电路、多路测量模块、傅立叶分析模块、有效值测量模块和示波器。通用桥式电路模块和
PWM 发生器的模型参数设置如图 8-48 所示。通用桥式电路模块选择两桥臂模式,开关器
件选择 IGBT/Diodes,如图 8-48(a)所示。PWM 发生器采用内部产生信号模式,载波频率
设置为 3 kHz,输出电压频率为 50 Hz,调制比设置为 0.85,如图 8-48(b)所示。直流电源电
压设置为 400 V,负载设置 $R＝1$ Ω,$L＝0.001$ H。有效值计算模块和傅立叶分析模块的频
率均设置为 50 Hz,仿真时间设置为 0.06 s。

仿真波形如图 8-49 所示。

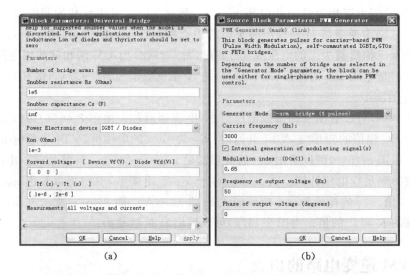

(a)　　　　　　　　　　　　　　(b)

图 8-48　通用桥式电路模块和 PWM 发生器的模型参数设置

图 8-49 即为桥式直流 PWM 变流器（双极性调制）电路的仿真结果。

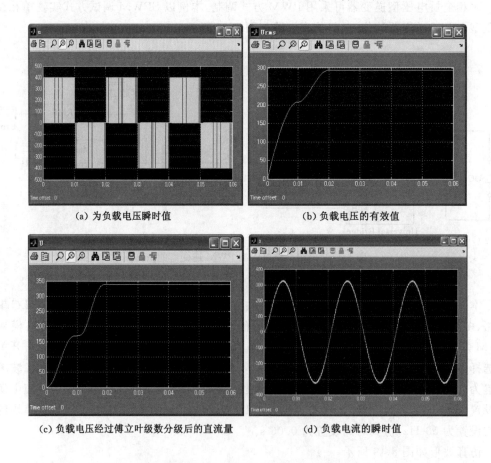

(a) 为负载电压瞬时值　　　　　　　　　(b) 负载电压的有效值

(c) 负载电压经过傅立叶级数分级后的直流量　　　(d) 负载电流的瞬时值

图 8-49　桥式直流 PWM 变流器（双极性调制）电路仿真波形图

### 8.5.2　三相桥式电压型 PWM 逆变器的仿真

　　三相桥式电压型 PWM 逆变器是在通用变频器中使用最多的,既可以采用 SPWM 驱动方式,也可以采用电流跟踪驱动方式。采用 SPWM 驱动方式的三相桥式电压型 PWM 逆变器的仿真与单相全桥电压型 PWM 逆变器的仿真相似。电流跟踪型逆变器输出电流随着给定的电流波形变化而变化,这也是一种 PWM 控制方式。电流跟踪一般都采用滞环控制,即当逆变器输出电流与给定电流的偏差超过一定值时,改变逆变器的开关状态,使逆变器的输出电流增加或减小,将输出电流与给定电流的偏差控制在一定范围内。本例中采用电流跟踪方式。

　　三相电流跟踪逆变器由三组单相电流跟踪逆变器组成,其仿真电路如图 8-50 所示,其中滞环控制器由三个单相电流滞环控制器打包组成。三相负载电流由多路测量器(Multimeter)观测。

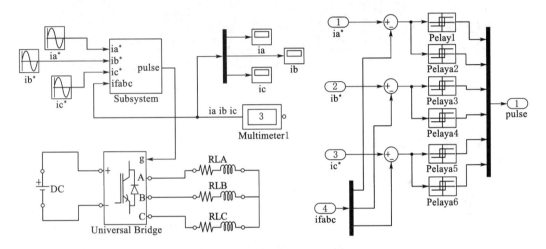

图 8-50　电流跟踪型三相桥式电压型 PWM 逆变器的仿真图

仿真波形如图 8-51、图 8-52 所示。

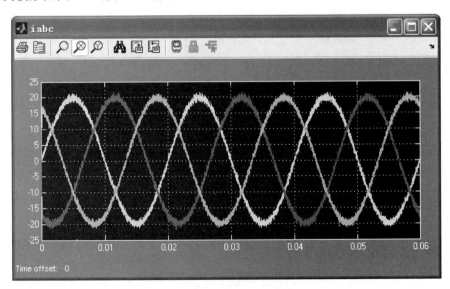

图 8-51　三相负载电流波形

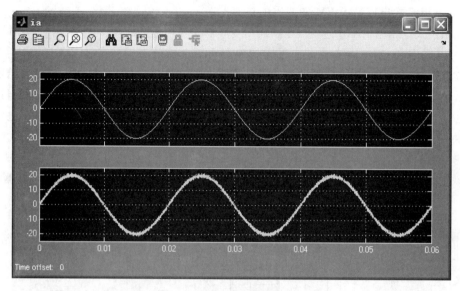

图 8-52　A 相电流指令和负载电流波形

## 8.6　DC-DC 电路的仿真

### 8.6.1　采用 MOSFET 的 Buck 变换器的仿真

BUCK 电路仿真图如图 8-53 所示。在模型中开关器件采用了 IGBT，IGBT 的驱动信号由脉冲发生器 Pulse 产生，设定脉冲发生器的脉冲周期和脉冲宽度可以调节脉冲占空比。模型中连接了多个示波器，用于观察线路中各部分电压和电流波形，并且通过傅立叶分析来检测输出电压的直流分量和谐波。

设置电源电压为 200 V，电感感值为 0.01 H，电阻的阻值为 2 Ω，脉冲发生器脉冲周期 0.002 s，脉冲宽度为 50%，IGBT 和二极管的参数可以保持默认值。设置仿真时间为 0.05 s，算法采用 odel5s。

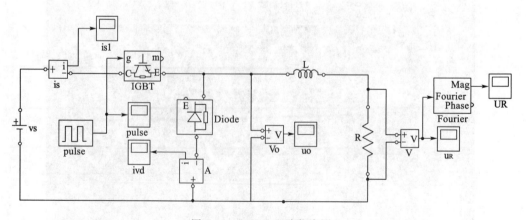

图 8-53　BUCK 电路仿真图

仿真完成后就可以通过示波器来观察仿真的结果。图 8-54 即为 BUCK 电路的仿真结果。

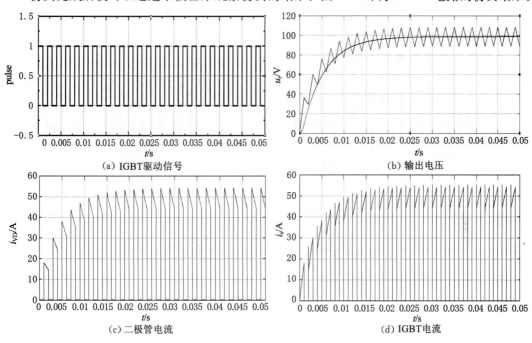

（a）IGBT驱动信号　　　　　　　　（b）输出电压

（c）二极管电流　　　　　　　　　　（d）IGBT电流

图 8-54　BUCK 电路仿真波形图

图 8-54(a)所示为 IGBT 的驱动脉冲,IGBT 的开关频率为 5 kHz,占空比为 0.5;图 8-54(b)为电阻两端的变换器输出电压的波形和经过傅立叶分析得到的输出电压直流分量;图 8-54(c)所示为二极管流过的电流;图 8-54(d)所示为通过 IGBT 的电流。从图中可以看到在 IGBT 关断时,电感电流经电阻负载和二极管形成环路,使电阻两端波形连续,但是电压的波动很大。

### 8.6.2　采用 MOSFET 的 Boost 变换器仿真

BOOST 仿真电路如图 8-55 所示。

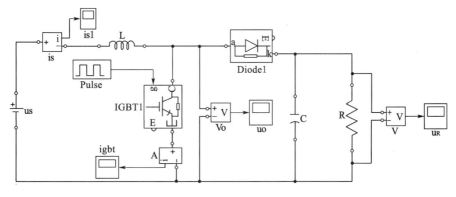

图 8-55　BOOST 电路仿真图

设置电源电压为 24 V,电感值为 0.1 mH,电容容值为 100 $\mu$F,电阻的阻值为 5 $\Omega$,脉冲发生器脉冲周期 0.2 ms,脉冲宽度为 80%,IGBT 和二极管的参数可以保持默认值。设置仿真时间为 0.01 s,算法采用 odel5。

点击仿真开始控件,仿真完成后就可以通过示波器来观察仿真结果。图 8-56 即为 BOOST 电路的仿真结果。

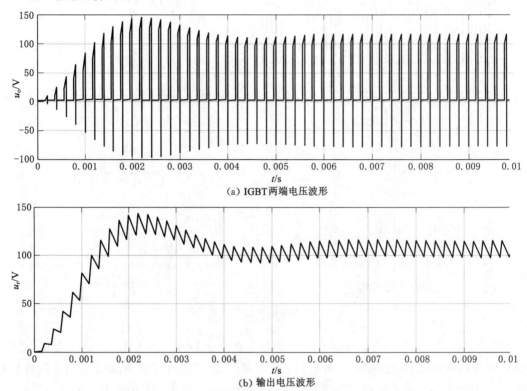

(a) IGBT两端电压波形

(b) 输出电压波形

图 8-56　BOOST 电路仿真波形图

观察仿真波形,由图 8-56 可以看出,输入电压 24 V,输出电压达到 100 V,脉动在 10% 以内。如果需要进一步减少输出电压波动,可以提高脉冲发生器产生脉冲的周期,并选择多组 $LC$ 参数进行比较。

## 思考题与习题

1. 熟练掌握 MATLAB 工具的使用,尤其是 Simulink 的应用。

2. 通过 MATLAB 进行 IGBT 模块的仿真练习。

3. 通过 MATLAB 进行 MOSFET 模块的仿真练习。

4. 进行单相交流调压电路的仿真练习。

5. 进行升压斩波电路的仿真练习。

6. 进行升降压斩波电路的仿真练习。

7. 进行 Cuk 斩波电路的仿真练习。

8. 进行三相半波可控整流电路有源逆变电路的仿真练习。

9. 进行三相桥式有源逆变电路的仿真练习。

# 参考文献

[1] 王兆安,刘进军.电力电子技术[M].5版.北京:机械工业出版社,2013.

[2] 陈坚.电力电子学－电力电子变换和控制技术[M].2版.北京:高等教育出版社,2000.

[3] 张兴,杜少武.电力电子技术[M].北京:科学出版社,2010.

[4] 贺益康,许大中.电机控制[M].3版.杭州:浙江大学出版社,2002.

[5] 郭世明,黄念慈.电力电子技术[M].成都:西南交通大学出版社,2010.

[6] 陈坚,康勇.电力电子学:电力电子变换和控制技术[M].3版.北京:高等教育出版社,2011.

[7] 孙树朴.电力电子技术[M].徐州:中国矿业大学出版社,2000.

[8] 聂汉平,廖冬初.电力电子技术[M].武汉:华中科技大学出版社,2007.

[9] 王兆安,黄俊.电力电子技术[M].4版.北京:机械工业出版社 2000.

[10] 丁道宏.电力电子技术[M].北京:航空工业出版社,1999.

[11] 杨卫国.电力电子技术[M].2版.北京:冶金工业出版社,2014.

[12] 陈哲.电力电子技术习题解答、实验与课程设计指导[M].沈阳:东北大学出版社,2007.

[13] 葛延津.电力电子技术释疑与习题解析[M].沈阳:东北大学出版社,2003.

[14] 冷增祥,徐以荣.电力电子技术基础[M].南京:东南大学出版社,2006.

[15] 洪乃刚.电力电子技术基础[M].北京:清华大学出版社,2008.

[16] 王云亮.电力电子技术[M].北京:电子工业出版社,2009.

[17] 阮新波,严仰光.直流开关电源的软开关技术[M].北京:科学出版社,2000.

[18] 张明勋.电力电子设备设计和应用手册[M].北京:机械工业出版社,1990.

[19] 徐政,卢强.电力电子技术在电力系统中的应用[J].电工技术学报,2004,19(8):23-27.

[20] 张润和.电力电子技术及应用[M].北京:北京大学出版社,2008.

[21] 任国海.电力电子技术[M].杭州:浙江大学出版社,2009.

[22] 洪乃刚.电力电子、电机控制系统的建模和仿真[M].北京:机械工业出版社,2010.

[23] 吴为麟.电力电子变流技术自学辅导[M].杭州:浙江大学出版社,2001.

[24] 金海明等.电力电子技术[M].北京:北京邮电大学出版社,2006.